Uni-Taschenbücher 208

UTB

Eine Arbeitsgemeinschaft der Verlage

Birkhäuser Verlag Basel und Stuttgart
Wilhelm Fink Verlag München
Gustav Fischer Verlag Stuttgart
Francke Verlag München
Paul Haupt Verlag Bern und Stuttgart
Dr. Alfred Hüthig Verlag Heidelberg
J. C. B. Mohr (Paul Siebeck) Tübingen
Quelle & Meyer Heidelberg
Ernst Reinhardt Verlag München und Basel
F. K. Schattauer Verlag Stuttgart-New York
Ferdinand Schöningh Verlag Paderborn
Dr. Dietrich Steinkopff Verlag Darmstadt
Eugen Ulmer Verlag Stuttgart
Vandenhoeck & Ruprecht in Göttingen und Zürich
Verlag Dokumentation München-Pullach
Westdeutscher Verlag/Leske Verlag Opladen

Wolfgang Kliemann / Norbert Müller

Logik und Mathematik für Sozialwissenschaftler 1

Grundlagen formalisierter Modelle in den Sozialwissenschaften

Wilhelm Fink Verlag München

ISBN 3-7705-0892-0

Printed in Germany
Druck: Anton Hain KG, Meisenheim/Glan
Gebunden bei der Großbuchbinderei Sigloch, Stuttgart
Einbandgestaltung: Alfred Krugmann, Stuttgart

Inhaltsverzeichnis

(1.) Einleitung

Das vorliegende Buch

Logik und Mathematik für Sozialwissenschaftler I: Grundlagen formalisierter Modelle in den Sozialwissenschaften (LuM I)

und der zweite Teil

Logik und Mathematik für Sozialwissenschaftler II: Bestandteile und Methoden formalisierter Modelle in den Sozialwissenschaften (LuM II)

sollen einen Beitrag zu dem Versuch darstellen, eine Lücke zu schließen, die sich angesichts einer in den letzten Jahren noch beschleunigten Entwicklung gerade für die Sozialwissenschaften zunehmend verbreitert. Diese Entwicklung ist das Resultat der interdependenten Verflechtung insbesondere dreier Komponenten: Einerseits ist gerade in letzter Zeit eine wachsende Sensibilisierung gegenüber den Problemen des menschlichen Lebens in einer 'künstlichen' Umwelt, in einer "Mensch-Maschinen-Kommunikationsgesellschaft" [2,S.13] festzustellen. Dies führt neben einer allgemein gestiegenen Planungsbereitschaft zu konkreten Problemlösungsversuchen wie Umweltschutzprogrammen, Stadt- und Regionalplanung, Verkehrsplanung, Entwicklungsplanung etc.. Im Zuge der Entstehung komplexer bürokratischer und industrieller Organisationsstrukturen treten nun in verschiedenen gesellschaftlichen Bereichen strukturverwandte Planungs-, Design- und Strategieprobleme auf. Beide Aspekte: Das Vorhandensein sozioökonomisch-technologischer Probleme, ohne deren Lösung die Existenz zumindest von Teilen gegenwärtiger Gesellschaften bedroht wird und die soziostrukturellen Bedingungen für ihre Lösung verlangen schon je für sich, aber erst recht in ihrer Kombination nach einer multidisziplinären*) Integration explorativer, technologischer und strategischer Ansätze. Eine derartige multidisziplinäre Konzeption ist bereits in ihren Konturen sichtbar:

> "Die Spiel- und Entscheidungstheorie hat sich mit zahlreichen anderen neuen Wissenszweigen und Forschungsrichtungen in Mathematik, Kybernetik, Unternehmensforschung, Technik, Wirtschaftswissenschaft, Psychologie und Soziologie zu einem Komplex verbunden, dessen Ausmaße kaum noch abzustecken sind, der die herkömmlichen

*) Zum Unterschied zwischen Multi- und Interdisziplinarität siehe 6,Kap.(212)

> Grenzen der Disziplinen vielfach schneidet und so etwas wie eine operationale Universalwissenschaft der Zukunft ahnen läßt" [5,S.5]

Heute gibt es wissenschaftliche Institute wie das Systems Research Center am Case Institute of Technology, in denen folgende Forschungs- und Lehrschwerpunkte existieren:

> "Operations Research, systems engineering, communications engineering, computer technology, behavioral science(including human engineering), and industrial administration" [1,S.15].

Bislang wird die hier kurz skizzierte Entwicklung personell vorwiegend von Ingenieuren, Systemanalytikern und allenfalls Ökonomen getragen. Die Gefahr einer Vernachlässigung sozialer Aspekte bei der Lösung der zuvor angeschnittenen Planungsprobleme liegt auf der Hand. Die sich hier abzeichnende umfassende 'Praxeologie'(vgl. [6]) ist aber nicht nur pragmatisch, sondern auch stark theoretisch orientiert (z.B. Theorie der selbstorganisierenden Systeme). Entziehen sich Sozialwissenschaftler weiterhin dieser Entwicklung, so ist zumindest die Vermutung nicht unbegründet, daß hier stattfindende sozialwissenschaftlich relevante Forschungen unter einem relativ einseitigen Erkenntnisinteresse stehen, eine Gefahr, auf die mit Nachdruck u.a. Suppes hingewiesen hat [7,S.298]. Der Einbeziehung von Sozialwissenschaftlern in multidisziplinäre Teams und ihrer Fähigkeit, multidisziplinäre Ansätze zu rezipieren bzw. zu entwickeln, sind jedoch meist relativ enge Schranken gesetzt, die insbesondere aus mangelnder Kommunikationsfähigkeit zwischen den Disziplinen resultieren. Da sich die Mathematik mehr und mehr als Kommunikationsmedium durchsetzt, können LuM I und II hier eventuell einen Beitrag zur Erhöhung der interdisziplinären Kommunikationsfähigkeit leisten.

Mit der Perzeption der oben skizzierten gesellschaftlichen Probleme geht eine sich verstärkende Kritik insbesondere an funktionalistischen Konzeptionen, aber auch an anderen soziologischen Paradigmata einher, die vor allem aus der Erkenntnis gespeist wird, daß derartige Ansätze nur wenig zur konkreten Lösung der aufgezeigten Probleme beitragen können. Diese Kritik führte zu einer stärkeren Hinwendung u.a. auf entscheidungstheoretische, kybernetische und strategische Ansätze(vgl. [4,S.342ff]). Zugleich-und eng damit verknüpft- findet das Konzept der Kau-

salität und die Auffassung von Interdependenz als Wechselwirkung wieder stärkere Beachtung(statt vieler [3]). Damit tritt nun die lange Zeit ein Schattendasein fristende Konzeption einer formalisierten Sozialwissenschaft stärker in den Vordergrund. Eine derartige Konzeption wurde in der Vergangenheit(und wird vereinzelt auch heute noch) häufig mit dem Hinweis auf den qualitativen Charakter des sozialwissenschaftlichen Gegenstandsbereichs kritisiert. Richtig ist jedoch, daß es sich hier nicht um ein Problem von Qualität versus Quantität sondern um das von Eindeutigkeit versus Mehrdeutigkeit handelt.
Ebenso läßt sich die Auffassung, die Komplexität gesellschaftlicher Zusammenhänge ließe sich nur durch 'weiche', verbal reich nuancierte Ansätze erfassen, kaum aufrecht erhalten. Vielmehr erfordert gerade die kontrollierbare Darstellung komplexer und interdependenter Sachverhalte formalisierte Ansätze, die ein größeres Auflösungsvermögen als rein verbale Ansätze besitzen und eine intersubjektive Verstehbarkeit garantieren. Psychologische Untersuchungen haben den Nachweis erbracht, daß ein Mensch kaum mehr als ein halbes Dutzend interdependenter Sachverhalte auf einmal überschauen und formulieren kann. In Form formalisierter Modelle lassen sich aber insbesondere bei Zuhilfenahme von elektronischen Rechenanlagen fast unbegrenzt viele interdependente Sachverhalte darstellen, seien es z.B. ökonometrische Modelle, die heute weit über 100 ökonomische Abhängigkeiten simultan beschreiben, soziometrische Ansätze, in denen u.a. Strukturen von Gruppen mit mehreren Dutzend Mitgliedern erfaßt werden, komplexe Organisationsmodelle oder Simulationsmodelle für die sozioökonomische Entwicklung ganzer Regionen(ja sogar der Welt, wie in der Club of Rome Simulation), um nur einige zu nennen.

Sicherlich ist die sozialwissenschaftliche Forschung bei ihrem augenblicklichen Stand lediglich in der Lage, kleine Ausschnitte ihres Gegenstandsbereichs formalisiert darzustellen, aber die einschlägige Literatur hat doch bereits einen beachtlichen Umfang erreicht und vergrößert sich rasch.
Hier sollen LuM I und II den Kreis derjenigen vergrößern helfen, die diese Literatur verstehen und die darin aufge-

zeigten Modelle immanent kritisieren können.

Die dritte Funktion von LuM I und II schließlich erwächst aus der zunehmenden Verfeinerung der Meß-, Datenerhebungs- und Auswertungsmethoden in den Sozialwissenschaften. Diese besitzen z.T. einen relativ hohen Schwierigkeitsgrad(z.B. Guttman-Skalierung, Inhaltsanalyse, latent structure analysis, einige multivariate Auswertungsmethoden), was häufig dazu führt, daß Studenten zu in 'Kochbuchform' gehaltenen Lehrbüchern greifen. Gerade hier sollen LuM I und II einen Beitrag leisten, derartige Methoden auch in ihrer methodologischen Struktur zu durchdringen.

Betrachtet man folgendes Schaubild zur Stellung formalisierter Modelle im Theoriebildungsprozeß:

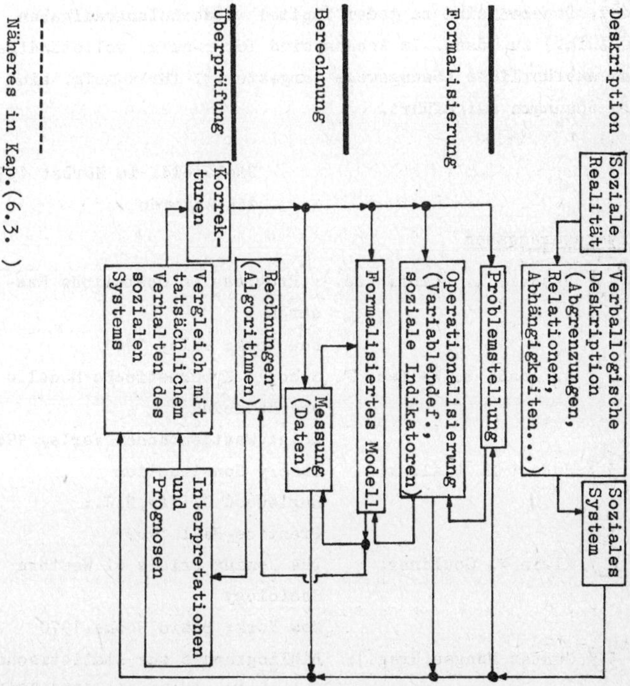

so können LuM I und II selbstverständlich nicht alle relevanten Aspekte des Theoriebildungsprozesses und die Vielfalt der

Anwendungsgebiete formalisierter Modelle in den Sozialwissenschaften erörtern. Vielmehr sollen Kenntnise vermittelt werden, die es dem Leser ermöglichen,

- die Literatur formalisierten und/oder methodischen Inhalts, die einen gewissen Bekanntheitsgrad erreicht hat, zu verstehen und methodologisch zu kritisieren,
- sich ohne große Schwierigkeiten bei besonderen Problemstellungen in die Spezialliteratur einzuarbeiten(z.B. Theorie der stochastischen Prozesse bei Mobilitätsmodellen).

Beide Aspekte werden in LuM I und II berücksichtigt in Form von exemplarischen Anwendungsbeispielen(Wahrscheinlichkeitsrechnung, Lernmodelle etc.) und Problemaufgaben (p-Aufg.), in denen der Leser selbständig weiterführende Ansätze entwickeln soll. Daneben sind zu jedem Kapitel Wiederholungsaufgaben (w-Aufg.) zu lösen. Im Anhang sind für p-Aufg. vollständige und ausführliche Lösungswege dargestellt, für w-Aufg. sind nur die Lösungen aufgeführt.

Bielefeld, im Herbst 1972,
die Autoren

<u>Literaturangaben</u>

[1] Russell L. Ackoff (ed.): Progress in Operations Research I
New York: Wiley 1961

[2] A. Adam, E. Helten, F. Scholl: Kybernetische Modelle und Methoden
Köln: Westdeutscher Verlag 1969

[3] Hubert M. Blalock: Theory Construction
Englewood Cliffs,N.J.: Prentice-Hall 1969

[4] Alwin W. Gouldner: The Coming Crisis of Western Sociology
New York: Basic Books 1970

[5] Günter Menges(Hrsg.): Bibliographie zur statistischen Entscheidungstheorie 1950-1967
Köln: Westdeutscher Verlag 1968

[6] Norbert Müller: Strategiemodelle - Aspekte und und Probleme einer sozialwissenschaftlichen Praxeologie - Bielefeld: Diss. 1972

[7] Patrick Suppes: Information Processing and Choice Behavior
in: Imre Lakatos, Alan Musgrave(eds.): Problems in the Philosophy of Science
Amsterdam: North-Holland 1968

Literatur übergreifenden Charakters:(ausgewählt)

Hayward R. Alker: Mathematics and Politics
New York: MacMillan 1965

Kenneth J. Arrow: Mathematical Models in the Social Sciences
in: General Systems 1,1956

Murry A. Beauchamp: Elements of Mathematical Sociology
New York: Random House 1970

Raymond Boudon, Jean-Paul Gremy: Les mathématiques en sociologie
Paris 1971

J.C. Charlesworth: Mathematics and the Social Sciences - the Utility and Inutility of Mathematics in the Study of Economics, Political Science and Sociology
Philadelphia 1963

James Coleman: Introduction to Mathematical Sociology
Glencoe: The Free Press 1964

Patrick Doreian: Mathematics and the Study of Social Relations
London:Weidenfeld&Nicolson 1970

W.L. Hart: Mathematics for Managerial and Social Sciences
London: Harper & Row 1970

Paul F. Lazarsfeld: Mathematical Thinking in the Social Sciences
Glencoe: The Free Press 1955

Ders., N.W. Henry (eds.): Readings in Mathematical Social Scimce
MIT Press 1969

Robert D. Luce, Robert R. Bush, Eugene Galanter (eds.): Handbook of Mathematical Psychology 3 Vol.
New York: Wiley 1963,1965

Mathematik I, II; Das Fischer Lexikon 29/1, 29/2
Frankfurt/M.: Fischer 1964,1966

Mathematisches Vorsemester (Leiter: Karl P. Grotemeyer),6.Aufl.
Berlin: Springer 1972

Robert McGinnes: Mathematical Foundations for Social Analysis
New York: Bobbs-Merrill 1965

David M. Messick: Calcul et formalisations dans les sciences de l'homme
Paris: Ed. du Centre National de la Recherche Scientifique 1968

Ders.: Mathematical Thinking in Behavioral Sciences
San Francisco: Freeman 1968

L.J. Snell, J.G. Kemeny: Mathematical Models in the Social Sciences
Waltham(Mass.): Blaisdell 1962

Saul Sternberg, V. Capecchi, T.Kloek, C.T. Leenders(eds.): Mathematics and Social Sciences
Paris: Mouton 1965

Gordon Tullock: Toward a Mathematics of Politics
Ann Arbor: Univ. of Mich.Press 1967

Rolf Ziegler: Theorie und Modell - Der Beitrag der Formalisierung zur soziologischen Theoriebildung -
München: R.Oldenbourg 1972

(2.) Aussagenlogik

Das folgende Kapitel über Aussagenlogik soll weder eine Abhandlung über mathematische Grundlagenforschung darstellen noch den Rationalitätsfehlschluß unterstützen, Logikkenntnisse reichten zur rationalen Bewältigung von Problemen jedweder Art aus; vielmehr soll der Leser in die Lage versetzt werden, einige seiner alltäglichen Schlüsse und Überlegungsschemata zu überprüfen und zusätzlich über die wichtigsten Methoden zu verfügen, die zur Konstruktion mathematischer Modelle, zum Führen von Beweisen für Sätze in diesen Modellen und zur formalen Interpretation von Modellen notwendig sind. Insofern ist der Inhalt dieses Kapitels als Grundlegung für alle weiteren Ausführungen gedacht.

Das Vorgehen im zweiten und dritten Kapitel wird im wesentlichen nicht-axiomatisch sein, da es zu aufwendig wäre, die benötigten Begriffe zu entwickeln, ein Aufwand, der für den mathematischen Sozialwissenschaftler ebenso Ballast wäre wie für den nicht über Grundlagenfragen arbeitenden Mathematiker. Dieses Vorgehen wird aber notwendigerweise erkauft mit hier und da mathematisch nicht ganz exakten Begriffen und Aussagen. Jedoch ist die Darstellung für eine anwendungsorientierte Mathematik durchaus geeignet, zumal auf Grund der Vielzahl der Beispiele das Arbeiten mit den Begriffen klar werden müßte.

(2.1.) Grundlegendes und Definition von Wahrheitswertmatrizen

<u>Def. 1</u>: <u>Aussagen</u> sind sprachliche Gebilde, bei denen es sinnvoll ist zu fragen, ob sie <u>entweder wahr</u> <u>oder falsch</u> sind.

<u>Beispiele</u> für Aussagen sind:

$2 \cdot 2 = 4$

7 ist eine Primzahl.

Alle Menschen sind sterblich.

Springers Enten sind die besten. (?)

Keine Aussagen sind dagegen:

Trink Milch!

Bist du gesund?

Quadrate schmecken bitter. (?)

Der Wahrheitsgehalt der durch '?' gekennzeichneten Sätze ist u.U. nicht unabhängig von einem z.T. auch sozial beeinflußten Meinungsbildungsprozeß.

Eine Aussage abstrahiert vom in ihr enthaltenen Sinn (Handlungsbezug), in ihr wird nur auf die per definitionem eingeführte Bedeutung rekurriert.

Def. 2: Die Negation einer Aussage A ist eine Aussage $\bar{A}$, die folgende Eigenschaften hat:

(1) A und $\bar{A}$ schließen einander aus,

(2) entweder A oder $\bar{A}$ ist wahr.

Bezeichnung: Der Wahrheitswert einer Aussage sei 1 , wenn die Aussage wahr ist, er sei 0 , wenn sie falsch ist.

Lemma aus Def.2: Für die Negation gilt:

Die Negation von 1 ist 0, die von 0 ist 1 . Das Negationssymbol lautet '¬'.

Verbindungen von Aussagen durch 'und' oder 'oder' sind in der Alltagssprache üblich, wobei eine Aussage:'es regnet und es ist kalt' nur dann wahr ist, wenn beide Teilaussagen wahr sind, wohingegen die Aussage: 'es regnet oder es ist kalt' so interpretiert wird, daß sie wahr ist, sobald mindestens eine der Teilaussagen wahr ist(nicht ausschließendes oder). Die Def. für die formallogischen Verknüpfungen 'und' und 'oder' sind der Alltagssprache entlehnt, wie die Tabellen zeigen(siehe Def. 3). Schwieriger ist es mit einer 'wenn...dann'-Aussage: Wenn es regnet, dann ist die Straße naß. Sind beide Teilaussagen wahr, so ist auch die wenn...dann-Beziehung wahr, ist die erste Teilaussage wahr, die zweite aber falsch, so wird man sagen, die wenn...dann-Beziehung ist nicht erfüllt. Ist jedoch schon die erste Teilaussage falsch, was gilt dann für die zusammengesetzte Aussage? Dieser in der Umgangssprache nicht eindeutig geregelte Fall bedarf einer speziellen Definition, die für die Aussagenlogik wie in der zugehörigen Tabelle aufgezeigt getroffen wird. Nur diese Def. der Implikation liefert eine geeignete Äquivalenzbeziehung, ohne die Gleichheitsbeziehungen, Beweise etc. nicht möglich wären. Die Äquivalenz 'genau dann ... wenn' wird hier als 'und'-Verknüpfung zwischen den beiden möglichen Implikationsrichtungen$(A \Longrightarrow B) \wedge (B \Longrightarrow A)$ definiert.

Def. 3: p, q seien Aussagen (genauer Aussageformen, siehe Kap. (2.2.)), dann sind die aussagenlogischen Verknüpfungen durch folgende (von links nach rechts zu lesende) Matrizen (Wahrheitswertmatrizen) definiert:

'und'	'oder'	'wenn...dann' (Implikation)	'genau dann...wenn' 'dann und nur dann,wenn' (Äquivalenz)
$\begin{array}{c|cc} p \backslash q & 1 & 0 \\ \hline 1 & 1 & 0 \\ 0 & 0 & 0 \end{array}$	$\begin{array}{c|cc} p \backslash q & 1 & 0 \\ \hline 1 & 1 & 1 \\ 0 & 1 & 0 \end{array}$	$\begin{array}{c|cc} p \backslash q & 1 & 0 \\ \hline 1 & 1 & 0 \\ 0 & 1 & 1 \end{array}$	$\begin{array}{c|cc} p \backslash q & 1 & 0 \\ \hline 1 & 1 & 0 \\ 0 & 0 & 1 \end{array}$

Für diese Verknüpfungen werden im Folgenden die Symbole $\wedge$ für 'und', $\vee$ für 'oder', $\Longrightarrow$ für die Implikation und $\Longleftrightarrow$ für die Äquivalenz verwendet.

Man beachte: Implikation und zeitliche Folge haben grundsätzlich nichts miteinander zu tun. Aussagenlogik hat ausschließlich statischen Charakter. Weiterhin sagt der Wahrheitswert der Implikation bzw. der Äquivalenz nichts über die Wahrheitswerte der durch sie verbundenen Aussagen aus.

Es sei darauf hingewiesen, daß die Verknüpfungen $\vee, \Longrightarrow, \Longleftrightarrow$ nur Abkürzungsvereinbarungen sind, denn es gilt für zwei beliebige Aussagen A, B:

$A \vee B$ ist identisch mit $\neg(\neg A \wedge \neg B)$

$A \Longrightarrow B$ " " " $\neg(A \wedge \neg B)$

$A \Longleftrightarrow B$ " " " $(A \Longrightarrow B) \wedge (B \Longrightarrow A)$

Mit Hilfe der Def.3 und Lemma aus Def.2 können wir nun den Wahrheitswert zusammengesetzter Aussagen ermitteln.

Bestehen derartige zusammengesetzte Aussagen aus mehr als zwei Aussagen, so müssen Klammern verwendet werden, um die Eindeutigkeit der Verknüpfungen aufrechtzuerhalten.

Beisp.: Die zusammengesetzte Aussage $A \wedge B \vee C$ kann einmal in der Form $(A \wedge B) \vee C$, zum anderen in der Form $A \wedge (B \vee C)$ gelesen werden. Ist A eine falsche, sind B und C aber wahre Aussagen, so ist die zusammengesetzte Aussage $(A \wedge B) \vee C$ wahr, die Aussage $A \wedge (B \vee C)$ jedoch falsch.

Aufgaben

w(1) Welche der folgenden Sätze sind Aussagen?

(a) In den USA sind Neger eine Minderheitengruppe.

(b) Organisationen müssen Komplexität reduzieren.

(c) Manager sind intelligent.

(d) Köpfe von Soziologen sind kleiner als natürliche Zahlen.

(e) Die USA verteidigen die Freie Welt.

Welche Aussagen sind Tatsachenaussagen(lassen sich empirisch überprüfen)?

w(2) Zeigen Sie, daß gilt:

(a) $\neg(\neg A) \longleftrightarrow A$

(b) $[(X \longrightarrow Y) \wedge (Y \longrightarrow X)] \longleftrightarrow (X \longleftrightarrow Y)$

(2.2.) Aussageformen

Def. 1: Aussageform heißt eine zusammengesetzte Aussage, in der die Einzelaussagen durch Variable ersetzt sind.

Da einzelne Aussagen jeweils nur entweder wahr oder falsch sein können, beziehen sich die Wahrheitswertmatrizen stets auf Aussageformen. Der Wahrheitswert einzelner Aussagen ist dann in einer bestimmten Zeile der Wahrheitswertmatrix ablesbar. Somit wird der Wahrheitswert zusammengesetzter Aussagen nicht für konkrete Einzelaussagen, sondern für allgemeine Aussagenvariable ermittelt, und gilt dann für jede Aussage, die für die Aussagenvariable eingesetzt wird.

Def. 2: Zwei Aussageformen heißen äquivalent, wenn die zugehörigen Spalten in der Wahrheitswertmatrix übereinstimmen.

Def. 3: Eine Aussageform heißt Tautologie, wenn die zugehörige Spalte in der Wahrheitswertmatrix nur Einsen enthält.

Tautologien sind also unabhängig von den Wahrheitswerten der Aussagenvariablen stets wahr.

Sind zwei Aussageformen p und q äquvalent, so stimmen die zugehörigen Spalten in der Wahrheitswertmatrix überein. Da somit die Spalte $p \longleftrightarrow q$ nur Einsen enthält, sind Äquivalenzen immer zugleich Tautologien.

Folgende Tautologien werden im mathematischen Modellbau häufig verwendet:

(1) $p \leftrightarrow \neg\neg p$; $p \leftrightarrow p$; $p \vee \neg p$	'Trivialitäten'
(2) $\neg(p \wedge q) \leftrightarrow (\neg p \vee \neg q)$	Satz von de Morgan
(3) $\neg(p \vee q) \leftrightarrow (\neg p \wedge \neg q)$	" " " "
(4) $(p \wedge q) \Leftrightarrow (q \wedge p)$	Kommutativgesetz
(5) $(p \vee q) \leftrightarrow (q \vee p)$	"
(6) $[(p \wedge q) \wedge r] \leftrightarrow [p \wedge (q \wedge r)]$	Assoziativgesetz
(7) $[(p \vee q) \vee r] \leftrightarrow [p \vee (q \vee r)]$	"
(8) $[(p \wedge q) \vee r] \leftrightarrow [(p \vee r) \wedge (q \vee r)]$	Distributivgesetz
(9) $[(p \vee q) \wedge r] \leftrightarrow [(p \wedge r) \vee (q \wedge r)]$	"
(10) $(p \wedge p) \Leftrightarrow p$	Idempotenzgesetz
(11) $(p \vee p) \Leftrightarrow p$	"
(12) $(p \wedge q) \Rightarrow p$; $(p \wedge q) \Rightarrow q$	
(13) $p \rightarrow (p \vee q)$	
(14) $(p \Rightarrow q) \Rightarrow [(p \vee r) \Rightarrow (q \vee r)]$	
(15) $(p \Rightarrow q) \Leftrightarrow (\neg p \vee q)$	Regeln zur Beweistechnik
(16) $\neg(p \Rightarrow q) \Leftrightarrow (p \wedge \neg q)$	"
(17) $[p \wedge (p \Rightarrow q)] \Rightarrow q$	"
(18) $[p \wedge (\neg q \Rightarrow \neg p)] \Rightarrow q$	"
(19) $(p \Rightarrow q) \Leftrightarrow (\neg q \Rightarrow \neg p)$	"
(20) $[(p \Rightarrow q) \wedge (q \Rightarrow r)] \Rightarrow (p \Rightarrow r)$	"(Transitivität)

Für drei Tautologien seien exemplarisch die Wahrheitswertmatrizen aufgestellt:

zu (2)

p	q	$p \wedge q$	$\neg(p \wedge q)$	$\neg p$	$\neg q$	$\neg p \vee \neg q$
1	1	1	0	0	0	0
1	0	0	1	0	1	1
0	1	0	1	1	0	1
0	0	0	1	1	1	1

gleich ($\neg(p \wedge q)$ und $\neg p \vee \neg q$)

zu (19)

p	q	$p \Rightarrow q$	$\neg p$	$\neg q$	$\neg q \Rightarrow \neg p$
1	1	1	0	0	1
1	0	0	0	1	0
0	1	1	1	0	1
0	0	1	1	1	1

zu (20)

p	q	r	p ⟹ q	q ⟹ r	(p ⟹ q)∧(q ⟹ r)	p ⟹ r	Taut (20)
1	1	1	1	1	1	1	1
1	1	0	1	0	0	0	1
1	0	1	0	1	0	1	1
1	0	0	0	1	0	0	1
0	1	1	1	1	1	1	1
0	1	0	1	0	0	1	1
0	0	1	1	1	1	1	1
0	0	0	1	1	1	1	1

<u>Aufgaben</u>

p(1) Dieter Senghaas schreibt in "Abschreckung und Frieden", Frankfurt/M. 1969,S.137:

Senghaas zitiert zunächst Risse(1964,S.67):"die Methoden und Institutionen der planmäßigen und dauerhaften Zusammenarbeit zwischen Staat, Wissenschaft und Wirtschaft, welche die Rüstung in Gang gesetzt hat und aufrechterhält, können heute in einem Land auf der Entwicklungsstufe der Vereinigten Staaten nicht mehr ohne gefährliche Folgen aufgegeben werden".

Er schreibt dann weiter:"In diesem spezifischen Sinne kann man also annehmen, daß die relative Stabilität des kapitalistischen Systems auf der modernen Rüstung beruht".

Worauf muß sich das Wort 'welche' im ersten Absatz beziehen, damit kein Fehler in der Logik des Aussagensystems vorliegt? Wie ist zu diesem Zweck'beruhen auf' im zweiten Absatz zu interpretieren(als notwendige oder hinreichende Bedingung)? (in p ⟹ q ist p die hinreichende, q die notwendige Bedingung, da bei Falschheit von q auch p falsch ist(Taut. (18) und (19))

Formalisieren Sie zur Beantwortung der Fragen das Senghaassche Aussagensystem!

p(2) Versuchen Sie, die Aussagenlogik auf folgende Aussagen aus dem Aufsatz "Politische Planung" von Niklas Luhmann, in Jahrbuch für Sozialwissenschaft, 17,1966,S.271-296, anzuwenden:

"Politik und Verwaltung lassen sich analytisch als

Funktionen unterscheiden. ... Darüberhinaus kann man feststellen, daß in größeren politischen Systemen dieser funktionalen und analytischen Unterscheidung von Politik und Verwaltung eine strukturelle und konkrete Rollendifferenzierung entspricht oder nahekommt".(S. 171)

w(3) Negieren Sie die folgenden Aussagen unter Zuhilfenahme der zugehörigen Aussageformen:

(a) Wenn ich Durst habe, trinke ich Bier.

(b) Ich trinke kein Bier, wenn ich Durst habe.

(c) Ich trinke dann und nur dann Bier, wenn ich Durst habe.

(d) Ich trinke genau dann kein Bier, wenn ich keinen Durst habe.

(e) Ich trinke nur dann kein Bier, wenn ich Durst habe.(man vergleiche mit (b))

(f) Dann und nur dann, wenn ich keinen Durst habe, trinke ich kein Bier.

(vgl./3,S.137)

p(4) Diskutieren Sie folgende Behauptung und Frage:

(a) Zur verballogischen Theoriebildung in den Sozialwissenschaften benötigt man:

1) Nur Aussagen,

2) nur zusammengestzte Aussagen,

3) nur Trivialitäten, da sie unangreifbar sind.

(b) Dienen Wahrheitswertmatrizen nur zur Veranschaulichung?

w(5) Stellen Sie die Wahrheitswertmatrizen für die Tautologien (14) und (16) auf!

w(6) A sei eine wahre Aussage, B und C seien falsche Aussagen. Welchen Wahrheitswert haben folgende Aussagen:

(a) $(A \wedge C) \vee (B \Longrightarrow C)$

(b) $\neg B \vee A$

(c) $\neg B \Longrightarrow (A \vee C)$

(d) $\neg(A \wedge B) \vee (A \vee C)$?

(2.3.) Quantifizierung von Aussagen

Bei einer endlichen Anzahl von Personen, für die eine Eigenschaft H zutrifft, z.B. die Person x hat ein Einkommen über DM 1000.- pro Monat, können wir die Tatsache, daß die Eigenschaft H auf eine Vielzahl von uns betrachteten Personen zutrifft, durch eine lange, mit '$\wedge$' zusammengesetzte Aussage darstellen: H gilt für P(erson) 1 $\wedge$ H gil+ für P2 $\wedge \ldots \wedge$ H gilt für Pn. Betrachten wir aber etwa die Zahlen, die größer als Null sind, so lassen sich diese nicht mehr in einer solchen $\wedge$-Aussage ausdrücken, da es unendlich viele Zahlen 0 gibtWir führen daher eine Schreibweise ein, die es ermöglicht, auch solche Aussagen zu formalisieren und die zugleich die Notation im ersten Beispiel vereinfacht: die <u>Quantoren</u>-Schreibweise.

<u>Bezeichnung</u>: $\bigwedge_x H(x)$ bedeutet: Für alle x gilt die Eigenschaft H,

$\bigvee_x H(x)$ " : Es existiert (mindestens) ein x, das die Eigenschaft H hat.

<u>Hinweis</u>: In der Umgangssprache wird manchmal nicht zwischen 'für alle' und 'es gibt ein' unterschieden, z.B.:
Ein SPD-Mitglied ist Kanzler (nur ein);
ein SPD-Mitglied ist Beitragszahler(alle).

Quantifizierte Aussagen können nun wieder für die Zusammensetzung von Aussagen verwendet werden.

<u>Bemerkung</u>: Aussagen der Form $\bigwedge_x$ werden auch Allaussagen, der Form $\bigvee_x$ werden auch Existenzaussagen genannt.

Bei der Negation von All- bzw. Existenzaussagen ist Vorsicht geboten. Negiert man die Aussage 'alle Menschen sind sterblich', so findet man in der Umgangssprache meist:'Kein Mensch ist sterblich' als <u>Umkehrung</u>; die <u>Negation</u> formallogischer Art lautet jedoch: 'Es gibt (mindestens) einen Menschen, der nicht sterblich ist', also $\neg(\bigwedge_x H(x)) \Longleftrightarrow \bigvee_x \neg H(x)$.

Analog lautet die Negation einer Existenzaussage:

$\neg(\bigvee_x H(x)) \Longleftrightarrow \bigwedge_x \neg H(x)$

<u>Aufgaben</u>:

w(1) Bilden Sie ein Beispiel für eine All- und eine Existenzaussage und diskutieren Sie daran
$A \wedge \bigwedge_x H(x)$, $\bigwedge_x (H(x) \wedge A)$ und deren Negation.

w(2) Negieren Sie die Aussage 'alle Kreter lügen' und

diskutieren Sie die Geschichte der Sophisten vom Griechen Xenos!

p(3) Nach Popper läßt sich eine Allaussage dadurch falsifizieren, daß die der Allaussage äquivalente singuläre Existenzaussage mit einem (empirischen) Basissatz konfrontiert wird. Formalisieren Sie diesen Falsifikationsvorgang!

(2.4.) Interpretationen

Die aus den Grundbegriffen und Axiomen einer mathematischen Theorie gewonnenen Sätze sind Aussageformen der Art $\bigwedge_x H(x)$, wobei H(x) eine Aussageform ist, die mindestens von x abhängt.

Um einer derartigen Aussageform H(x) eine Bedeutung zu geben, müssen wir einen Individuenbereich zugrundelegen und die in der Aussageform vorkommenden Variablen interpretieren. Eine Interpretation deutet die Variablen, indem sie ihnen passende Elemente des Individuenbereichs zuordnet. Ebenso ordnet man den Beziehungen zwischen den Variablen passende Beziehungen zwischen den Elementen des Individuenbereichs zu.

Es ist wichtig, sich stets über den Individuenbereich klar zu sein, da in verschiedenen Individuenbereichen unterschiedliche Gesetze gelten können(z.B. die natürlichen Zahlen von 1 bis 10, die reellen Zahlen: im letzteren ist in 2x=5 x definiert, im ersten nicht). In den Sozialwissenschaften spricht man auch häufig vom Bezugssystem.

Liegen nun eine Aussageform und und eine Interpretation J vor, welche die Begriffe der Aussageform deutet, dann ist dieses J entweder wahr oder falsch. In der Mathematik heißen wahre Interpretationen Modelle der zugrundeliegenden Aussageformen. Eine Aussageform B folgt aus einem System von Aussageformen X, wenn jede wahre Interpretation von X auch eine wahre Interpretation von B ist.

Sind für mathematische Theorien wahre Interpretationen hinsichtlich eines bestimmten Individuenbereichs nicht vorhanden, so ist die mathematische Theorie für diesen Individuenbereich ungeeignet.

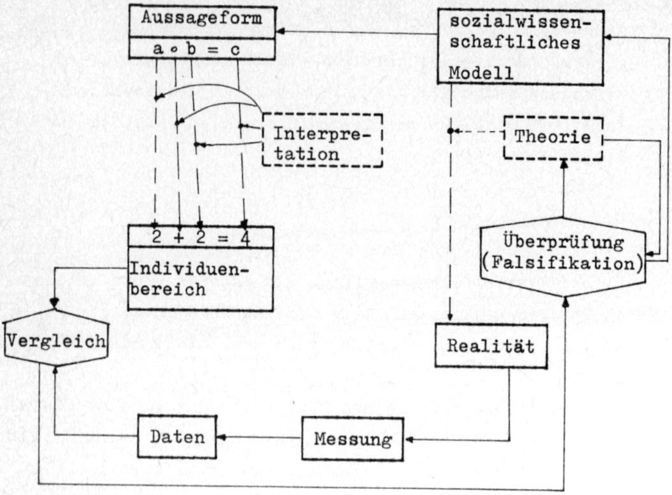

Aufgabe:

w Betrachten Sie folgende Schlußfolgerung:
Menschen streicheln gerne Hunde.
Hunde sind Tiere.
Brillenschlangen sind Tiere.
Also streicheln Menschen gerne Brillenschlangen.
Diskutieren Sie diese 'Implikation'!

(2.5.) Beweistechnik

Def. 1: Ein Beweis ist eine endliche Folge von Beweisschritten (Aussageformen), die durch Implikationen verbunden sind, wobei jede dieser Implikationen eine Tautologie ist.

$a \Longrightarrow b_1,\ b_1 \Longrightarrow b_2,\ \ldots,\ b_{n-1} \Longrightarrow b_n,\ b_n \Longrightarrow c$;

a heißt Voraussetzung, c heißt Behauptung.

Def. 2: Ist eine Folge von Aussageformen ein Beweis, und gilt: a ist wahr, so heißt

$a \Longrightarrow c$ Satz.

Man unterscheidet 'direkte' und 'indirekte' Beweise.

(2.5.1) Der direkte Beweis

Beim direkten Beweis wird der Beweis durch Einsetzung von Aussagen in die Aussageformen des Beweisansatzes, z.B. Tautologien (10),(11),(13),(14) und (15), oder durch Schlußfolgerungen gemäß den Tautologien (17) und (20) geführt.

<u>Beisp.</u>: Sind x,y,z Aussagen, dann gilt:

$$\neg[(x\wedge y)\vee z] \Longleftrightarrow [\neg x\wedge(\neg x\vee\neg y)\wedge(\neg x\vee\neg z)\wedge(\neg y\vee\neg z)]$$

Voraussetzung: x,y,z sind Aussagen;

Behauptung: obige Äquivalenz.

<u>Beweis</u>:

Der Beweis gliedert sich in zwei Teilbeweise, da die Äquivalenz $p \Longleftrightarrow q$ als $p \Longrightarrow q \wedge q \Longrightarrow p$ definiert wurde, also ist zu zeigen: (1) $a \Longrightarrow c$ und (2) $c \Longrightarrow a$ mit

(1) $\neg[(x\wedge y)\vee z] \Longrightarrow [\neg x\wedge(\neg x\vee\neg y)\wedge(\neg x\vee\neg z)\wedge(-y\vee\neg z)]$

(2) $[\neg x\wedge(\neg x\vee\neg y)\wedge(\neg x\vee\neg z)\wedge(\neg y\vee\neg z)] \Longrightarrow \{\neg[(x\wedge y)\vee z]\}$

zu (1):

$\neg[(x\wedge y)\vee z] \Longrightarrow \neg[(x\vee z)\wedge(x\vee y)]$	Taut.(8) $a \Longrightarrow b_1$
$b_1 \Longrightarrow [\neg(x\vee z)\vee\neg(x\vee y)]$	Taut.(2) $b_1 \Longrightarrow b_2$
$b_2 \Longrightarrow [(\neg x\wedge\neg z)\vee(\neg x\wedge\neg y)]$	Taut.(3) $b_2 \Longrightarrow b_3$
$b_3 \Longrightarrow \{[(\neg x\wedge\neg z)\vee\neg x]\wedge[(\neg x\wedge\neg z)\vee\neg y]\}$	Taut.(8) $b_3 \Longrightarrow b_4$
$b_4 \Longrightarrow [(\neg x\vee\neg x)\wedge(\neg z\vee\neg x)\wedge(\neg x\vee\neg y)\wedge(\neg z\vee\neg y)]$	Taut.(8) $b_4 \Longrightarrow b_5$
$b_5 \Longrightarrow [\neg x\wedge(\neg x\vee\neg y)\wedge(\neg x\vee\neg z)\wedge(\neg y\vee\neg z)]$	Taut. (11),(5) und (4) $b_5 \Longrightarrow c$

zu (2):

Diese Implikationsrichtung sei nunmehr dem Leser überlassen.

Aufgaben:

p(1) Man vereinfache durch tautologische Transformationen folgendes Aussagensystem von Wahlvorschriften:

1. Die Mitglieder des Sozialausschusses müssen aus der Mitgliederschaft des Exekutivrates gewählt werden.
2. Kein Mitglied des Exekutivrates darf gleichzeitig dem Sozialausschuß und dem Finanzausschuß angehören.
3. Jedes Mitglied, das sowohl dem Finanzausschuß als auch dem Exekutivrat angehört, ist automatisch Mitglied des Sozialausschusses.
4. Kein Mitglied des Presseausschusses darf dem Sozialausschuß angehören, wenn er nicht gleichzeitig Mitglied des Exekutivrates ist.

/1,S.72/

w(2) Können die beiden Teilbeweise im Beweisbeispiel auf der Vorseite zu einem Beweisgang zusammengefaßt werden?

(2.5.2) Der indirekte Beweis

Hier existieren zwei verschiedene Verfahren:

- Beweis durch 'Umkehrschluß', Taut.(19),
- Beweis eines Satzes durch Widerlegung der Negation des Satzes, Taut.(16) und Taut.(18) *).

Das zweite Verfahren sei an folgendem Beisp. erläutert:
Zu beweisen sei der Satz:

Für alle rationalen Zahlen x gilt: $x^2 \neq 2$.

Voraussetzungen sind in dieser Formulierung nicht explizit aufgeführt, wir werden also zunächst überlegen müssen, was in den Beweis als Voraussetzung eingehen wird.(Eine exakte Formulierung der darin enthaltenen Begriffe findet sich in (7.).) I.A. werden sich beim Beweis zuvor noch nicht aufgeführte weitere Voraussetzungen zeigen, diese sind dann mit aufzunehmen.

Voraussetzungen: a_1 - alle rationalen Zahlen x sind darstellbar in der Form $x = p/q$, wobei p eine ganze, q eine natürliche Zahl ist und

---

*) Taut.(18) ist eine beweistechnische Anleitung, die aus Taut.(16) hergeleitet wird.

p und q sind teilerfremd, d.h. es gibt keine ganze Zahl außer 1, durch die p <u>und</u> q teilbar sind.

a_2 - wir kennen die vier Grundrechenarten für ganze und rationale Zahlen und wissen, wie diese quadriert werden.

a_3 - jede gerade Zahl s läßt sich darstellen als $2r = s$, wobei r eine ganze Zahl ist, jede ungerade Zahl t läßt sich darstellen als $2d + 1 = t$, wobei d eine ganze Zahl ist.

$a :\Longleftrightarrow (a_1 \wedge a_2 \wedge a_3)$ ist somit die Voraussetzung.

Behauptung c: Für alle rationalen Zahlen x gilt: $x^2 \neq 2$, d.h. $\neg(x^2 = 2)$.

<u>Beweis</u>: Nach Taut.(18) ist nun zu zeigen: $\neg c \Longrightarrow \neg(a_1 \wedge a_2 \wedge a_3)$, d.h. aus der Negation der Beh. ist ein Widerspruch zu a_1 <u>oder</u> a_2 <u>oder</u> a_3 zu konstruieren (Taut.(2)).

$\neg c$: Es gibt eine rationale Zahl z mit $z^2 = 2$.

Dann gilt: Es gibt eine rationale Zahl $z = p/q$ mit $z^2 = (p/q)^2 = 2$ .... (a_1, a_2) .

Daraus folgt:

(*) $p^2 = 2q^2$ .... (a_2) , und daraus: p^2 ist eine gerade Zahl .... (a_3).

Hier wird ein Weg der Konstruktionsaufgabe sichtbar: Läßt sich zeigen, daß p und q gerade Zahlen sind, so ist ein Widerspruch zu a_1 gefunden. Wir müßten also zunächst zeigen: $(p^2 \text{ gerade}) \Longrightarrow (p \text{ gerade})$. Gelingt uns dies, so können wir diese Implikation als Voraussetzung a_4 mit aufnehmen.

<u>Zwischenbehauptung</u>: $(p^2 \text{ gerade}) \Longrightarrow (p \text{ gerade})$

<u>Beweis</u>: (indirekt)

Zu zeigen: $\neg(p \text{ gerade}) \Longrightarrow \neg(p^2 \text{ gerade})$, Taut.(19)

$$\neg(p \text{ gerade}) \Longleftrightarrow (p \text{ ungerade}) \Longrightarrow (p = 2d + 1) \Longrightarrow$$
$$\Longrightarrow (p^2 = 4d^2 + 4d + 1) \Longrightarrow (p^2 = 2(2d^2 + 2d) + 1)$$
$$\Longrightarrow (p^2 \text{ ungerade}) \Longrightarrow \neg(p^2 \text{ gerade}) ,$$

somit ist als zusätzliche Voraussetzung aufzunehmen:

a_4: $(p^2 \text{ gerade}) \Longrightarrow (p \text{ gerade})$, also $\overset{*}{a} :\Longleftrightarrow (a_1 \wedge a_2 \wedge a_3 \wedge a_4)$.

$a_4 \Longrightarrow (p = 2r)$ ....(a_3), daraus folgt: $4r^2 = 2q^2$ ....$(a_2, *)$.

$\Longrightarrow (2r^2 = q^2)$ ....(a_2)

$\Longrightarrow (q^2 \text{ gerade})$ ....(a_3)

$\Longrightarrow (q \text{ gerade})$ ....(a_4)

$\Longrightarrow (q = 2r')$ ....(a_3) , r' ganze Zahl

$\Longrightarrow (z = 2r/2r')$

$\Longrightarrow \neg a_1$.

Damit haben wir zu a_1 einen Widerspruch konstruiert, es gilt nun: $a \wedge (\neg c \Longrightarrow \neg a)$. Da aber $[\bar{a} \wedge (\neg c \Longrightarrow \neg a)] \Longrightarrow c$ Taut. ist, können wir, da alle Voraussetzungen gelten, die Beh. c folgern, d.h. $a \Longrightarrow c$ ist als Satz bewiesen.

Dieses Beispiel zeigt, daß der Beweis zu $\neg c \Longrightarrow \neg a$ i.A. mehrere Zwischenschritte enthält ebenso wie $a \Longrightarrow c$ beim direkten Beweis. Formal:

$$[\bar{a} \wedge (\neg c \Longrightarrow b_1 \Longrightarrow b_2 \quad \ldots \Longrightarrow \neg a)] \Longrightarrow c \ .$$

Abschließend sei darauf hingewiesen, daß Beweise nur bei wahren Voraussetzungen funktionieren, denn aus falschen Voraussetzungen läßt sich jede Behauptung (also auch falsche) logisch wahr beweisen. Aus demselben Grunde läßt sich aus $p \Longrightarrow q$,und q ist wahr,nicht schließen, daß p wahr ist.

Beisp.: 1 = -1

Dann gilt auch -1 = 1. Addition von Gleichungen ist eine erlaubte Regel. Ein so gefolgerter Ausdruck ist also logisch wahr.

Hier also: 1 = -1

$$\begin{array}{rr} & 1 = -1 \\ + & \underline{-1 = \ \ 1} \\ & 0 = \ \ 0 \end{array}$$

, was sicherlich wahr ist.

Aufgaben:

w(1) Geben Sie die Beweisschritte zum Beispiel auf S.-26ff-an!

w(2) Zu beweisen sei die Behauptung:
n ist eine natürliche Zahl(also n ist 1 oder 2 oder 3...), dann gilt: 2n ist eine gerade Zahl.

w(3) Bertrand Russell bewies einem katholischen Würdenträger, er(B.R.)sei der Papst, auf folgende Weise:
1 = 2 , der Papst und ich sind 2 Personen, die man unterscheiden kann. O.B.d.A.(ohne Beschränkung der Allgemeinheit) ordne ich 1 dem Papst und 2 mir zu. Da nach

Voraussetzung 1 = 2, folgt: Ich und der Papst sind eine Person. Diskutieren Sie diesen Beweis! Hätte man ihn auch indirekt führen können?

p(4) Gegeben seien folgende Aussagen:

a) "Der Konflikt dient dazu, die Identität und die Grenzen von Gesellschaften und Gruppen zu schaffen und zu erhalten"(Coser).

b) Der vorige Tarifkonflikt zwischen IG Metall und Gesamtmetall in Südwürttemberg-Hohenzollern enthielt übersteigerte Forderungen der Gewerkschaft, denn er führte zum Streik.

c) Dieser Streik wurde am 15.10. des Jahres um Null Uhr begonnen, 210 Belegschaftsmitglieder der Firma 'Tiforp'(fiktiver Name) waren an ihm beteiligt.

Welche Aussagen sind empirisch überprüfbar? Machen Sie sich den Argumentationsgang in b) aussagenlogisch klar! Welche Aussagen sind Tatsachenaussagen?

p(5) John C. Harsanyi führt in seinem Aufsatz "Individualistic and Functionalistic Explanations in the Light of Game Theory: The Example of Social Status" in: Imre Lakatos, Alan Musgrave(eds.): Problems in the Philosophy of Science, Amsterdam: North-Holland 1968
folgenden Beweis(S.310-312, Übersetzung von den Autoren):
Die Theorie des Klassenkonfliktes von Karl Marx geht von der Annahme aus, daß die Interessen der Arbeiterklasse den Interessen der kapitalistischen Klasse entgegengesetzt sind bei vielen bedeutenden sozialen Problemen, und daß gerade diese Tatsache impliziert (Hervorhebung J.C.H.), daß den Interessen der Arbeiterklasse am besten durch einen kompromißlosen Kampf gegen die kapitalistische Klasse gedient ist. Ich werde zu zeigen versuchen, daß dieses Argument falsch ist ...
Man betrachte ein sogenanntes 'Prisoner's Dilemma'Spiel

$$\begin{array}{c} \\ A_1 \\ A_2 \end{array}\begin{array}{c} \quad B_1 \qquad\quad B_2 \\ \begin{pmatrix} (10,10) & (-10,11) \\ (11,-10) & (1,\ 1) \end{pmatrix} \end{array}$$

Wenn das Spiel kooperativ gespielt wird, dann werden beide Spieler (die Klassen, die Aut.) die Aktivitäten A_1,B_1 benutzen, wodurch jeder Spieler eine Auszahlung von 10,10 (10 an A, 10 an B, die Aut.) erhalten wird. ... Diese Beispiele (J.C.H. bringt noch andere, die sich auf weitere "fallacies" beziehen, die Aut.) zeigen, daß die spieltheoretische Analyse oft sehr bedeutsam für das Verstehen der Bedingungen sozialer Kooperation und sozialen Konfliktes in verschiedenen sozialen Situationen ist.(Übers. Ende)

Nehmen Sie zu diesem "Ich werde zu zeigen versuchen, daß dieses Argument falsch ist..." Stellung!

p(6) A sei die Aussage: Eine Person hat Eltern, die zur Oberschicht gehören.

B sei die Aussage: Eine Person hat eine abgeschlossene Volksschulbildung oder weniger.

Eine Anzahl N von Personen sei hinsichtlich Bildungsniveau und Abstammung untersucht worden. n(A),n(B), n(Ā) und n(B̄) mögen die absoluten Häufigkeiten der hier möglichen vier Fälle bezeichnen. Folgende Häufigkeitsmatrix sei durch die Untersuchung gefunden:

$$\begin{array}{c} \\ A \\ \bar{A} \end{array}\begin{array}{c} \begin{array}{cc} \quad B \quad & \quad \bar{B} \quad \end{array} \\ \begin{pmatrix} n(A,B) & n(A,\bar{B}) \\ n(\bar{A},B) & n(\bar{A},\bar{B}) \end{pmatrix} \end{array} \quad \text{mit } \begin{array}{l} n(A,B) = 50 \ , \ n(A,\bar{B}) = 200, \\ n(\bar{A},B) = 150 \ , \ n(\bar{A},\bar{B}) = 100 \ . \end{array}$$

(a) Läßt sich durch diese Matrix die Hypothese einer Implikation zwischen obigen Aussagen bestätigen?

(b) Wie viele Fälle lassen sich der Aussage 'eine Person hat Eltern, die zur Oberschicht gehören, oder eine Person hat eine abgeschlossene Volksschulbildung oder weniger' zuordnen?

(c) Geben Sie die Aussagenverknüpfungen an, die der Gleichung $n(A,B) + n(A,\bar{B}) = n(A)$ entsprechen, und zeigen Sie, daß dem Gleichheitszeichen die Äquivalenz entspricht!

p(7) Eine Theorie möge einer logischen Konsistenzprüfung nicht standhalten(sie enthält also z.B. falsche Schlußfolgerungen), aber gleichwohl empirisch zutreffende Aussagen liefern. Ließe sich eine derartige Theorie unter Hinweis auf diese empirische Übereinstimmung beibehalten?

Literaturangaben:

[1] Mathematisches Vorsemester, 6. Aufl.
Berlin: Springer 1972

[2] Herbert Meschkowski: Einführung in die moderne Mathematik
Mannheim: BI-Hochschultaschenbücher 75/75a , 1966

[3] Ders., Günter Lessner: Aufgabensammlung zur Einführung in die moderne Mathematik
Mannheim: BI-Hochschultaschenbücher 263/263a, 1969

(2.6.) Schaltalgebra

Die Schaltalgebra läßt sich als 'operationale Variante' der Aussagenlogik bezeichnen. Ursprünglich wurde sie entwickelt als Instrument für den Entwurf von elektrischen Schaltnetzen und zur Lösung darin auftretender Probleme, dehnte sich in ihrer Anwendungsbreite aber rasch aus. Gerade einige dieser neueren Anwendungsgebiete, z.B.

- Aspekte der Planung und Entscheidung insbesondere 'konditional programmierter Systeme'(Luhmann),
- Design und Analyse binärer Systeme,
- Prozeßsteuerung und -kontrolle ,

haben das Interesse auch der Sozialwissenschaften auf die Schaltalgebra gelenkt. Insbesondere an der Nahtstelle von Informatik, Operationsforschung und sozialwissenschaftlichen Bereichen gewinnt die Schaltalgebra als ein Grundbaustein von Problemlösungsverfahren wachsende Bedeutung(z.B. Zuverlässigkeitstheorie, Theorie der Nervennetze). Es ist klar, daß im Rahmen einer Einführung nicht die Gesamtheit dieser Aspekte erörtert werden kann. Wir müssen uns auf die Darstellung der Grundprinzipien und auf die exemplarische Erörterung von Anwendungsperspektiven beschränken.

(2.6.1) Elemente der Schaltalgebra

Ziel der Schaltalgebra ist es, Systeme zu formalisieren, bei denen eine Ja-Nein-Entscheidung X auf Grund mehrerer Ja-Nein-Informationen zu treffen ist. Dabei werden ankommende Informationen (inputs) an Kontaktstellen entweder weitergeleitet(bzw. inputs werden in outputs transformiert) oder abgeschnitten(bzw. eine input-output-Transformation findet nicht statt), so daß in Abhängigkeit von den Beziehungen zwischen den Kontaktstellen eine Ausgangsinformation (output) F(X) Ja(1) oder Nein(0) vorliegt. Weiterleitung von Informationen wird als Ja, 1 , Abschneidung von Informationen als Nein, 0,aufgefaßt.

Jeder Kontaktstelle läßt sich nun eine Kontaktvariable mit den Ausprägungsmöglichkeiten 1 oder 0 zuordnen. Betrachten wir zunächst ein Schaltnetz mit zwei Kontaktvariablen x,y. Alle anderen Fälle können aus den Grundschaltungen dann zusammengesetzt werden. In jedem System gibt es zwei Arten von inputs: den Gesamtinput des Systems und den input an jeder der Kontaktstellen, dasselbe gilt für den output.

Die <u>Serienschaltung</u>:
Ist es zur Verarbeitung eines input notwendig, daß sowohl x als auch y ihn in einen output transformieren, so spricht man von einer Serienschaltung, im Bild:

Bezeichnung: $F(X) = x \cdot y = xy$

Die <u>Parallelschaltung</u>:
Genügt es zur Verarbeitung eines input, daß x oder y (nicht ausschließendes 'oder') eine Transformation des input leisten, so spricht man von einer Parallelschaltung, im Bild:

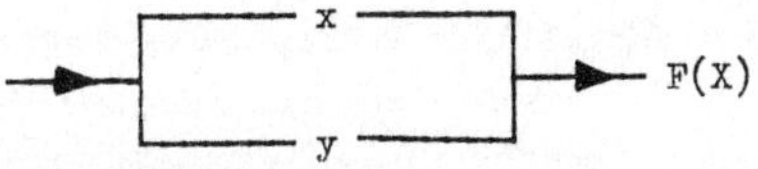

Bezeichnung: $F(X) = x + y$

Die <u>Inversionsschaltung</u>:
x_1 sei eine Kontaktvariable, die mit einer weiteren Kontaktvariablen x derart gekoppelt ist, daß x_1 stets den umgekehrten Variablenwert annimmt wie x.
Bezeichnung: $x_1 = x'$

Die <u>Ja (1) - Schaltung</u>:
Wird ein input unabhängig von den Werten der Kontaktvariablen stets in einen output transformiert, so spricht man von einer 1-Schaltung.

Die <u>Nein (0) - Schaltung</u>:
Wird ein input unabhängig von den Werten der Kontaktvariablen niemals in einen output transformiert, so spricht man von einer 0-Schaltung.
Die Definitionen für die Verknüpfungen von Kontaktvariablen lauten:
<u>Def. 1</u>: $xy = 1$ für $x = y = 1$, sonst $xy = 0$.
<u>Def. 2</u>: $x + y = 0$ für $x = y = 0$, sonst $x + y = 1$.
<u>Def. 3</u>: $x' = 0 :\Longleftrightarrow x = 1$, $x' = 1 :\Longleftrightarrow x = 0$.
Wie man leicht erkennt, entsprechen diese Verknüpfungen nicht

der Addition bzw. Multiplikation von reellen Zahlen.
Es seien nun zunächst einige Regeln für den Umgang mit schaltalgebraischen Konzepten aufgezeigt, um dann Beispiele durchrechnen zu können.

(i) $xy = yx$
(i') $x + y = y + x$ } aus Def.1 und 2 .

(ii) $0x = 0$, da $0 = x = 1$ nie auftreten kann.

(iii) $1 + x = 1$ analog zu (ii), $1x = x$ aus Def. 1 .

(iv) $xx = x$ wegen 1. $x = 1 \Rightarrow x = x = 1 \Rightarrow xx = 1 = x$,
2. $x = 0 \Rightarrow x = x = 0 \Rightarrow xx = 0 = x$.

(v) $x + x = x$ wegen
1. $x = 1 \Rightarrow x = x = 1 \Rightarrow x+x = 1 = x$,
2. $x = 0 \Rightarrow x = x = 0 \Rightarrow x+x = 0 = x$.

(vi) $xx' = 0$, da stets $x \neq x'$, also $\neg(x = x' = 1) \Longrightarrow$
$\Longrightarrow xx' = 0$.

(vii) $x + x' = 1$, da stets $x \neq x'$, also $\neg(x = x' = 0) \Longrightarrow$
$\Longrightarrow x + x' = 1$.

(viii) $(x')' = x$ aus Def.3

(ix) $(x + y)' = x'y'$

(ix') $(xy)' = x' + y'$.

Bisher haben wir uns auf den Fall zweier Variablen beschränkt, der umfassendere Fall mehrerer Variablen ist aber leicht darzustellen.
Die Werte für die Verknüpfung mehrerer Kontaktvariablen werden berechnet, indem sukzessive je zwei Variable je nach Stellung(1 oder 0) zu einer zusammengefaßt werden.

<u>Beisp.</u>: Gegeben seien die Variablen a,b,c,d,e in folgender Schaltung:

$[(a + c)' + (a'd)]' + [(eb) + a] = F(X)$ mit den Ausprägungen:

$a = d = e = 1$, $b = c = 0$.

Dann gilt: $A := a + c = 1$, $B := a'd = 0$, $C := eb = 0$,
$D := (A' + B)' = 1$, $E := (C + a) = a$,
$D + E = 1 + a = 1 = F(X)$.

Im Bild:

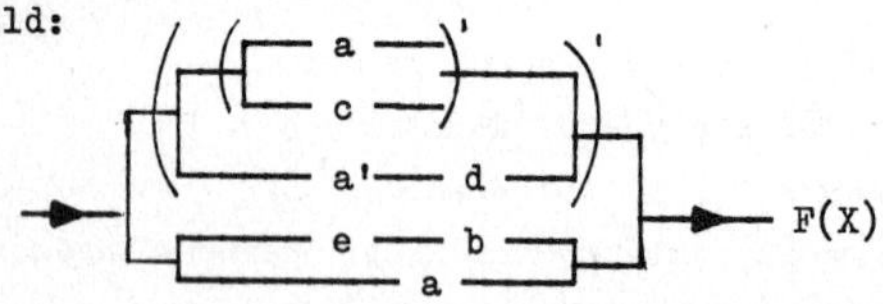

<u>Bemerkung</u>: Treten in einem System Parallel- und Sereinschaltungen auf, so sind Klammern notwendig, um die Reihenfolge eindeutig festzulegen. Seien $a = b = 0$, $c = 1$; dann gilt:

$(ab) + c = 1$, $a(b + c) = 0$.

Klammern können lediglich bei mehreren, aufeinanderfolgenden Serien- oder mehreren, aufeinanderfolgenden Parallelschaltungen <u>eines</u> Typs weggelassen werden, denn es gilt:

(1) $(a + b) + c = a + (b + c)$

(2) $(ab)c = a(bc)$

<u>Beweis</u> zu (1): $a + b = 0$ für $a = b = 0$, sonst 1;

$$(*)\begin{cases}(a + b) + c = 0 \text{ für } (a=b) = c = 0,\\ \text{sonst } 1;\end{cases}$$

$b + c = 0$ für $b = c = 0$, sonst 1;

$$(**)\begin{cases}a + (b + c) = 0 \text{ für } (b=c) = a = 0,\\ \text{sonst } 1.\end{cases}$$

(*) und (**) sind äquivalent.

Der Beweis zu (2) sei dem Leser überlassen.

Wir sind nun in der Lage, zu verschiedenen Ja-Nein-input-output-Transformationen schaltalgebraische Modelle anzugeben und zu beschreiben. Einige der Regeln (i)...(ix') aber lassen sich darüber hinaus zur Vereinfachung binärer Systeme verwenden, denn hier werden zwei Kontaktvariablen zu einem Wert zusammengefaßt, unabhängig davon, ob die Kontaktvariablen den Wert 1 oder 0 haben (z.B. $x + x = x$). Wir werden dies verwenden, um schaltalgebraische Modelle zu vereinfachen, wobei jedoch bei unveränderten Variablenwerten der output erhalten bleibt.

<u>Beisp</u>: $(abc) + (ab'c) + (abc') + (a'bc) = F(X)$

Im Bild:

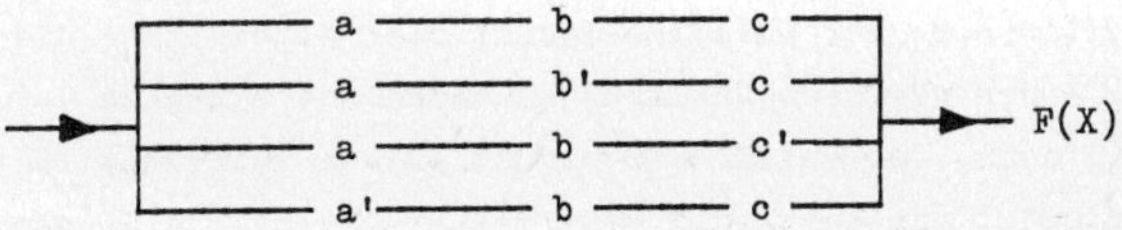

läßt sich vereinfachen zu

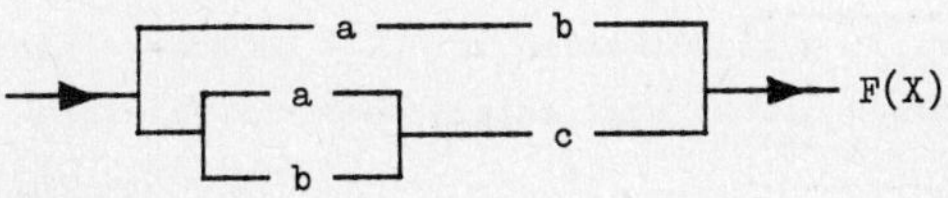

durch die Rechnung

$$(abc) + (ab'c) + (abc') + (a'bc) = F(X) =$$
$$= ((ab)\underbrace{(c + c')}_{\substack{=1 \\ \text{nach (vii)}}}) + (c((ab') + (a'b))) =$$
$$= (ab) + (ab'c) + (a'bc) = (a(b + b'c)) + (a'bc) =$$
$$= (a(b(1 + c) + (b'c))) + (a'bc) = {}^{*})$$
$$= (a(b+c)) + (a'bc) = (ab) + (c(a + (a'b))) =$$
$$= (ab) + (c(a(1 + b) + (a'b))) =$$
$$= \underline{\underline{(ab) + (c(a + b))}}$$

(2.6.2) Redundanz in binären Systemen

Betrachten wir folgende Schaltung:

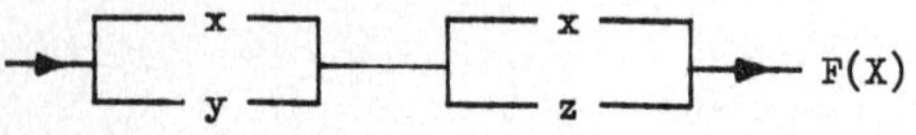

Ihr entspricht die Gleichung

$$F(X) = (x + y)(x + z) \quad ,$$

die sich wie folgt vereinfachen läßt:

$$F(X) = x^2 + (xy) + (yz) = (x(1 + y)) + (yz) =$$
$$= x + (yz) \quad .$$

Oder in Form eines Schaltbildes:

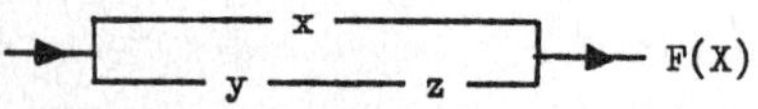

F(X) läßt sich also auch mit drei Kontaktvariablen realisieren, das ursprüngliche System ist daher <u>redundant</u>.
Zwar ist es unter ökonomischem Aspekt i.A. am rationellsten, den output eines binären Systems mit einem Minimum an Kontaktvariablen zu realisieren, doch kann unter anderen Gesichtspunkten(z.B. der Zuverlässigkeit oder Stabilität) die Erhaltung eines gewissen Ausmaßes an Redundanz durchaus zweckmäßig sein. Der Umfang der Reduktion von Redundanz läßt sich hier meist nur auf Grund empirischer Analysen u.a. von Systemzielen und Umweltanforderungen bestimmen.

---

*) Dieser Kunstgriff: Multiplikation mit (1 + c), ändert nach (iii) das Ergebnis nicht, erleichtert aber die Vereinfachung.

Im einzelnen können unterschieden werden:

Nützliche bzw. nutzlose Redundanz, je nachdem ob die infrage stehende redundante Komponente einen Beitrag zur Outputrealisierung, Systemzuverlässigkeit, -stabilität etc. leistet oder nicht.

Nützliche Redundanz kann weiterhin in Form heißer oder kalter Redundanz vorliegen, je nachdem ob die infrage stehende Komponente gerade in Aktion ist oder nicht.

Häufig sind zur Redundanzbeseitigung bestimmte Kunstgriffe erforderlich, von denen wir einen, Multiplikation von Kontaktvariablen mit (1 + x), kennengelernt haben. Daneben erweist es sich oft als zweckmäßig, Kontaktvariablen mit (x + x') zu multiplizieren. x muß jeweils eine geeignete Variable sein.

(2.6.3) Konditional programmierte Systeme

Mit schaltalgebraischen Methoden lassen sich zielansteuernde binäre Systeme darstellen, die Konsistenz derartiger Zielansteuerungen analysieren und eventuell vorhandene Redundanz beseitigen, sofern diese Systeme konditional programmiert sind, d.h. zur Erreichung von Zielen genau angebbare Bedingungen erfüllt sein müssen. Im Folgenden sei ein Beispiel für die Konsistenz- und Redundanzprüfung(Systemanalyse) dargestellt(vgl. Norbert Müller: Strategiemodelle-Aspekte und Probleme einer sozialwissenschaftlichen Praxeologie, Bielefeld: Diss. 1972, Anhang I):

Ziel E von Mitgliederversammlungen einer kommunalen Parteiorganisation sei u.a., Abstimmungen über bestimmte Anträge durchzuführen. Ergebnis und Erfolg derartiger Abstimmungen seien hier nicht erörtert, sie stellen erst einen zweiten Schritt einer Systemanalyse dar.

Die Versammlung setze sich zusammen aus zwei Gruppen R,L und dem Abteilungsvorsitzenden(Abteilung:= kommunale Parteiorganisation). Alle Mitglieder seien den Gruppen eindeutig zurechenbar. Weitere Gruppen mögen nicht existieren.

Eine Abstimmung über einen vorliegenden Antrag komme zustande, wenn:

(1) der Abteilungsvorsitzende A sich für den Antrag ausspricht,

(2) beide Gruppen sich für den Antrag aussprechen oder

(3) die Gruppe R die Mehrheit hat oder

(4) die Gruppe L die Mehrheit hat oder es nicht geschieht,

(5) daß sich R und L gegen den Antrag aussprechen, wobei R oder L über die Mehrheit verfügt, oder

(6) A und L sich für den Antrag aussprechen oder

(7) A und R sich für den Antrag aussprechen; R macht aber zur zwingenden Bedingung für die Antragsunterstützung an der Seite von A, daß A und L sich nicht zusammen für den Antrag aussprechen oder L nicht die Mehrheit besitzt.

Bezeichnungen:

E - Systemzweck 'Abstimmung',
a - A spricht sich für den Antrag aus,
r - R " " " " " ",
l - L " " " " " ",
r_c- R hat die Mehrheit,
l_c- L hat die Mehrheit.

Benutzt man nun das Aussagensystem (1) bis (7) zur schaltalgegraischen Darstellung des Systems, so ist es zweckmäßig, zunächst das Schaltbild aufzuzeigen:

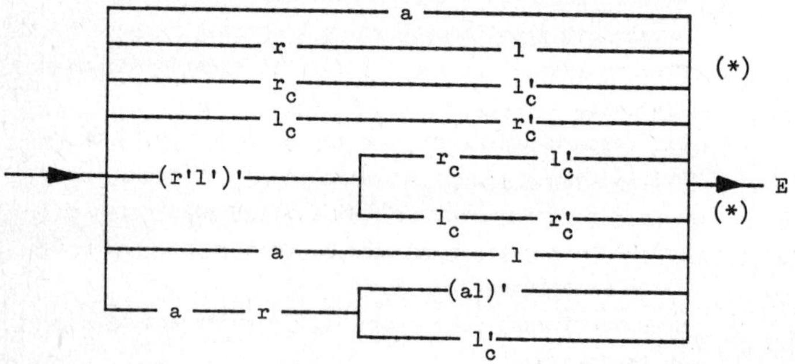

Aus (*) geht hervor, daß vor der Abstimmung stets eine Mehrheit entweder von R oder von L existiert(ausschließendes 'oder'). Es ergibt sich die schaltalgebraische Gleichung:

$$E = a + (rl) + (r_c l_c') + (l_c r_c') + (r'l')'\big((r_c l_c')+(l_c r_c')\big) + (al) + (ar)\big((al)'+l_c'\big) =$$

$$= a\underbrace{(1 + \ldots)}_{\substack{=1 \\ \text{nach (iii)}}} + \big((r_c l_c')+(l_c r_c')\big)\underbrace{(1 + \ldots)}_{\substack{=1 \\ \text{nach(iii)}}} + (rl)$$

Die nichtredundante Struktur des Systems hat also die Form:

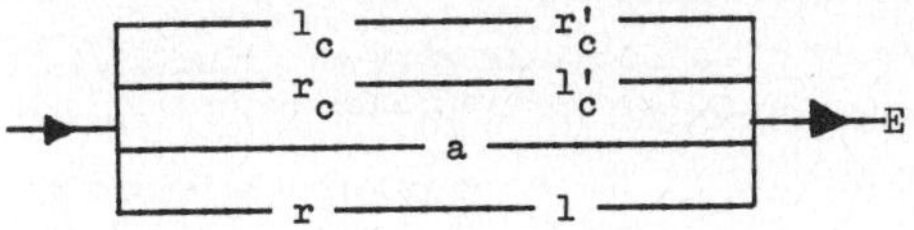

Die Komponenten r'l', al und $(ar)((al)' + l_c')$ erweisen sich hier zwar als redundant, damit ist aber nicht gesagt, daß diese realiter nutzlos redundant sind. *)

(2.6.4) Binäre Problemlösungsverfahren

Bei den bisher dargestllten Methoden durchlaufen inputs (Informationen, Energieströme, Materialflüsse, Kommunikations- und Entscheidungsabläufe etc.) die binären Systeme stets nur in einer Richtung.

Speziell bei Problemlösungsverfahren treten jedoch Zyklen auf, die mit den aufgezeigten Methoden nicht mehr darstellbar sind. Dies liegt insbesondere daran, daß in Problemlösungsverfahren Abfragen vorkommen, deren Ergebnis eine bestimmte Entscheidung bindend festlegt(z.B.: Nein - Gehe zurück, Ja - Gehe weiter), während Verzweigungen vergleichbarer Art bisher durch ein nicht ausschließendes 'oder' charakterisiert waren.

Dies sei an einem Beispiel demonstriert:

Die Aufgabe einer Organisation bestehe u.a. darin, ein Problem P dadurch zu lösen, daß eine Entscheidung E gefällt wird. Der Ablauf von der Problemstellung bis zur Entscheidung soll dargestellt und formalisiert werden. Betrachten wir z.B.

*) Hier sind weitergehende Analysen notwendig. Überhaupt ist der hier im Beispiel dargestellte Ansatz erst eine Vorstufe für weitere (z.B. stochastische Zuverlässigkeits-)Analysen.

den folgenden Ablauf:

Auf Grund einer funktionalen Arbeitsteilung wird die Problemstellung (P) einem Sachbearbeiter (S_0) zugeteilt, dieser legt seine Arbeitsergebnisse dem Abteilungsleiter (C) vor, der entscheidet, ob diese für eine Entscheidung(E) ausreichen, oder ob nach Einholen von Informationen (I) oder Korrektur von Fehlern (F) eine erneute Bearbeitung durch den Sachbearbeiter notwendig ist. Nach dieser erneuten Bearbeitung hat C wieder zu entscheiden etc ... .

Bei der Formalisierung dieses Ablaufs gibt es prinzipiell zwei Betrachtungsmöglichkeiten:

(1) Es ist der Ablauf in der gegebenen Reihenfolge nachzuvollziehen, d.h. es interessieren die aufeinanderfolgenden Bearbeitungsschritte;

(2) es ist die Abhängigkeitsstruktur des Systems bei jeder Aktivität zu beschreiben, d.h. es interessiert, wie eine bestimmte Aktivität zustande kommen kann.

(1) führt auf sogenannte Blockschaltbilder, (2) auf Signalflußdiagramme.

zu (1): Hier ist es zweckmäßig, die einzelnen Bearbeitungsvorgänge als Blöcke darzustellen, die durch Pfeile verbunden werden. Das Beispiel führt dann auf das Netzwerk:

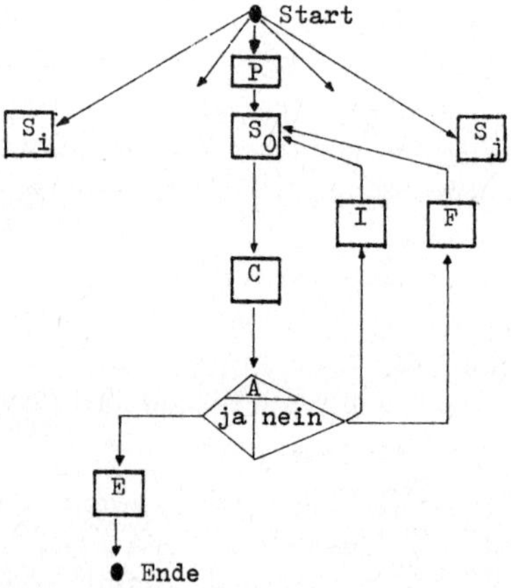

Hierbei deuten die von P ausgehenden Pfeile an, daß die Problemstellung je nach Inhalt einem dafür zuständigen Sachbearbeiter übertragen wird. Wir betrachten hier o.B.d.A.(ohne Beschränkung der Allgemeinheit) den Fall S_0. Wollen wir den Ablauf mit schaltalgebraischer Notation darstellen, so brauchen wir eine Möglichkeit, die Abfrage A zu formalisieren. Wir definieren dazu für 'nein' (denn für 'nein' erfüllt wird die Schleife durchlaufen):

$w(\text{nein}) = 0$, wenn 'nein' erfüllt ist,

$w(\text{nein}) = 1$, wenn 'nein' nicht erfüllt ist,

und zwar, da die Schleife evtl. mehrmals durchlaufen wird:

$w^1(\text{nein})$ für die Abfrage beim ersten Mal,

$w^2(\text{nein})$ " " " " zweiten Mal,

.

.

.

$w^j(\text{nein})$ " " " " j-ten Mal, $j=1,2,\ldots$.

Nun können wir das Beispiel formal aufschreiben:

$$(psc)(w^1(\text{nein}) + \alpha(w^2(\text{nein}) + \alpha(w^3(\text{nein}) + \ldots + \alpha(w^j(\text{nein}) + \ldots + \alpha w^n(\text{nein}))\underbrace{)\ldots)}_{n-1 \text{ Klammern}}e = F(X)$$

mit $\alpha = (i + f)(sc)$, p,s,c,i,f,e bezeichnen Variablen für die zugehörigen Blöcke (große Buchstaben).

Hieraus wird klar, daß der Ablauf zu keiner Entscheidung führen kann, wenn für alle j gilt: $w^j(\text{nein}) = 0$. Je kleiner n in $w^n(\text{nein}) = 1$ ist, um so effektiver arbeitet die Organisation, weil dann nur wenige Korrekturschleifen notwendig sind.

zu (2): Im Falle des Signalflußdiagramms werden die Aktivitäten als Pfeile, die Verbindungen zwischen ihnen als Punkte dargestellt. Das Beispiel führt dann auf folgendes Netzwerk:

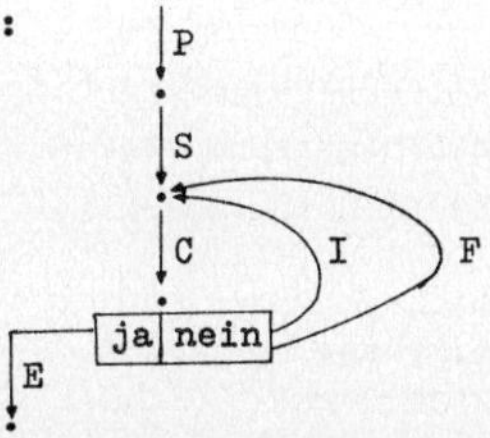

Diese formalisierte Beschreibung hat den Zweck, für jede Aktivität klar zu machen, wie sie zustande kommen kann, d.h. für S etwa, daß S von P, von I oder F in einer ersten oder einer weiteren Schleife abhängen kann.

Formalisiert:

$$p(((ps) + (i + f)s)c(w^1(\text{nein}) + \alpha(w^2(\text{nein}) + \ldots + \alpha(w^j(\text{nein}) + \ldots + \alpha w^n(\text{nein}\underbrace{)))\ldots)}_{n-1 \text{ Klammern}}e = F(X)$$

Die Effektivitätsbetrachtungen sind hier analog zum 1.Fall.

<u>Bemerkungen</u>: (1) Dieses einfache Beispiel ist nicht geeignet, die Breite der Anwendungen von Schaltalgebra für Problemlösungsverfahren zu zeigen, vermittelt aber einen ersten Eindruck über die Zusammenhänge zwischen Organisationstheorie, Problemlösungsverfahren und schaltalgebraischen Ansätzen. Daneben wird sichtbar, wie automatische Verfahren gewonnen werden können.

(2) Beseitigung von Redundanz in Systemen mit Schleifen ist nur entweder außerhalb von Schleifen oder aber <u>in einem</u> Schleifendurchlauf möglich. Variablen aus verschiedenen Schleifen hingegen können nicht zu einem reduzierten Ausdruck zusammengefaßt werden.

(3) Die wesentliche Bemühung um Redundanzbeseitigung liegt in diesen Systemen in der Verringerung der notwendigen Schleifendurchlaufanzahl n.

(2.6.5) Einige Aspekte binärer kybernetischer Systeme

Bisher wurde davon ausgegangen, daß die Art der input-output-Transformation genau bekannt ist. Häufig aber sind nur input und output gegeben, während die Beschaffenheit der zugehörigen Transformation unbekannt ist, zwischen input und output befindet sich ein <u>black box</u>.

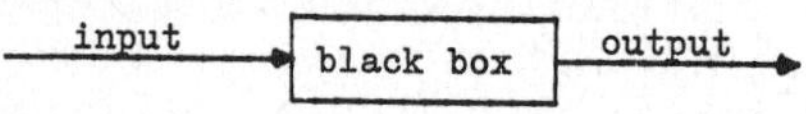

In diesen Fällen ist für die Beziehung zwischen input und output ein Modell zu entwickeln, der black box ist durch ein

Systemmodell 'aufzuhellen'. Sind nun input und output binär, so lassen sich mit den bisher aufgezeigten Methoden bereits einige einfache Systemmodelle erstellen, wie sie z.B. in /1,S.32ff/ aufgeführt sind. Einige seien hier kurz vorgestellt:

(a)

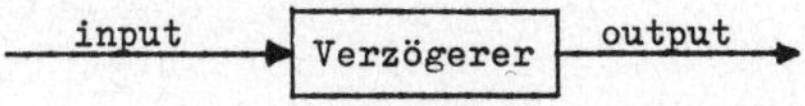

	output zum Zeitpunkt t': 1	0
input zum Zeitpunkt t: 1	1	0
0	0	1

(b)

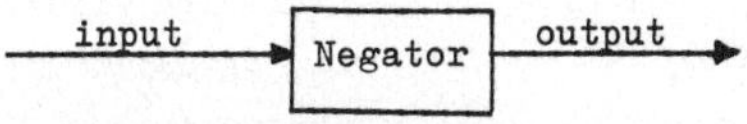

	output: 1	0
input: 1	0	1
0	1	0

(c)

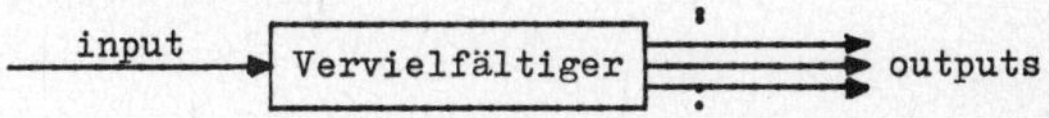

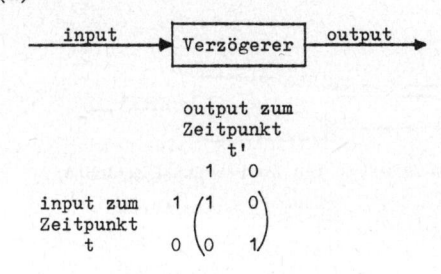

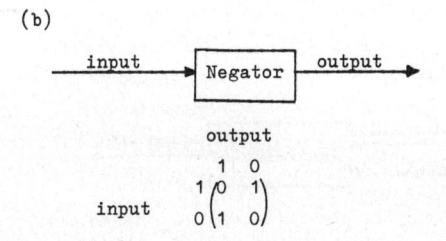

Als Beispiel ein Zwei-output-Vervielfältiger:

	outputs: 0 0	0 1	1 0	1 1
input: 1	0	0	0	1
0	1	0	0	0

(d)

Als Beispiel ein Zwei-input-Disjunktor:

inputs	output 1	output 0
00	0	1
01	1	0
10	1	0
11	1	0

(e)

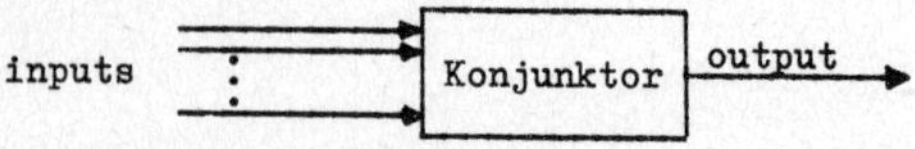

Als Beispiel ein Zwei-input-Konjunktor:

inputs	output 1	output 0
00	0	1
01	0	1
10	0	1
11	1	0

(f)

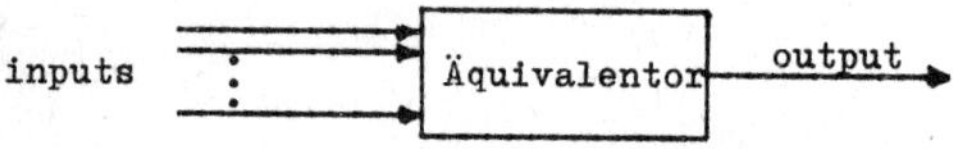

Als Beispiel ein Zwei-input-Äquivalentor:

inputs	output 1	output 0
00	1	0
01	0	1
10	0	1
11	1	0

Durch Kombination der sechs angegebenen Grundmodelle lassen sich nun schon relativ komplexe black boxes aufhellen, wenn auch nicht immer eindeutig. Dies sei an einem Beispiel demonstriert: Gegeben sei ein black box mit drei inputs und zwei outputs, dessen Transformationsverhalten (Wirkungsweise) durch folgende Matrix bestimmt sei:

input I	0	0	0	0	1	1	1	1
" II	0	0	1	1	0	0	1	1
inputIII	0	1	0	1	0	1	0	1
outputI	0	0	0	1	0	1	0	1
" II	1	0	1	0	1	0	1	0

Die Frage ist nun: Welches Systemmodell'paßt' auf dieses Transformationsverhalten?

Lösung: (1) output II ist offensichtlich die Negation von input III.

(2) Der Konjunktor I,III liefert eine 1 in der 6. und 8. Spalte, das stimmt in diesen Spalten mit output I überein.

Der Konjunktor II,III liefert eine 1 in der 4. und 8. Spalte, was ebenfalls an diesen Positionen mit output I übereinstimmt.

Da nur der Konjunktor I,III in der 6. Spalte und nur der Konjunktor II,III in der 4. Spalte eine 1 liefern, wird man nun den Disjunktor einsetzen müssen, um diese Einsen zu erhalten. Die 1 in der 8. Spalte bleibt dabei ebenfalls erhalten, alle anderen Positionen haben eine 0, somit ist auch output I geklärt.

Im Bild:

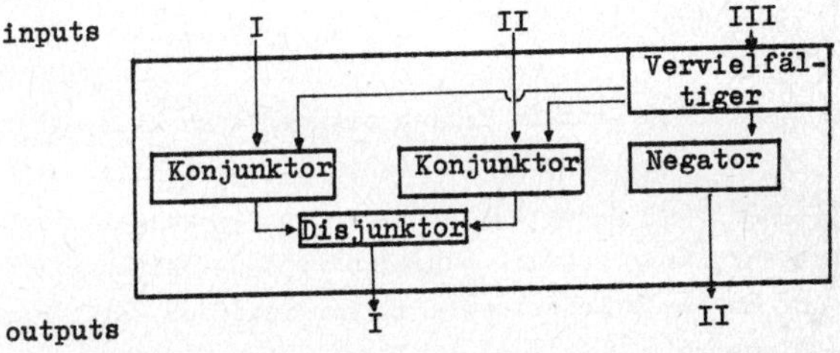

Zum Beweis werden nun die Definitionen (b),(c),(d),(e) herangezogen:

input I	0	0	0	0	1	1	1	1
" II	0	0	1	1	0	0	1	1
" III	0	1	0	1	0	1	0	1
i Konjunktor I,III	0	0	0	0	0	1	0	1
ii " II,III	0	0	0	1	0	0	0	1
Disjunktor i,ii	0	0	0	1	0	1	0	1
Negator III	1	0	1	0	1	0	1	0

*)

Die beiden letzten Zeilen stimmen mit output I und II überein.

Die input-output-Beziehung kann aber auch noch durch folgendes Modell beschrieben werden:

*Für Konjunktor II,III muß input III vervielfältigt werden, da er bereits zuvor benutzt wurde.

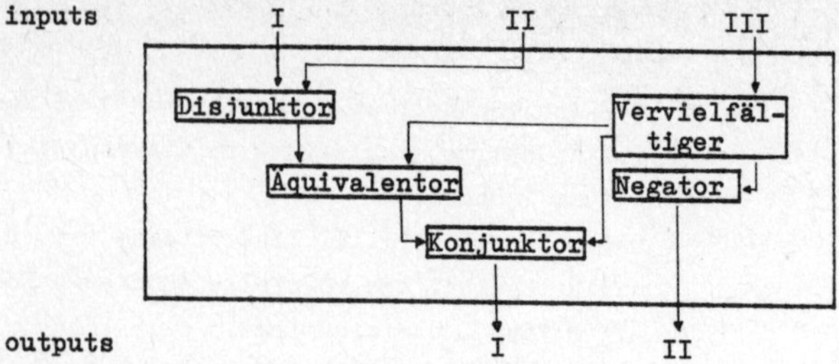

Zum Beweis die input-output-Matrix nach den Def. (b) bis (f):

input I	0	0	0	0	1	1	1	1
" II	0	0	1	1	0	0	1	1
" III	0	1	0	1	0	1	0	1
D=Disjunktor I,II	0	0	1	1	1	1	1	1
Ä=Äquival. D,III	1	0	0	1	0	1	0	1
Konjunktor Ä,III	0	0	0	1	0	1	0	1
Negator III	1	0	1	0	1	0	1	0

Die beiden letzten Zeilen stimmen auch hier mit output I und II überein. Es wird an diesem Beispiel klar, daß die Aufhellung eines black box nicht eindeutig zu sein braucht(man wird sogar immer mehrere Lösungen finden, jedoch nicht immer mehrere minimale Modelle wie im vorliegenden Fall (jeweils 5 Grundelemente)). Die Entscheidung, welches Modell zu wählen ist, ist kein schaltalgebraisches und auch kein mathematisches Problem, sie bleibt der inhaltlichen einzelwissenschaftlichen Untersuchung vorbehalten. Die Mathematik bietet hier nur zu Entscheidungsalternativen führende Lösungen an.

(2.6.6) Boolesche Algebra (BA)

In den Kapiteln (2.1.), (2.2.) und (2.5.) haben wir, von verschiedenen Überlegungen ausgehend, zwei mathematische Bereiche konstruiert, die offensichtlich nicht völlig unabhängig voneinander sind, siehe z.B. die Def. von '∧' und ' • ', von '∨' und '+'. Im Kapitel über Aussagenlogik haben wir versucht, aus der 'Alltagslogik' durch Präzisierung ein Instrumentarium zur Analyse von Texten, Durchführung von Beweisen, Konsistenzprüfung von Aussagensystemen etc. zu gewinnen; im Kapitel über Schaltalgebra haben wir einen Bereich konstruiert, der auf den genannten Gebieten Anwendung finden kann.

Beide Ansätze sind charakterisiert durch ein Prinzip der 'Mathematisierung', d.h. der Erarbeitung mathematischer Modelle an Hand konkreter Beispiele und vorgegebener Problemstellungen sowie der Wechselbeziehungen zwischen Beispielen, Problemstellung und Modell.

Daneben werden wir nun die für den Bereich der Mathematik fundamentale Vorgehensweise der Axiomatik kennenlernen, gewissermaßen der zweiten Stufe der Mathematisierung. Dazu soll hier versucht werden, die Gemeinsamkeiten von Aussagenlogik und Schaltalgebra aufzuzeigen und zugleich ein Instrumentarium zu entwickeln, das es erlaubt, die in einem Bereich gültigen Sätze in den anderen zu übertragen.

Betrachten wir dazu folgende Tabelle:

Aussagenlogik	Schaltalgebra
Es gibt zwei Verknüpfungen $\wedge$, $\vee$	Es gibt zwei Verknüpfungen $\cdot$, $+$
beide Verknüpfungen sind kommutativ	dito
$(a \wedge b) \longleftrightarrow (b \wedge a)$ $(a \vee b) \longleftrightarrow (b \vee a)$	$ab = ba$ $a + b = b + a$
Es gelten die Sätze 1. $a \wedge (b \vee c) \longleftrightarrow (a \wedge b) \vee (a \wedge c)$ 2. $a \vee (b \wedge c) \longleftrightarrow (a \vee b) \wedge (a \vee c)$	Es gelten die Sätze 1'. $a(b + c) = (ab) + (bc)$ 2'. $a + (bc) = (a + b)(a + c)$
Zu jeder Aussage gibt es eine Inverse, für Aussage a ist dies $\neg a$.	Für jede Kontaktvariable gibt es eine Inverse, für die Variable a ist dies a' .
Für jede Aussage a gilt: 3. $(a \vee 0) \longleftrightarrow a$ 4. $(a \wedge 1) \longleftrightarrow a$ 5. $(a \vee \neg a) \longleftrightarrow 1$ 6. $(a \wedge \neg a) \longleftrightarrow 0$	Für jede Kontaktvariable a gilt: 3'. $a + 0 = a$ 4'. $1a = a$ 5'. $a + a' = 1$ 6'. $aa' = 0$

Weitere Sätze, die übereinstimmen, folgen aus den hier angegebenen Beziehungen. Die Unterschiede zwischen Aussagenlogik und Schaltalgebra sind also lediglich terminologischer Art. Diese Tatsache veranlaßt den Mathematiker, ein Objekt zu definieren, das genau den grundlegenden Eigenschaften von

Aussagenlogik und Schaltalgebra entspricht: die Boolesche Algebra, die nachfolgend axiomatisch festgelegt wird. Kann von einem mathematischen Bereich gezeigt werden, daß er eine B A ist, d.h. daß er diese Axiome erfüllt, so gelten dort automatisch alle Sätze, die für Boolesche Algebren nachgewiesen werden können, z.B. also für Aussagenlogik und Schaltalgebra.

Axiome der Booleschen Algebra:

Eine Menge (siehe folgendes Kap.) B mit zwei Verknüpfungen $\sqcup$, $\sqcap$ und einer Zuordnung -, die jedem Element a aus B ($a \in B$ bezeichnet) seine Inverse $\bar{a}$ zuordnet, heißt Boolesche Algebra, wenn folgende Regeln gelten:

BA 1: Die Verknüpfungen $\sqcup$ und $\sqcap$ sind kommutativ, das heißt $a \sqcup b = b \sqcup a$, $a \sqcap b = b \sqcap a$.

BA 2: Die Verknüpfungen sind distributiv, d.h.
$a \sqcup (b \sqcap c) = (a \sqcup b) \sqcap (a \sqcup c)$
$a \sqcap (b \sqcup c) = (a \sqcap b) \sqcup (a \sqcap c)$.

BA 3: Es gibt ein neutrales Element $0 \in B$ bzgl. $\sqcup$, d.h. für alle $a \in B$ gilt: $a \sqcup 0 = a$.

BA 3': Es gibt ein neutrales Element $1 \in B$ bzgl. $\sqcap$, d.h. für alle $a \in B$ gilt: $a \sqcap 1 = a$.

BA 4: Für alle $a \in B$ gilt: $a \sqcup \bar{a} = 1$, $a \sqcap \bar{a} = 0$.

Die Tabelle auf S.-47- zeigt, daß Aussagenlogik und Schaltalgebra zwei Boolesche Algebren sind. Im Kap.(3.5.) über Mengenalgebra wird nachgewiesen, daß auch dies eine BA ist. Da wir somit mindestens drei Beispiele zur Verfügung haben, scheint es ökonomisch, Sätze für BA anzugeben, da diese dann automatisch für die aufgezeigten mathematischen Objekte gelten.

Satz 1: Es gibt genau ein $0 \in B$ mit $a \sqcup 0 = a$ für alle $a \in B$.

Satz 2: Es gibt genau ein $1 \in B$ mit $a \sqcap 1 = a$ für alle $a \in B$.

Satz 3: Zu jedem $a \in B$ gibt es genau ein $x \in B$ mit $a \sqcap x = 0$ und $a \sqcup x = 1$.

Satz 4: Für jedes $a \in B$ gilt $\overline{(\bar{a})} = a$.

Satz 5: Für jedes $a \in B$ gilt: $a \sqcup a = a$.

Satz 6: Für jedes $a \in B$ gilt: $a \sqcap a = a$.

Satz 7: Für jedes $a \in B$ gilt: $a \sqcup 1 = 1$.

Satz 8: Für jedes $a \in B$ gilt: $a \sqcap 0 = 0$.

Satz 9: Für beliebige $a, b \in B$ gilt: $a \sqcup (a \sqcap b) = a$

<u>Satz 10</u>: Für beliebige $a, b \in B$ gilt: $a \sqcap (a \sqcup b) = a$.

<u>Satz 11</u>: Für beliebige $a, b \in B$ gilt: $\overline{(a \sqcap b)} = \bar{a} \sqcup \bar{b}$.

<u>Satz 12</u>: Für beliebige $a, b \in B$ gilt: $\overline{(a \sqcup b)} = \bar{a} \sqcap \bar{b}$.

Wir wollen nicht alle Sätze beweisen, exemplarisch sei hier nur der Beweis zu Satz 9 geführt:

<u>Bew</u>. zu Satz 9: $a \sqcup (a \sqcap b) = (a \sqcap 1) \sqcup (a \sqcap b)$ nach BA3'

$= a \sqcap (1 \sqcup b)$ " BA2

$= 1 \sqcap a$ " BA1

$= a$ " BA3' .

q.e.d.
(quod erat demonstrandum)
(was zu beweisen war)

An dieser Stelle sei schon darauf hingewiesen, daß die gegen Ende dieses Bandes dargestellte Wahrscheinlichkeitsrechnung über weite Strecken nichts weiter ist als die Anwendung der Theorie der BA, wobei lediglich die Zusatzbedingung der Normierung hinzukommt.

Es zeigt sich also, daß die BA zu den wichtigen Grundlagen der Mathematik gehört.

<u>Aufgaben</u>

w(1) Beseitigen Sie die Redundanz in $F(X) = (xz) + (yz) + (yx')$!

p(2) Eine binäre Zielvariable $F(X)$ soll in Abhängigkeit von drei Bedingungen x, y, z dann den Wert 1 ('Erreichung') annehmen, wenn eine der folgenden vier Bedingungskonstellationen realisiert wird:

a) x ist nicht erfüllt, y ist nicht erfüllt, z ist erfüllt;
b) x " " " , y ist erfüllt, z ist erfüllt;
c) x " " " , y " " , z ist nicht erfüllt;
d) x ist erfüllt, y ist nicht erfüllt, z " " " .

Geben Sie die minimale Bedingungskonstellation für die Zielerreichung an!

w(3) Gegeben sei folgendes Schaltbild:

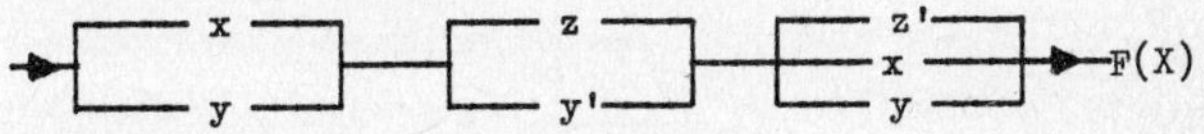

a) Geben Sie die schaltalgebraische Gleichung an!
b) Beseitigen Sie alle Redundanz!
c) Ermitteln Sie aus der Kontaktvariablenwertmatrix (Hinweis: analog Wahrheitswertmatrix) diejenigen

Variablenwertkonstellationen, für die F(X) = 1 ist!

w(4) Ist $F(X) := (x'y) + (xy') \stackrel{?}{=} 1$.

p(5) Folgende Kontaktvariablenwert- und output-Matrix sei gegeben:

x	y	z	F(X)
0	0	0	beliebig
0	0	1	0
0	1	0	1
0	1	1	0
1	0	0	1
1	0	1	1
1	1	0	1
1	1	1	beliebig

Entwerfen Sie ein minimales Kontaktnetzwerk! (Hinweis: Bestimmte output-Werte können 0 oder 1 sein, hier besteht also ein gewisser Spielraum für die Minimierungsaufgabe, der genutzt werden kann.)

w(6) Der Informationsfluß zwischen fünf Einheiten a,b,c,d,e sei wie folgt festgelegt:

$$a \longrightarrow b \longrightarrow e \longrightarrow d \longrightarrow b \longrightarrow c$$

a) Ist der Informationsweg redundant? Wenn ja, beseitigen Sie die Redundanz!

b) Handelt es sich um nützliche oder nutzlose Redundanz, wenn man unterstellt:

b_1) Die Information soll c möglichst schnell erreichen;

b_2) c darf die Information nur nach zweimaliger Kontrolle erhalten.

c) Gibt es in b_2) eine Möglichkeit, die Weglänge des Informationsflusses zu verkürzen?

w(7) Eine statistische Untersuchung von K. Pearson im Jahre 1900 ergab folgende Häufigkeiten hinsichtlich der Augenfarbe von Vätern und deren Söhnen:(siehe [2,S.55])

		Augenfarbe des Vaters: h	Augenfarbe des Vaters: d
Augenfarbe des Sohnes	h	471	148
	d	151	230

h - hell
d - dunkel

<u>Def.</u>: Relative Häufigkeit eines Beobachtungsergebnisses ist der Quotient aus der Häufigkeit dieses Beobachtungsergebnisses und der Häufigkeit aller in Frage stehenden Beobachtungsergebnisse(genauer in Kap.(13.   )). <u>Beisp.</u>: Die relative Häufigkeit des Beobachtungsergebnisses 'Sohn ist dunkeläugig':

$$\frac{151 + 230}{471 + 148 + 151 + 230} .$$

a) Was ist die relative Häufigkeit des Beobachtungsergebnisses 'Vater ist helläugig <u>und</u> Sohn ist helläugig'?

b) Was ist die relative Häufigkeit des Beobachtungsergebnisses 'Vater ist helläugig <u>oder</u> Sohn ist helläugig'?

c) Was ist die relative Häufigkeit des Beobachtungsergebnisses 'Vater ist helläugig <u>oder</u> dunkeläugig'?

w(8) Zwei Germanen führen folgendes Gespräch:

Der 1.: Warum ist das Wetter heute so stürmisch?

Der 2.: Weil Wotan zürnt.

Der 1.: Worauf stützt Du diese Feststellung?

Der 2.: Ja siehst Du denn nicht das stürmische Wetter, und ist das Wetter nicht immer stürmisch, wenn Wotan zürnt?

Formalisieren Sie diesen Erklärungsgang und diskutieren Sie ihn!

w(9) Beweisen Sie an Hand von Wahrheitswertmatrizen:

$[(p \Longrightarrow r) \wedge (\neg z \Longrightarrow \neg r)] \Longrightarrow (p \Longrightarrow z)$

w(10) Ließe sich die Wahrheit der Implikation aus Aufg. w(9) auch auf Grund der Tautologien (1) bis (20) nachweisen?

p(11) Popper bringt folgendes Beispiel eines Erklärungsganges:

a) Dieser Mensch hier ist gestorben(das ist zu erklären).

b) Annahme: Der Mensch hat Zyankali eingenommen.

c) Immer wenn ein Mensch mindestens drei Milligramm Zyankali einnimmt, so stirbt er.

Welche Tautologie wird in diesem Erklärungsgang verwendet? Was muß zu dieser Erklärungsfolge hinzutreten, um über eine bloße Tautologie hinauszugehen?

p(12) ('Statistischer Test')

Gegeben seien zwei Werte u_1 und u_2 einer Variablen. Die Differenz zwischen u_1 und u_2 sei größer als eine bestimmte Größe K.

Es sei unterstellt, es gäbe ein Verfahren X, um folgende Feststellung zu treffen: Unter der Annahme, u_1 sei wahr, ist u_2 - für K hinreichend groß- 'falsch'(exakt: 'nahezu unwahrscheinlich').

Nun sei ein Sozialwissenschaftler dabei, die Durchschnittszensuren bei Klassenarbeiten einer bestimmten Schulklasse zu ermitteln. Er untersucht dazu 10 Klassenarbeiten, die

er zufällig ausgewählt hat(Stichprobe), und stellt fest: Der Durchschnitt liegt bei 3.5 .
Er fragt sich, ob der Durchschnitt aller Klassenarbeiten dieser Schulklasse gleich 3 ist. Er wendet X an. Welche der beiden Werte (3.5 , 3) muß er als u_1, welchen als u_2 betrachten?
Angenommen, der empirische Wert 3.5 erweist sich unter der Hypothese 3 als nicht unwahrscheinlich; folgt dann, daß die Hypothese zutreffend ist?

p(13) Im Brief von Friedrich Engels an Franz Mehring findet sich folgende Stelle:

"Die Ideologie ist ein Prozeß, der zwar mit Bewußtsein vom sogenannten Denker vollzogen wird, aber mit falschem Bewußtsein. Die eigentlichen Triebkräfte, die ihn bewegen, bleiben ihm unerkannt; sonst wäre es eben kein ideologischer Prozeß."

Diskutieren Sie diese Äußerungen unter aussagenlogischem Aspekt!

Literaturangaben:

[1] Henryk Greniewski, Maria Kempisty: Kybernetische Systemtheorie ohne Mathematik
Berlin: Dietz 1966

[2] Erwin Kreyszig: Statistische Methoden und ihre Anwendungen, 3. Aufl.
Göttingen: Vandenhoeck & Ruprecht 1968

Weiterführende Literatur:

Peter L. Hammer, Sergi Rudenau: Boolean Methods in Operations Research
Berlin: Springer 1968

G.E. Hoernes, M.F. Heilweil: Boolesche Algebra und Logik Entwurf - eine programmierte Einführung -
München: R. Oldenbourg 1968

L.A. Kaloujnine: Über die Algorithmisierung mathematischer Aufgaben
in: Probleme der Kybernetik 2, 1963, S. 54 - 74

Norbert Müller: Strategiemodelle - Aspekte und Probleme einer sozialwissenschaftlichen Praxeologie - Bielefeld: Diss. 1972

D. Schulte: Kombinatorische und sequentielle Netzwerke München: R. Oldenbourg 1967

H. Thiele: Wissenschaftstheoretische Untersuchungen in algorithmischen Sprachen in: Mathematische Forschungsberichte, Berlin: 1966

Ulrich Weyh: Elemente der Schaltungsalgebra München: R. Oldenbourg 1968

(2.7.) Einige weiterführende Aspekte

Nach Def. 2 aus (2.1.) ist eine der zwei Aussagen A, $\bar{A}$ stets falsch. Insbesondere in den Sozialwissenschaften existieren jedoch Probleme, bei denen sich eine Formalisierung mit Hilfe des aufgezeigten, auf der Zweiwertigkeit basierenden, Instrumentariums der Aussagenlogik als kaum angemessen erweist.

Beisp.: Eine Person X_1 sei als arm bezeichnet, wenn sie kein Einkommen hat. Eine Person X_2 sei ebenfalls als arm bezeichnet, wenn ihr Einkommen um nicht mehr als DM 10.- über dem von X_1 liegt.
Wiederholt man nun diesen Schluß für $X_3, X_4, \ldots$, so ist bei X_{5000} logisch wahr zu implizieren (Transitivität): Jemand der DM 50 000.- an Einkommen hat, ist arm. Auf diese Weise läßt sich ohne weiteres beweisen, daß alle Menschen mächtig und klein sind, in der Nähe des Nordpols wohnen und ein Dasein nahe am Existenzminimum fristen.

Insbesondere derartige unscharfe Eigenschaften wie arm, reich, mächtig, kindlich, begabt etc., daneben Möglichkeitsaussagen und Aussagen nicht überprüfbaren oder unbestimmten Wahrheitsgehaltes haben wiederholt zu Versuchen geführt, mehrwertige Logiken zu entwickeln. Unter ihnen sei hier lediglich die dreiwertige Logik von Lukasiewicz herausgegriffen. In ihr existieren die Wahrheitswerte 1:= wahr, 3:= falsch,

2:= möglich (neutral). Als Wahrheitswert der oder-Verknüpfung ist definiert:

Def. 1: $w(p \vee q) := \text{minimum}\{w(p), w(q)\}$ mit p,q mehrwertige Aussageformen.

Der Wahrheitswert der Negation der mehrwertigen Aussageform p ist definiert durch:

Def. 2: $w(\neg p) = 4 - w(p)$.

An Hand dieser beiden Def. sei nun der Satz vom ausgeschlossenen Dritten $p \vee \neg p$ untersucht.

Für $w(p) = 1$ gilt nach Def. 1:

$$w(p \vee \neg p) = \text{minimum}\{w(p), 4 - w(p)\}$$
$$= \text{minimum}\{1, 3\} = 1 .$$

Für $w(p) = 2$ gilt:

$$w(p \vee \neg p) = 2 .$$

Für $w(p) = 3$ gilt:

$$w(p \vee \neg p) = 1 .$$

Da im 2. Fall $w(p \vee \neg p) \neq 1$ ist, liegt hier also keine Tautologie wie in der 2-wertigen Logik vor. Die Problematik mehrwertiger Logik sei hier jedoch nicht weiter vertieft. Siehe dazu die

weiterführende Literatur :

Robert P. Abelson, Milton J. Rosenberg: Symbolic Sychologic: A Model of Attitudinal Cognition
in : Behavioral Science 3, 1958, S. 1- 13

Rudolf Carnap (Wolfgang Stegmüller): Induktive Logik und Wahrscheinlichkeit
Berlin: Springer 1959

Jack D. Cowan: Many-valued Logics and Reliable Automata
in: Heinz v. Foerster, George W. Zopf Jr.: Principles of Self Organization
New York: Pergamon 1962

Iris Leverkus-Brüning: Die Meinungslosen - Die Bedeutung der Restkategorie in der empirischen Sozialforschung
Berlin 1966

Hans Reichenbach: Philosophische Grundlagen der Quantenmechanik
Basel: Birkhäuser 1949

A.A. Sinowjew: Über mehrwertige Logik
- ein Abriß -
Braunschweig: Vieweg 1968

Ders.: Komplexe Logik
Braunschweig: Vieweg 1970

Als weiterer Zweig der Logik sei hier die <u>normative Logik</u> (Deontik) erwähnt. Sie stellt eine Logik der Handlungsprinzipien oder - vorschriften dar, in der z.B. folgende normative Tautologie gilt:

<u>Bezeichnungen</u>: $\neg a(X)!$ Person X soll a nicht tun!

$b(X) \Longrightarrow a(X)$ Wenn X b ausführt, dann muß X auch a ausführen.

<u>Tautologie</u>: $\{\neg a(X)! \wedge [b(X) \Longrightarrow a(X)]\} \Longrightarrow \neg b(X)!$

Im Zuge der Diskussion über den Einsatz systemtechnischer Ansätze bei gesellschaftlichen Problemen (vorwiegend in einigen sozialistischen Ländern), daneben aber auch vor dem Hintergrund einer allgemeinen Handlungstheorie ist die Deontik gerade in jüngster Zeit stärker in das Blickfeld auch der Sozialwissenschaften gerückt.

<u>Weiterführende Literatur</u>:

Gerhard Frey: Grundzüge einer Logik imperativer Sätze
in: Philosophia Naturalis 4, 1957, S. 434 ff

G.H. von Wright: An Essay in Deontic Logic and the General Theory of Action
Amsterdam: North-Holland 1968 (mit ausführlicher Bibliogr.)

Im Rahmen einer Einführung kann auf die Fülle weiterer Probleme, z.B. das Verhältnis von Deduktion und Induktion (siehe u.a. [1]), Formen der Hypothesenüberprüfung (problematisiert u.a. in [3]) oder das Verhältnis von logischem und empirischem Gehalt von Aussagen (siehe z.B. [2]) nicht weiter eingegangen werden. Hier sei lediglich die logische Struktur zweier gerade in den Sozialwissenschaften häufig anzutreffender Schlußfolgerungsweisen aufgezeigt:

(a) Der reduktionistische Schluß

Gegeben sei die Aussage A, gefunden eine Aussage B, so daß B⟶A, dann folgt: B ist eine wahre Voraussetzung für A. Man sagt auch, man habe eine Erklärung für A gefunden, die wahr sei. Formalisiert: p,q seien Aussageformen:

$$[\bar{q} \wedge (p \Longrightarrow q)] \Longrightarrow p \quad .$$

Dies ist selbstverständlich keine Tautologie im aussagenlogischen Sinne(Bew.:Wahrheitswertmatrix). Sie wäre wahr, wenn immer dann, wenn q gegeben wäre, auch p gegeben wäre, und sonst q nicht auftreten würde, also eine Äquivalenz vorläge.

(b) Funktionalistischer Schluß

Eine weitverbreitete Variante dieser Schlußfolgerungsweise, die u.a. im Strukturfunktionalismus anzutreffen ist, läßt sich an Hand des Beispiels in [4,S.964] darstellen:

(1) Wenn eine [Gesellschaft ihre strukturelle Kontinuität erhalten will], } A
dann [müssen ihre Mitglieder mit den bestehenden Normen konform gehen.] } B

(2) Um Konformität aufrecht zu erhalten, [wird abweichendes Verhalten bestraft]. } C

(3) Die Gesellschaft X erhält ihre strukturelle Kontinuität, somit ist A gegeben.

(4) A⟹C (Taut. (20)) .

(4) dient sodann als empirische Erklärung.

Hierzu ist folgendes zu sagen:

- die Voraussetzung bleibt in (1) ungeprüft, da die Erklärung über die notwendige Bedingung läuft, d.h. es wird argumentiert: Wäre ¬B, dann wäre auch ¬A. Daher läßt sich auch meist nicht die Erklärungs<u>kraft</u> der Voraussetzung feststellen.
- (1) ist eine teleologische, (3) eine empirische Aussage (Vermengung verschiedener Individuenbereiche, siehe S. -23 -).

Beide Probleme ließen sich prinzipiell beseitigen, wenn (1) in eine 'weil-Aussage' umgeformt würde:

Weil in einer Gesellschaft der zentrale soziale Wert: Erhaltung der strukturellen Kontinuität existiert, müssen ihre Mitglieder mit den bestehenden Normen konform gehen.

Dann muß allerdings in (3) ein derartiger Wert empirischer nachgewiesen sein.

In dieser 'weil-Formulierung' rückt die funktionalistische Aussage in die Nähe einer Kausalaussage.

<u>Literaturangaben:</u>

/1/ Rudolf Carnap(Wolfgang Stegmüller): Induktive Logik und Wahrscheinlichkeit
Berlin: Springer 1959

/2/ Yehoshua Bar-Hillel: Language and Information
Palo Alto 1964

/3/ Paul K. Feyerabend: Explanation, Reduction and Empiricism
in: Minnesota Studies in the Philosophies of Science, Vol. III, 2. Aufl., Univ. of Minnesota Press 1966

/4/ George Caspar Homans: Contemporary Theory in Sociology
in: Robert E.L. Faris (ed.): Handbook of Modern Sociology
Chicago: Rand McNally 1964

<u>Weiterführende Literatur:</u>

George C. Homans: Bringing Men Back In
in: Amer. Soc. Rev. XXIV, 1964

Wsevolod W. Isajew: Causation and Functionalism in Sociology
London: Routledge & Kegan Paul 1968

Hans Gerd Schütte: Der empirische Gehalt des Funktionalismus
Meisenheim a. Glan: Hain 1971

(3.) Mengenlehre

Wie jede Wissenschaft, so hat auch die Mathematik ihre eigene Sprache entwickelt, deren Besonderheit u.a. darin besteht, daß sie Worte der Umgangssprache (Ring, Körper, Karte, Garbe, Halm etc.) aufnimmt und mit völlig anderer Bedeutung belegt. Seit Georg Cantor Ende des 19. Jahrhunderts hat sich als grundlegende Kommunikationsbasis der Mathematiker die Mengenlehre herausgebildet. Diese naive Mengenlehre Cantors ist nicht widerspruchsfrei und wurde auf verschiedene Arten axiomatisiert. Doch da wir hier kein mathematisches Grundlagenstudium betreiben , sondern eine Sprache für Mathematik und auch für mathematische Soziologie erlernen wollen, die sich als besonders geeignet zur Aufbereitung soziologischer Objekte und Daten erwiesen hat, werden wir den naiven Mengenbegriff vorstellen, mit dem auch die meisten Mathematiker arbeiten. Nachdem geklärt worden ist, was der Begriff der Menge bedeutet, werden wir besonderes Gewicht darauf legen, wie man aus vorgegebenen Mengen neue konstruieren kann, und wie sich die Mengenschreibweise zur Untersuchung von Eigenschaften und Beziehungen von Objekten eignet. Daß damit die Mengenlehre auch als Instrumentarium zur Konstruktion formalisierter sozialwissenschaftlicher Modelle dienen kann, zeigt (14.).

(3.1.) Der Mengenbegriff

Erinnern wir uns zunächst an (2.4.). Gegeben sei ein Individuenbereich und eine Aussageform mit einer Variablen x auf diesem Bereich. Belegt man diese Variable mit Objekten aus dem Individuenbereich, so gelangt man zu Aussagen. Wir interessieren uns jetzt für diejenigen Objekte aus dem Individuenbereich, deren Einsetzung in die Aussageform wahre Aussagen entstehen läßt. Diese Objekte aus dem Individuenbereich fassen wir zu einer Gesamtheit, der Menge M, zusammen. Die Zugehörigkeit zur Menge M stellt man dar durch die Aussageform

'x ist ein Element der Menge M', bezeichnet $x \in M$.

<u>Beisp.</u>: Betrachten wir die Aussageform 'x ist eine Primzahl unter 10'. Frage: Für welche Objekte aus dem Individuenbereich der ganzen positiven Zahlen wird aus dieser Aussageform eine wahre Aussage?

Antwort: Für die Objekte(Zahlen) 2,3,5,7 . Somit

würde die Menge M zur obigen Aussageform die Elemente 2,3,5,7 enthalten.

Setzt man ein und dasselbe Objekt zweimal in eine Aussageform ein, so kann dadurch keine neue Aussage entstehen, auch am Wahrheitswert der Aussage kann sich nichts ändern. Daher verlangt man von den Elementen einer Menge, daß sie wohlunterschieden sind.

Die Negation der Aussageform '$x \in M$' heißt $\neg(x \in M)$, geschrieben als '$x \notin M$'.

Zu jedem Element x muß sich eindeutig angeben lassen, ob es zu einer Menge M gehört oder nicht. Ist dies nicht der Fall, so ist dies stets auf eine unzulässige Mengendefinition zurückzuführen, insbesondere des Individuenbereichs.

Nicht nur Zahlen können Elemente von Mengen sein. So kann unter dem Aspekt eines bestimmten Individuenbereichs, der auch Grundmenge G genannt wird, die Menge aller Studenten an einer Universität gebildet werden. Hier wird deutlich, daß Mengen stets Objekte unter dem Aspekt mindestens einer gleichen Eigenschaft zusammenfassen, der Mengenbegriff läßt sich also für Systematisierungen einsetzen.

Oft ist es nicht einfach, die Zugehörigkeit eines Objektes zu einer Menge festzustellen. Beisp.: Menge aller Umweltzustände, die für die Erhaltung einer Organisationsstruktur kritisch sind.

Es gibt zwei Möglichkeiten, eine Menge aufzuschreiben:

(1) durch die Aufzählung ihrer Elemente,

(2) durch die Angabe einer charakteristischen Eigenschaft, die auf alle Elemente der Menge zutrifft.

Beisp. zu (1): Die Menge M_1 der natürlichen Zahlen zu '$x<3$' läßt sich aufzählen. Man schreibt: $M_1 = \{1,2\}$.
Äquivalent wäre: $M_1 = \{x/x \text{ ist natürliche Zahl} \wedge (x<3)\}$.

Beisp. zu (2): Die Menge M_2 der natürlichen Zahlen zu '$x \geq 4$' läßt sich nicht aufzählen, da sie unendlich viele Elemente enthält. Hier läßt sich also nur definieren:
$M_2 = \{x/x \text{ ist natürliche Zahl} \wedge (x \geq 4)\}$.

Man schreibt allgemein im 2. Fall $M = \{x/H(x)\}$, wobei $H(x)$ die definierende Eigenschaft ist.

Merke: es ist zu unterscheiden zwischen dem Element x und

der Menge $\{x\}$.

Betrachten wir abschließend zwei Beispiele, die die Grenzen der naiven Mengenlehre aufzeigen sollen(Russellsche Antinomie):

(1) Es sei die Menge M aller Personen in einem Ort gegeben, die sich nicht selbst rasieren und daher zum Barbier gehen. Nun muß sich entscheiden lassen, ob der Barbier ein Element aus M ist oder nicht.

Gilt: Barbier $\in M \Longrightarrow$ er rasiert sich selbst, also Barbier $\notin M$.

Gilt: Barbier $\notin M \Longrightarrow$ er läßt sich vom Barbier rasieren, also Barbier $\in M$.

(2) Sei M die 'Menge aller Mengen', dann gilt $M \in M$.

Beide Beispiele widersprechen den Forderungen der Mengenlehre, nämlich:

Im ersten Beisp. ist für ein Objekt nicht feststellbar, ob es zur Menge gehört oder nicht.

Im zweiten Beisp. ist ein Objekt Element von sich selbst.

Die Widersprüche entstehen in beiden Beispielen dadurch, daß mehrere Stufen von Aussagen und Mengen vermischt werden. Bei der Verwendung mehrstufiger Mengen (Mengen von Mengen) oder Aussagen (Aussagen über Aussagen) ist u.U. Vorsicht geboten. Die axiomatische Mengenlehre versucht, auch für diese Bereiche eine widerspruchsfreie Mengenlehre zu entwickeln.

(3.2.) Mengengleichheit

Als erstes Problem stellt sich nun die Frage, wann zwei Mengen übereinstimmen. Hier bieten sich verschiedene Vergleichsmöglichkeiten an:

(1) Die Aussageformen, auf Grund derer die Mengen gebildet werden, und die Individuenbereiche beider Mengen müssen übereinstimmen, also sei $M = \{x/H(x)\}$ und $N = \{y/G(y)\}$, dann gilt: $M = N :\Longleftrightarrow H(.) = G(.)$, und die Individuenbereiche sind gleich. "(.)" bedeutet eine Leerstelle, deren Ausfüllung eindeutig aus dem

zuvor Gesagten hervorgeht.

(2) Plausibel ist ebenfalls, daß wir die Mengengleichheit auf die zugehörigen Elemente zurückführen:

Def. 1: $M = N :\Longleftrightarrow \bigwedge_x ((x \in M) \Longleftrightarrow (x \in N))$ (Mengengleichheit)

Beide Ansätze sind äquivalent, wir werden jedoch in Zukunft den zweiten berücksichtigen, da er meist zu einfacheren Beweisen führt.

Beisp.: $M = \{a,b\}$, $N = \{b,a\}$. Es gilt: $M = N$, da die Reihenfolge der Elemente für die Def. einer Menge unerheblich ist.

$M = \{1,2\} = N = \{1,2,2,1\}$.

Folgende Mengen sind gleich:

$X = \{2,3\}$, $Y = \{x/$ x ist eine natürliche Zahl und x erfüllt $x^2 - 5x + 6 = 0\}$.

Eigenschaften, die gleiche Mengen schaffen, wollen wir in Zukunft nicht mehr unterscheiden.

(3.3.) Die Leere Menge $\emptyset$

Läßt sich eine Aussageform durch kein Objekt aus einem bestimmten Individuenbereich zu einer wahren Aussage machen, so hat die zugehörige Menge kein Element. Dies ist sicher immer dann der Fall, wenn die Aussageform widersprüchlich ist. Man bezeichnet die 'Leere Menge' mit $\emptyset$.

Beisp.: Gegeben sei die Aussageform $x^2 - 2x + 2 = 0$. Gesucht sei die Menge $X = \{x/x$ ist eine ganze Zahl und x erfüllt $x^2 - 2x + 2 = 0\}$.

Diese Menge wird auch Lösungsmenge genannt. Man sieht rasch, daß $X = \emptyset$.

Satz 1: Es gibt eine und nur eine Leere Menge.

Bew. : A und B seien Leere Mengen. Dann gilt: Für alle x ist $x \in A$ und $x \in B$ falsch. Daraus folgt: $\bigwedge_x ((x \in A) \Longleftrightarrow (x \in B))$ ist wahr (man bilde zur Kontrolle die Wahrheitswertmatrix). Das ist identisch mit der Def. der Mengengleichheit; somit gilt: $A = B$.

(3.4.) Die Teilmengenbeziehung '$\subseteq$'

Wir haben den Begriff der Menge benutzt, um Objekte

gleicher Eigenschaft zusammenzufassen, z.B. $M = \{x/H(x)\}$. Sondern wir nun durch eine weitere Eigenschaft $G(x)$ einige Elemente aus M aus und fassen diese zu einer zweiten Menge N zusammen, so gilt: $N = \{x/H(x) \wedge G(x)\}$. Es ist unmittelbar einsichtig: Für alle $x \in N$ gilt: $x \in M$.(wegen Taut.(13))

Dies legt nahe, eine <u>Teilmengenbeziehung</u> zu definieren:

<u>Def. 2</u>: M, N seien Mengen. $M \subseteq N :\longleftrightarrow \bigwedge_x ((x \in M) \Longrightarrow (x \in N))$.

Mengenbeziehungen lassen sich bildlich durch 'Venn-Diagramme' darstellen. Ein Venn-Diagramm für die Teilmengenbeziehung $M \subset N$ ist z.B.

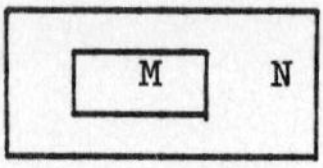

<u>Merke</u>: Venn-Diagramme sind i.A. kein Ersatz für Beweise.

Aus Def. 1 und Def. 2 folgt unmittelbar:

$M = N$ dann und nur dann, wenn $M \subseteq N$ und $N \subseteq M$.

Gilt $M \subseteq N$ und $M \neq N$, so spricht man von einer 'echten' Teilmenge, symbolisch $M \subset N$.*)

Aus der Def. der Teilmenge folgt sofort, daß für jede Menge M gilt: $M \subseteq M$.

<u>Satz 2</u>: $M_1 \subseteq M_2$ und $M_2 \subseteq M_3$, dann gilt: $M_1 \subseteq M_3$.

<u>Bew.</u> : Der Satz ist für $M_1 = \emptyset$ trivial. Daher sei hier der Fall $M_1 \neq \emptyset$ betrachtet.

$\bigwedge_x ((x \in M_1) \Longrightarrow (x \in M_2))$ nach Voraussetzung und

$\bigwedge_x ((x \in M_2) \Longrightarrow (x \in M_3))$ " " .

Somit folgt mit Taut.(20) $\bigwedge_x ((x \in M_1) \Longrightarrow (x \in M_3))$.

<u>Satz 3</u>: M sei Menge, dann ist $\emptyset \subseteq M$.

<u>Bew.</u> : $\bigwedge_{x \in \emptyset} ((x \in \emptyset) \Longrightarrow (x \in M))$ wegen: $x \in \emptyset$ ist falsch. Mit Def. 2 folgt dann der Satz.

<u>Beispiele</u> für Teilmengen:

(a) Die Menge der Studenten an der Universität Bielefeld ist eine Teilmenge der Menge der Studenten der BRD.

(b) $A = \{1\}$, $B = \{1,2\}$, $C = \{1,a,3,2\}$, dann gilt: $A \subset B$, $B \subset C$.

---

*) Man findet auch die Notation: $M \subset N$ für M unechte Teilmenge von N, $M \subsetneqq N$ für M echte Teilmenge von N.

(c) $M = \{1, \{1,2\}\}$. Hier gilt: M hat als Element die Eins und die <u>Menge</u> $\{1,2\}$. Somit sind folgende Aussagen wahr: $1 \in M$, $\{1,2\} \in M$, $\{\{1,2\}\} \subset M$, und falsch ist: $2 \in M$.

Es ist streng zwischen '$\in$' und '$\subseteq$' zu unterscheiden. Denn während z.B. die Transitivität für '$\subseteq$' (bzw. '$\subset$') erfüllt ist (siehe Satz 2), gilt dies nicht unbedingt für '$\in$'.
D.h. es gilt nicht immer $((x \in M_1) \wedge (M_1 \in M_2)) \longrightarrow (x \in M_2)$, z.B.
$(a \in \{a,b\}) \wedge (\{a,b\} \in \{\{a,b\},\{a\}\}) \not\longrightarrow (a \in \{\{a,b\},\{a\}\})$.

<u>Def. 3</u>: Sei $M \neq \emptyset$ eine Menge, dann heißt die Mengen aller Teilmengen von M die <u>Potenzmenge</u> von M, bezeichnet mit $\mathcal{P}(M)$, $\mathcal{P}(M) := \{N / N \subseteq M\}$.

<u>Beisp.</u>: $M = \{1,2,3\}$

$\mathcal{P}(M) = \{\emptyset, \{1\}, \{2\}, \{3\}, \{1,2\}, \{1,3\}, \{2,3\}, \{1,2,3\}\}$.

Die Menge M selbst und die Leere Menge gehören also immer zu $\mathcal{P}(M)$. Hat M n Elemente, dann hat die Potenzmenge $\mathcal{P}(M)$ 2^n Elemente (Beweis kann durch vollständige Induktion geführt werden, er soll aber hier unterbleiben, zur vollst. Ind. siehe Kap.(8.6.)). Es sei noch darauf hingewiesen, daß $\mathcal{P}(\emptyset) = \emptyset$ und $\mathcal{P}(\mathcal{P}(\emptyset)) = \{\{\emptyset\}, \emptyset\}$. Weiterhin ist $\mathcal{P}(M)$ die Menge, in der Mengenalgebra betrieben wird.

<u>Aufgaben</u>:

w(1) Versuchen Sie, ein sozialwissenschaftliches Beispiel für die Nichterfülltheit der Transitivität von '$\in$' zu finden!

w(2) Die Bundestagsabgeordneten repräsentieren alle die Bundesbürger, die darauf verzichtet haben, sich selbst zu repräsentieren.
Was fällt Ihnen an diesem Satz auf? Lassen sich aus der Problematik dieses Satzes Schlüsse zur Demokratietheorie (Parlamentarismus, repräsentative Systeme, Interessenvertretung etc.) ziehen?

w(3) $X = \{a / a \in Y\}$, $Y = \{a / a \in X\}$, was ist hier wahr:
$X \subseteq Y$, $X \subset Y$, $Y \subset X$, $Y \subseteq X$?

w(4) In welchen Fällen ist B eine Teilmenge von A:
(a) $A \subset B$, (b) $B \subseteq A$, (c) $A = B$.

w(5) Man definiere durch Aufzählung folgende Mengen:
(a) Die Menge aller geraden Primzahlen,

(b) die Lösungsmenge zu $x^2 + 4x + 2 = 0$, wobei gelten soll: Die Elemente sind ganze Zahlen.

w(6) Charakterisieren Sie folgende Mengen durch ihre Eigenschaften:

(a) $M_1 = \{1,2,3,4,6,8,12,24\}$

(b) $M_2 = \{4,9,25,49,121\}$

(c) $M_3 = \{1,8,27,64\}$

w(7) $M = \{a,b,c\}$; bilden Sie die Potenzmenge!

w(8) $M = \{1,2,\{1,2\}\}$; bilden Sie die Potenzmenge!

Die Aufg. (5) und (6) stammen aus [1,S.11] .

(3.5.) Verknüpfungen von Mengen

Haben wir in (3.4.) die erste Möglichkeit kennengelernt, aus einer gegebenen Menge eine neue zu gewinnen(durch Aussonderung), so ergeben sich durch die Verknüpfung von Mengen weitere Möglichkeiten. Dazu benötigen wir folgende Definitionen:

Def. 4: $A \cup B := \{x / (x \in A) \vee (x \in B)\}$ heißt Vereinigungsmenge(kurz: Vereinigung) der Mengen A und B.

Def. 5: $A \cap B := \{x / (x \in A) \wedge (x \in B)\}$ heißt Durchschnittsmenge(kurz: Durchschnitt) der Mengen A und B.

Def. 6: $A \setminus B := \{x / (x \in A) \wedge (x \notin B)\}$ heißt Differenzmenge(kurz: Differenz) der Mengen A und B.

Die Venn-Diagramme zu den drei Def. sehen wie folgt aus:

Def. 4 Def. 5 Def. 6

Ist A die Grundmenge, so schreibt man abkürzend: $A \setminus B = \bar{B}$.
$\bar{B}$ ist dann die Komplementärmenge zu B. Ist $B \subseteq A$ und A nicht die Grundmenge, so schreibt man auch $\bar{B}_A$, in Worten: $\bar{B}_A$ ist die **Komplementärmenge** von B bzgl. A .

Unser nächster Schritt besteht nun darin, Regeln für den Umgang mit den Def. 4,5,6 zu entwickeln. Hier können wir uns das Prinzip der axiomatischen Methode zunutze machen. Denn die Def. 4,5,6 legen die Vermutung nahe, daß es sich bei den Mengenverknüpfungen um eine BA handelt: Wir haben zwei Verknüpfungen '$\cup$' und '$\cap$' sowie die Komplementärbildung '-', ein Einheitselement bzgl. '$\cup$', nämlich $\emptyset$, und eines bzgl. '$\cap$', nämlich die betrachtete Menge M selbst. Gelingt es uns nachzuweisen, daß eine Menge M mit diesen Verknüpfungen, Komplement und Einheitselementen eine BA ist, so können wir alle Sätze von dort übernehmen. Überlegen wir noch kurz, welches die Grundmenge dieser BA sein könnte. M läßt sich nicht als eine derartige Grundmenge wählen, da Verknüpfungen bzw. Durchschnitte von Teilmengen aus M keine <u>Elemente</u> von M sind, dies aber wurde von der Grundmenge einer BA gefordert. Wir müssen also von einer Menge ausgehen, deren Elemente Teilmengen von M sind: die Potenzmenge $\mathfrak{P}(M)$.

<u>Satz 4</u>: Sei M Menge, dann ist $(\mathfrak{P}(M),\cap,\cup,-,M,\emptyset)$ BA , genannt <u>Mengenalgebra</u>.

Der Bew. ist einfach mit den Taut. aus (2.2.) zu führen. Damit gelten alle Sätze aus (2.6.6) auch für die Mengenalgebra sowie insbesondere folgende Regeln: (A,B,C,M Mengen)

(1) $(A\cap B)\subseteq A\subseteq (A\cup B)$, $(A\cap B)\subseteq B\subseteq (A\cup B)$

(2) $A\cap(B\cup C) = (A\cap B)\cup(A\cap C)$, $A\cup(B\cap C) = (A\cup B)\cap(A\cup C)$

(3) $A\cup\emptyset = A$, $A\cap\emptyset = \emptyset$

$A\cap B = \emptyset$ und $C\subseteq B$, dann gilt: $A\cap C = \emptyset$.

(4) $M\setminus M = \emptyset$, $M\setminus\emptyset = M$

(5) $M\setminus(A\cup B) = (M\setminus A)\cap(M\setminus B)$, $M\ (A\cap B) = (M\ A)\cup(M\ B)$

<u>Bermerkungen</u>:

(1) I.A. gilt: $A\setminus B \neq B\setminus A$, nur bei $A = B$ gilt $A\setminus B = B\setminus A$

(2) Enthält der Durchschnitt zweier Mengen kein Element, so sagt man: Die Mengen sind <u>disjunkt</u>. Dies gilt insbesondere für A und $\bar{A}$. Sind die Teilmengen einer bestimmten Grundmenge paarweise disjunkt, und ist die Vereinigung der Teilmengen gleich der Grundmenge, so sagt man: Die Teilmengen bilden eine <u>Klasseneinteilung</u> (<u>Klassifikation</u>, <u>Zerlegung</u>).

Aufgaben:

w(1) Beweisen Sie Regeln (1) bis (5) auf S.-65- mit Hilfe der Schaltalgebra!

w(2) Zeichnen Sie ein Venn-Diagramm für Regel (2) auf S.-65-!

w(3) Bilden Sie ein Beispiel für eine richtige Klasseneinteilung aus dem Bereich der Sozialstatistik!

p(4) Eine Gesetzesvorlage(der Regierung) und zwei Gesetzesentwürfe aus dem Parlament stehen zur Abstimmung im Parlament. Folgende Abstimmungsverhältnisse mögen sich für die Vorlage A und die Entwürfe B und C ergeben:

80 % der Abgeordneten stimmen für A,
60 % " " " " B,
10 % " " " " C,
2 % " " " " A und B und C,
5 % " " " " C ausschließlich,
4 % " " " " B und C.

(a) Wieviel % stimmen <u>nur</u> für A, wieviel % <u>nur</u> für B?

(b) " % " für A und C, aber nicht zugleich für B?

(c) " % " für B und C, aber nicht zugleich für A?

(d) " % derjenigen, die für A und B stimmen, stimmen nicht zugleich auch für C?

w(5) In einer Stadt gibt es drei Zeitungen A,B und C. 30 % der Einwohner lesen A, 20 % lesen B, 10 % lesen C, 12 % lesen A und B,, 10 % lesen B und C sowie 5 % lesen alle drei Zeitungen.

Wieviel % lesen eine einzige Zeitung, wieviel % zwei?

p(6) Im Parlament eines Zweiparteiensystems wird ein Gesetz verabschiedet, wenn:

1.) Die Mehrheitspartei geschlossen für das Gesetz stimmt,
2.) die Mehrheitspartei zusammen mit den 'Abtrünnigen' der Minderheitspartei für das Gesetz stimmt,
3.) die Minderheitspartei mit einer genügend großen Anzahl von 'Abtrünnigen' der Mehrheitspartei für das Gesetz stimmt.

Formalisieren Sie diese Bedingungen unter der Fragestellung, welche dieser vier Gruppierungen am 'stärksten gebraucht' wird(auf jeden Fall benötigt wird)! Dieses Beisp. ist [2,S.247f] entnommen.

w(7) Beweisen Sie: A_1, A_2 seien Mengen, $A_1 \subseteq G$, $A_2 \subseteq G$, dann gilt: $\overline{A_1 \cap A_2} = \bar{A}_1 \cup \bar{A}_2$.

p(8) In /2,S.207/ werden spieltheoretische Überlegungen zu Koalitionsbildungen angestellt:

S sei die Menge der Spieler, $S = \{1,2,\ldots,N\}$.

W sei die Menge der Gewinnkoalitionen.

L " " " Verlustkoalitionen.

Def.: Eine Koalition ist eine Gewinnkoalition, wenn sie die Mehrheit der Spieler enthält.

Def.: Eine Koalition heißt Verlustkoalition, wenn sie nicht die Mehrheit der Spieler enthält.

Nun benötigen wir noch eine spezielle Komplementärmengendefinition: Gegeben sei eine beliebige endliche Menge M mit $\mathfrak{P}(M)$, M habe n Elemente. P sei eine beliebige Teilmenge aus $\mathfrak{P}(M)$, die als Elemente bestimmte Mengen p_i enthält$(i = 1,2,\ldots,2^n)$. p_i hat n Elemente, wenn p_i gleich der Menge M selbst ist.

Def.: $P^* := \{M \setminus p_i / p_i \in P, \ i = 1,2,\ldots,2^n\}$.

(a) Zeigen Sie, daß wenn $S = \{1,2,3,4\}$ ist, $L = (\mathfrak{P}(S)) \setminus W$!

(b) Zeigen Sie an Hand dieses 4-Personen-Spiels, daß $L \cap L^*$ die Menge der blockierenden Koalitionen ist! Beschreiben Sie verbal nach Berechnung von $L \cap L^*$, was eine blockierende Koalition ist!

(c) Welche Eigenschaft muß S haben, damit $L \cap L^* = \emptyset$?

Literaturangaben:

/1/ Herbert Meschkowski, Günter Lessner: Aufgabensammlung zur Einführung in die moderne Mathematik
Mannheim: BI-Hochschultaschenbücher 263/263a, 1969

/2/ Anatol Rapoport: N-Person Game Theory
Ann Arbor: Univ. of Mich. Press 1970

Weiterführende Literatur:

Erich Kramke: Mengenlehre
Berlin: de Gruyter(Sammlung Göschen)1965

Jürgen Schmidt: Mengenlehre - Einführung in die axiomatische Mengenlehre -
Mannheim:BI-Hochschultaschenb.56/56a, 1966

(4.) Relationen

Der Mengenbegriff hat sich im vorigen Kapitel als geeignet erwiesen, Objekte hinsichtlich gleicher Eigenschaften zu systematisieren; unberücksichtigt bleiben dabei allerdings die Beziehungen zwischen den Objekten. Diese Beziehungen aber sind zumeist der Forschungsgegenstand, nachdem die Systematisierungen abgeschlossen sind.

So interessiert man sich in der Mathematik z.B. für die Ordnungsbeziehungen zwischen zwei Zahlen, in der Physik für die Gravitationsbeziehung zwischen zwei Massen und ihrem Abstand, in den Sozialwissenschaften z.B. für Machtbeziehungen zwischen Individuen und/oder Gruppen, für die Beziehungen zwischen Herkunft und Schulabschluß, für die Beziehungen zwischen Besitz an Produnktionsmitteln und politischer Macht, um nur einige zu nennen.

In diesem Kapitel wird nun das Instrumentarium der Relationen entwickelt, mit dem Beziehungen mengentheoretisch formalisiert werden können.

(4.1.) Geordnetes Paar, kartesisches Produkt von Mengen

Einige der Beispiele aus der Einleitung zuvor (Ordnung zwischen Zahlen, Machtbeziehungen) zeigen, daß bei den Beziehungen zwischen Objekten die Reihenfolge bedeutsam sein kann: So gilt zwar: 3 ist kleiner als 5, aber nicht: 5 ist kleiner als 3. In der Menge $M = \{1,3,5\}$ trifft die Aussage 'ein Element ist kleiner als ein anderes' auf folgende Zahlenpaare zu: 1 und 3, 3 und 5, 1 und 5. Wir führen eine abkürzende Schreibweise ein: Für (1,3),(3,5) und (1,5) gilt die Beziehung 'kleiner als'. Gehen wir von zwei Mengen $M_1 = \{1,2,6\}$ und $M_2 = \{0,3,5\}$ aus und fragen, welches Element aus M_1 kleiner ist als Elemente aus M_2, so erhalten wir folgende Paare: (1,3),(1,5),(2,3),(2,5) , wobei das erste Element aus M_1, das zweite aus M_2 stammt.

Da es bei den betrachteten Paaren auf die Reihenfolge ankommt, wählen wir die Bezeichnung 'geordnetes Paar' und treffen folgende Definition:

<u>Def. 1</u>: Seien M,N Mengen, zwei <u>geordnete Paare</u> (m,n) und (m',n') mit $m,m' \in M$ und $n,n' \in N$ sind genau dann gleich, wenn gilt: $m = m'$ und $n = n'$, also

$(m,n) = (m',n') :\longleftrightarrow [(m = m') \wedge (n = n')]$.

Bemerkung: Es ist zu unterscheiden zwischen $\{m,n\}$ und (m,n), da $\{m,n\} = \{n,m\}$.

Der Begriff 'Beziehung' kann nun in einem ersten Schritt so formalisiert werden:

Seien M,N Mengen, eine Beziehung zwischen Elementen m,n mit $m \in M$, $n \in N$ heißt Relation zwischen M und N. Bei diesem Definitionsversuch ist es noch nicht gelungen, eine Relation als Menge darzustellen, wie es ja bei unserer Zugrundelegung der Mengenlehre wünschenswert wäre. Daher definieren wir zunächst die Menge aller geordneten Paare zweier Mengen M und N:

Def. 2: Seien M,N Mengen, die Menge aller geordneten Paare zwischen M und N heißt kartesisches Produkt von M und N, bezeichnet mit

$M \times N := \{ (m,n) / m \in M, n \in N \}$.

M heißt Vorbereich, N Nachbereich des kartesischen Produktes.

Bevor im folgenden Abschnitt mit diesen Hilfsmitteln Beziehungen zwischen Objekten als Relationen formalisiert werden, seien hier zunächst der Begriff des geordneten Paares erweitert und einige Regeln über kartesische Produkte angegeben. Betrachten wir das Problem der Effektivität von Organisationen, so stellen wir sofort fest, daß diese von weitaus mehr als zwei Faktoren abhängt, z.B. Fähigkeiten des Managements, Identifikation der Organisationsmitglieder mit den Organisationszielen, Ausbildungsstand der Mitglieder, Grad der Arbeitsteilung, etc.. Das legt die Def. von geordneten n-Tupeln und mehrfachen kartesischen Produkten nahe:

Def. 3: $M_1, M_2, \ldots, M_n$ seien Mengen, $m_1 \in M_1, m_2 \in M_2, \ldots, m_n \in M_n$, $m_1' \in M_1, m_2' \in M_2, \ldots, m_n' \in M_n$; zwei geordnete n-Tupel $(m_1, m_2, \ldots, m_n)$ und $(m_1', m_2', \ldots, m_n')$ sind genau dann gleich, wenn gilt: $m_1 = m_1'$, $m_2 = m_2', \ldots, m_n = m_n'$.

Def. 4: $M_1, M_2, \ldots, M_n$ seien Mengen,

$M_1 \times M_2 \times \ldots \times M_n := \{ (m_1, m_2, \ldots, m_n) / m_1 \in M_1, \ldots, m_n \in M_n \}$

heißt kartesisches Produkt der Mengen M_1 bis M_n. Gilt $M_1 = M_2 = \ldots = M_n = M$, so schreibt man abkürzend: $M_1 \times M_2 \times \ldots \times M_n = M^n$.

Beisp.: $A = \{1,2,3\}$, $B = \{3,4,2\}$

$A \times B = \{(1,3),(1,4),(1,2),(2,3),(2,4),(2,2),(3,3),(3,4),(3,2)\}$

In Matrizenform:

$$\begin{array}{c|ccc} A \backslash B & 3 & 4 & 2 \\ \hline 1 & 1 & 1 & 1 \\ 2 & 1 & 1 & 1 \\ 3 & 1 & 1 & 1 \end{array}$$

Da man Matrizen prinzipiell von links nach rechts liest, gibt die Zeilenposition den Vor-, die Spaltenposition den Nachbereich an.

Da $A \times B$ eine Menge ist, ist die Reihenfolge ihrer Elemente, der geordneten Paare, beliebig. Daher können wir die Zeilen und Spalten der $A \times B$-Matrix in der für uns zweckmäßigsten Form anordnen:

z.B.

$$\begin{array}{c|ccc} A \backslash B & 2 & 3 & 4 \\ \hline 1 & 1 & 1 & 1 \\ 2 & 1 & 1 & 1 \\ 3 & 1 & 1 & 1 \end{array}$$

Für das kartesische Produkt gelten folgende Regeln:

(1) $(A \subset B) \Longrightarrow ((A \times C) \subset (B \times C))$

(2) $(A \subset B) \Longrightarrow ((C \times A) \subset (C \times B))$

(3) $(A \cup B) \times C = (A \times C) \cup (B \times C)$

(4) $(A \cap B) \times C = (A \times C) \cap (B \times C)$

(5) $(A \setminus B) \times C = (A \times C) \setminus (B \times C)$

(6) $((A \times B) = \emptyset) \Longrightarrow ((A = \emptyset) \vee (B = \emptyset))$

Exemplarisch sei der Bew. zu (5) geführt:

Bew. zu (5): (1) $((x,y) \in ((A \setminus B) \times C)) \Longrightarrow ((x \in A) \wedge (x \notin B) \wedge (y \in C))$

$\Longrightarrow ((x \in A) \wedge (y \in C) \wedge (x \notin B) \wedge (y \in C))$

$\Longrightarrow ((x,y) \in A \times C \wedge (x,y) \notin B \times C) \Longrightarrow ((x,y) \in ((A \times C) \setminus (B \times C)))$,

da nach Voraussetzung $y \in C$.

(2) $((x,y) \in ((A \times C) \setminus (B \times C)) \Longrightarrow ((x \in A) \wedge (y \in C) \wedge (x \notin B) \wedge (y \in C))$

$\Longrightarrow ((x \in A) \wedge (x \notin B) \wedge (y \in C)) \Longrightarrow ((x \in A \setminus B) \wedge (y \in C))$

$\Longrightarrow ((x,y) \in (A \setminus B \times C)) \longrightarrow ((x,y) \in ((A \setminus B) \times C))$

Aufgaben:

w(1) Weshalb wurde der Beweis zu (5) zuerst für die eine Pfeilrichtung, dann für die andere Pfeilrichtung geführt?

w(2) $A = \{1,2\}$, $B = \{a,b,c\}$

Bilden Sie: (a) $A \times B$, (b) $B \times A$, (c) A^2 , (d) $B \times B$!

Stellen Sie die kartesischen Produkte in Matrizenform dar!

w(3) A wie in (2). Bilden Sie $\emptyset \times A$!

w(4) A,B wie in (2), $C = \{x\}$. Bilden Sie $A \times B \times C$!

w(5) Beweisen Sie Regel (6) !

w(6) Demonstrieren Sie an Hand der Mengen A,B,C des Beisp.(b) auf S.-62- die Regeln (1) bis (5) !

w(7) Bilden Sie $\{a,b\}^3$!

(4.2.) Definition der Relation und einige Erläuterungen

Bevor wir die Relation exakt definieren, seien einige Beispiele für Relationen gegeben:

a) Relation 'Vater sein': Trifft diese Relation auf zwei Menschen x,y zu, so kann man sagen: 'x ist Vater von y'.

b) Relation 'gehört zu': A sei die Menge aller Staaten, B sei die Menge aller Städte, und R sei die Menge aller geordneten Paare (x,y), für die gilt: x ist Staat, y ist Stadt, y gehört zu x.

In Beisp. b) haben wir die Beziehung zwischen x und y in Form von drei Mengen ausgedrückt, nämlich:

A,B,R, wobei $R = \{(x,y) / x \in A, y \in B$, x steht in einer bestimmten Beziehung zu $y\}$.

<u>Def. 1</u>: A,B seien Mengen. $r = (A,B,R)$ mit $R \subseteq A \times B$ heißt <u>zweistellige Relation</u> r zwischen $x \in A$ und $y \in B$.
R heißt der <u>Graph</u> der Relation r.

R besteht also aus geordneten Paaren (x,y), wobei $x \in A$ und $y \in B$. Statt $(x,y) \in R$ schreibt man auch xry. In Worten: 'x steht in der Relation r zu y'.

Ein Sonderfall zu Def. 1 liegt dann vor, wenn gilt: B = A. Dann ist $R \subseteq A \times A = A^2$.

Nehmen wir hierzu ein <u>Beisp</u>.:

$A = \{1,2,3,4,5\}$, r sei '$\leq$' ('kleiner oder gleich'). Zum Vergleich stellen wir das kartesische Produkt und R nebeneinander, wobei eine Eins in der Matrix genau dann auftritt, wenn das zugehörige Paar Element der Relation ist.

$$R = \begin{array}{c|ccccc|} 5 & 0&0&0&0&1 \\ 4 & 0&0&0&1&1 \\ 3 & 0&0&1&1&1 \\ 2 & 0&1&1&1&1 \\ 1 & 1&1&1&1&1 \\ & 1&2&3&4&5 \end{array} \qquad A^2 = \begin{array}{c|ccccc|} 5 & 1&1&1&1&1 \\ 4 & 1&1&1&1&1 \\ 3 & 1&1&1&1&1 \\ 2 & 1&1&1&1&1 \\ 1 & 1&1&1&1&1 \\ & 1&2&3&4&5 \end{array}$$

Wie man sieht: Die Menge der Einsen bei R entspricht genau der Menge der Einsen im rechten unteren Dreieck von A^2 (inklusive der Einsen der Hauptdiagonalen). Daran kann man sehen, daß $R \subseteq A \times A$ ist, und die Verteilung der Einsen und Nullen in der Matrix die Struktur der Relation eindeutig bestimmt. Somit ist das kartesische Produkt selbst ebenfalls eine Relation, was auch daraus hervorgeht, daß
$R = A \times A \subseteq A \times A$.
Als nächstes ist zu klären, wann zwei Relationen als gleich zu betrachten ist. Aus der Def. der Gleichheit für geordnete n-Tupel folgt: Zwei Relationen $r = (A,B,R)$ und $s = (C,D,S)$ sind genau dann gleich, wenn sie in allen drei Komponenten übereinstimmen, also wenn gilt: $A = C$, $B = D$, $R = S$, wobei in allen drei Fällen Mengengleichheiten vorliegen.

Erweitern wir nun Def. 1 auf mehrstellige Relationen:
<u>Def. 2</u>: $M_1, M_2, \ldots, M_n$ seien Mengen, $r = (M_1, M_2, \ldots, M_n, R)$ mit $R \subseteq M_1 \times M_2 \times \ldots \times M_n$ heißt <u>n-stellige Relation</u> zwischen den Elementen aus $M_1, M_2, \ldots, M_n$. Ist $M_1 = M_2 = \ldots = M_n = M$, so gilt: $R \subseteq M^n$, und man spricht von einer Relation <u>auf</u> M.

Soziale Beziehungen sind i.A. multipel strukturiert, daher werden relationale Formalisierungen zweistelliger Art die Ausnahme bilden. Dies wird sich besonders in (5.3.) und (6.) zeigen. Da sich jedoch mehrstellige Relationen aus zweistelligen zusammensetzen lassen- z.B. $((x,y),z) := (x,y,z)$ -, wollen wir hier zunächst nur zweistellige Relationen betrachten.
Als Beisp. einer mehrstelligen Relation auf einer festen Menge M sei hier noch eine spezielle Relation angegeben:
<u>Def. 2'</u>: Sei M Menge, eine n-stellige Relation r auf M heißt (n-1)-stellige <u>algebraische</u> Relation, wenn gilt:

$$(((x_1,\ldots,x_{n-1},x_n)\in R)\wedge(x_1,\ldots,x_{n-1},x_n')\in R))\Longrightarrow(x_n = x_n')$$

d.h. eine (n-1)-stellige algebraische Relation ist durch die Angabe der ersten n-1 Glieder der geordneten n-Tupel bereits festgelegt.

Beispiele hierfür sind: Addition und Multiplikation von Zahlen.

<u>Def. 3</u>: Seien $r = (A,B,R)$ und $s = (A,B,S)$ Relationen. r heißt <u>feiner</u> als s, wenn gilt: $R\subseteq S$.

$S\supseteq R$ wird auch als 's ist <u>gröber</u> als r' bezeichnet.

Da wir die Teilmengenbeziehung mit Hilfe der Implikation definiert haben, läßt sich Def. 3 auch wie folgt ausdrücken: r ist feiner als s, wenn für alle $x\in A, y\in B$ gilt: $(xry)\Longrightarrow(xsy)$.

<u>Beisp.</u>: $A = \{1,2,3,4,5\}$, r sei '=', s sei '≤'.

r ist feiner als s.

$$\begin{array}{c|ccccc|l}
5 & 0 & 0 & 0 & 0 & 1 & \dashrightarrow \{(x,y)/\ x = y\} \\
4 & 0 & 0 & 0 & 1 & 1 & \\
3 & 0 & 0 & 1 & 1 & 1 & \\
2 & 0 & 1 & 1 & 1 & 1 & \\
1 & 1 & 1 & 1 & 1 & 1 & \\
 & 1 & 2 & 3 & 4 & 5 &
\end{array}$$

Für alle $x,y\in A$ gilt: $(x = y)\rightarrow(x\ y)$.

Eine wichtige spezielle Relation auf A ist die Relation

$d = (A,A,\Delta)$, die <u>Gleichheitsrelation</u> .

Δ heißt <u>Hauptdiagonale</u> von A^2.

Eine bedeutende Systematisierungsstrategie bestand im vorigen Kapitel darin, aus vorgegebenen Mengen neue zu konstruieren. In diesem Kapitel ist aus vorgegebenen Mengen das kartesische Produkt, als Teilmengen daraus(durch Aussonderung) sind Relationen definiert worden. Nun ist es naheliegend, die Mengenoperationen aus (3.   ) auch auf Relationen anzuwenden, da diese ja ebenfalls Mengen sind. Dies führt zu den Definitionen:

<u>Def. 4</u>: r,s seien Relationen auf $A\times B$.

$R\cap S := \{(x,y)/x\in A, y\in B, (xry)\wedge(xsy)\}$

<u>Def. 5</u>: r,s seien Relationen auf $A\times B$.

$R\cup S := \{(x,y)/x\in A, y\in B, (xry)\vee(xsy)\}$

<u>Def. 6</u>: $S\setminus R := \{(x,y)/x\in A, y\in B, (xsy)\wedge(x \not r y)\}$

<u>Def. 7</u>: $\bar{S}_{A\times B} := \{(x,y)/x\in A, y\in B,\ x \not s y\}$

(Def. 6 und Def. 7: r,s wie zuvor)

<u>Beisp.</u> zu Def. 4:

M sei die Menge der Menschen, $m,n \in M$.

$(m,n) \in R :\Longleftrightarrow$ 'm ist Bruder von n'.

$(m,n) \in S :\Longleftrightarrow$ ' m ist jünger als n'.

Dann ist $(m,n) \in R \cap S \Longleftrightarrow$ 'm ist jüngerer Bruder von n'.

<u>Aufgabe:</u>

w r sei 'ist Frau von', s sei 'ist Mutter von'. A sei die Menge aller Frauen, B sei die Menge aller Männer. Geben Sie mit diesen vier Größen r,s,A,B die Def. 4 bis 7 in Worten an!

Zu jeder Relation r erhält man durch Umkehrung des Vor- und Nachbereichs eine 'Umkehrrelation'.

<u>Def. 8</u>: $r = (A,B,\{(x,y)/(x,y) \in R\})$ sei eine Relation.

$r^{-1} := (B,A,\{(y,x)/((y,x) \in R^{-1}) \Leftrightarrow ((x,y) \in R)\})$ heißt <u>inverse Relation</u> zu r.

<u>Beisp.</u>: A = 1,2,3 , r sei '$\leq$' .

$$\begin{array}{c} 3 \\ 2 \\ 1 \\ \end{array}\begin{pmatrix} 0 & 0 & 1 \\ 0 & 1 & 1 \\ 1 & 1 & 1 \end{pmatrix} \text{ ist Graph zu r, } \quad \begin{array}{c} 3 \\ 2 \\ 1 \end{array}\begin{pmatrix} 1 & 1 & 1 \\ 1 & 1 & 0 \\ 1 & 0 & 0 \end{pmatrix} \text{ ist der Graph von } r^{-1}.$$

$$\begin{array}{ccc} 1 & 2 & 3 \end{array} \qquad\qquad \begin{array}{ccc} 1 & 2 & 3 \end{array}$$

Bisher wurden vorwiegend Relationen betrachtet, die Beziehungen zwischen zwei Objektmengen beschreiben. Bestehen nun Beziehungen zwischen Objektmengen M_1 und M_2 sowie zwischen M_2 und M_3, so können diese zu einer Beziehung (also Relation) zwischen M_1 und M_3 zusammengefaßt werden.

<u>Def. 9</u>: r,s seien Relationen, $r = (A,B,R)$, $s = (B,C,S)$.

$s \circ r := (A,C,\{(x,z)/ \bigvee_{y \in B} (xry) \wedge (ysz);\ x \in A,\ z \in C\})$

heißt <u>Komposition</u> von r und s (komponierte Relation).

<u>Beisp.</u>: A = B = C sei die Menge aller Menschen, $x \in A$, $y \in B$, $z \in C$. r sei 'y ist Bruder von x', s sei 'z ist Tochter von y'. Dann ist $s \circ r$:'Für ein bestimmtes y_0 gilt: z ist Nichte väterlicherseits von x'.

<u>Bemerkungen:</u>

(1) Zur Komposition zweier Relationen ist es notwendig, daß der Nachbereich der ersten Relation im Vorbereich der zweiten enthalten ist.

(2) Der Vorbereich der komponierten Relation $s \circ r$ ist mit den Bezeichnungen aus Def. 9 gleich A, der Nachbereich von $s \circ r$ ist gleich C.

(3) Für $s \circ r$ hat sich auch $S \circ R$ eingebürgert.

Aufgaben:

W(1) Wie heißt die Relation r^{-1} im Beisp. zu Def. 8? Wie kommt R^{-1} matriziell gesehen zustande? Wie unterscheider sich R^{-1} von $A^2 \setminus R$?

p(2) A sei die Menge {Johann, Peter Gottwerth}, B sei die Menge {Anna, Erna, Emma, Martha} . Konstruieren Sie nach Ihrem Belieben den Graphen zu r:= 'ist Freund von' und zu s:= 'ist Freundin von' ! Die Freundschaftsbeziehungen sollen hier gegenseitig sein. Wie stehen r und s zueinander in Beziehung?

w(3) $A = \{1,2,3,4,5,6,7,8,9,10,11,12\}$, $B = \{1,2,3,5,6\}$.
Bilden Sie:
(a) r:= 'ist das doppelte von' ,
(b) s:= 'ist Teiler von'(Teiler heißt: ohne Rest),
(c) t:= 'ist das dreifache von',
(d) u:= 'ist die Hälfte von',
(e) v:= 'ist kleiner als' !
(f) Welche Beziehungen bestehen zwischen diesen Relationen hinsichtlich der Inversion von Relationen und der Feinheit von Relationen?

p(4) A sei die Menge Bielefeld, Bochum, Berlin, Deppendorf. Bilden Sie A^2 und interpretieren sie diese Matrix unter dem Aspekt von Wanderungsbewegungen! Was bedeutet insbesondere die Hauptdiagonale von A^2?
(vgl. [1, S. 49])

w(5) Übertragen Sie die Def. der Komposition von Relationen, der inversen Relation und der Mengenverknüpfung von Relationen auf den n-stelligen Fall mit fester Menge M !

(4.3.) Eigenschaften von Relationen

Der nächste Schritt wird darin bestehen, Regeln für den Umgang mit Relationen anzugeben, so daß mit ihnen Probleme formuliert und zumindest einige ihrer Aspekte behandelt werden können. Nun zeigt es sich, daß der Begriff der Relation so allgemein ist, daß sich kaum für alle Relationen gültige Regeln angeben lassen. Es muß daher zunächst darum gehen, Relationen zu spezifizieren, d.h. spezielle Eigenschaften von Relationen zu definieren und diese sodann zu untersuchen. Dazu werden nun einige typische Eigenschaften von Relationen definiert, um dann im nächsten Kapitel Relationen mit Kombinationen bestimmter Eigenschaften genauer zu betrachten.

<u>Def. 1</u>: Eine Relation r heißt <u>reflexiv</u>, wenn gilt:
$\bigwedge_{a \in A} ara$, also $r = (A,A,R)$ und $\Delta \subseteq R$.

<u>Def. 2</u>: Eine Relation $r=(A,A,R)$ heißt <u>symmetrisch</u>, wenn gilt: $\bigwedge_{a \in A} \bigwedge_{b \in A} (arb) \Longrightarrow (bra)$, also $R \subseteq R^{-1}$.

<u>Def. 3</u>: Eine Relation $r = (A,A,R)$ heißt <u>antisymmetrisch</u>, wenn gilt: $\bigwedge_{a \in A} \bigwedge_{b \in A} ((arb) \wedge (bra)) \Longrightarrow (a = b)$, also $R \cap R^{-1} \subseteq \Delta$.

<u>Def. 4</u>: Eine Relation $r = (A,A,R)$ heißt <u>asymmetrisch</u>, wenn gilt: $\bigwedge_{a \in A} \bigwedge_{b \in A} (arb) \Longrightarrow (b \not r a)$, also $R \cap R^{-1} = \emptyset$ oder $R \subseteq A^2 \setminus R^{-1}$.

<u>Def. 5</u>: Eine Relation $r = (A,A,R)$ heißt <u>transitiv</u>, wenn gilt:
$\bigwedge_{a \in A} \bigwedge_{b \in A} \bigwedge_{c \in A} ((arb) \wedge (brc)) \Longrightarrow (arc)$, also $R \circ R \subseteq R$.

<u>Beispiele</u>:

zu Def. 1: Die Gleichheitsrelation ist reflexiv.

zu Def. 2: 'x liegt in der gleichen Einkommensklasse wie y'.

zu Def. 3: Die Relation 'gößer oder gleich' ist antisymmetrisch.

zu Def. 4: Die echte Teilmengenrelation ist asymmetrisch.

zu Def. 5: Die Relation 'kleiner als' ist transitiv.

<u>Def. 6</u>: Eine Relation $r = (A,A,R)$ heißt <u>verbunden</u>, wenn gilt: $\bigwedge_{a \in A} \bigwedge_{b \in A} (arb) \vee (bra)$ mit $a \neq b$, also $R \cup R^{-1} = A^2 \setminus \Delta$.

<u>Beisp.</u>: 'ist älter als'.

<u>Def. 7</u>: Eine Relation $r = (A,A,R)$ heißt <u>streng verbunden</u>, wenn Def. 6 für <u>alle</u> a,b gilt.

<u>Def. 8</u>: Eine Relation $r = (A,B,R)$ heißt <u>rechtseindeutig</u>, wenn gilt:
$\bigwedge_{a \in A} \bigwedge_{b, b' \in B} (((a,b) \in R) \wedge ((a,b') \in R)) \Longrightarrow (b = b')$, also $R^{-1} \circ R \subseteq \Delta$.

<u>Def. 9</u>: Eine Relation $r = (A,B,R)$ heißt <u>linkseindeutig</u>, wenn gilt:

$\bigwedge_{a,a' \in A} \bigwedge_{b \in B} (((a,b) \in R) \wedge ((a',b) \in R)) \Longrightarrow (a = a')$, also

$R \circ R^{-1} \subseteq \Delta$.

<u>Def. 10</u>: Eine Relation heißt <u>eineindeutig</u>, wenn sie links- und rechtseindeutig ist.

<u>Bemerkung</u>:

Die Def. 1 bis 7 sind auf einer Menge A getroffen worden. Betrachten wir aber sozialwissenschaftliche Problemstellungen, so erkennt man rasch, daß diese im Unterschied zu mathematischen gerade dadurch gekennzeichnet sind, daß Vor- und Nachbereich differieren.

<u>Beisp</u>: In einer Abteilung eines Betriebes seien acht Personen beschäftigt, davon drei Frauen und fünf Männer. Bzgl. der Entlohnung sei folgende Relation festgestellt:
F sei die Menge der Frauen f_1, f_2, f_3 , M sei die Menge der Männer $m_1, \ldots, m_5$. $r = (F,M,R)$ mit $(f_i, m_j) \in R$, $i = 1,2,3$, $j = 1,2,3,4,5$, sei 'f_i bezieht weniger oder gleich viel Lohn wie m_j'. Hinsichtlich der Eigenschaften aus Def. 1 bis 7 kann r nicht ohne weiteres untersucht werden.

Denn der Vor- und Nachbereich von r sind verschieden. Somit ist z.B. in Def. 2 bra nicht definiert. Daher ist ein Vor- und Nachbereich zu schaffen, in dem sowohl F als auch M enthalten sind und r beschrieben werden kann. Dies erreicht man dadurch, daß eine neue Relation r' definiert wird:

$r' := (F \cup M, F \cup M, R')$ mit $((x,y) \in R') :\Longleftrightarrow ((x,y) \in R)$.

Der Graph von r habe die Form:

$$\begin{matrix} f_3 \\ f_2 \\ f_1 \end{matrix} \begin{pmatrix} 0 & 1 & 0 & 1 & 0 \\ 1 & 1 & 1 & 1 & 1 \\ 1 & 1 & 1 & 1 & 0 \end{pmatrix} = R$$

$$m_1 \; m_2 \; m_3 \; m_4 \; m_5$$

Dann hat der Graph von r' die Form:

$$\begin{array}{c} m_5 \\ m_4 \\ m_3 \\ m_2 \\ m_1 \\ \\ f_3 \\ f_2 \\ f_1 \end{array} \left(\begin{array}{c|c} S & \emptyset \\ \hline \emptyset & R \end{array} \right) = R'$$
$$\qquad f_1\ f_2\ f_3\ \ m_1\ m_2\ m_3\ m_4\ m_5$$

Für die Relation $S \subseteq M \times F$ gilt i.A.: $S = \emptyset$, $S \neq \emptyset$ aber dann, wenn bezüglich der definierenden Eigenschaften von r auch eine Relation zwischen M und F vorliegt.

Hier z.B.:

$$S = (F \times M \setminus R)^{-1} = \begin{array}{c} m_5 \\ m_4 \\ m_3 \\ m_2 \\ m_1 \end{array} \begin{pmatrix} 1 & 0 & 1 \\ 0 & 0 & 0 \\ 0 & 0 & 1 \\ 0 & 0 & 0 \\ 0 & 0 & 1 \end{pmatrix} ,$$
$$\qquad\qquad f_1\ f_2\ f_3$$

also 'm_j hat weniger oder gleichviel Einkommen wie f_i'.

<u>Aufgaben</u>:

w(1) Welche Eigenschaften hat die 'kleiner als' Relation, welche die 'nicht größer als' Relation?

w(2) Geben Sie ein Beispiel für eine symmetrische Relation an! Was bedeutet Symmetrie, wenn Sie den Graphen dieser Relation betrachten?

w(3) Betrachten Sie den folgenden Graphen einer Relation:

$$\begin{array}{c} b_4 \\ b_3 \\ b_2 \\ b_1 \end{array} \begin{pmatrix} 0 & 0 & 0 & 0 & 1 \\ 0 & 0 & 0 & 1 & 0 \\ 0 & 0 & 1 & 0 & 0 \\ 0 & 1 & 0 & 0 & 0 \end{pmatrix}$$
$$\quad a_1 a_2 a_3 a_4 a_5$$

(a) Welche Eigenschaften hat diese Relation?

(b) Nennen Sie diese Relation 'kostet' und interpretieren Sie sie für a_j als DM-Einheit, b_i als Arbeitsstunden($i=1,2,3,4; j=1,2,3,4,5$)!

(vgl. [1, S.53])

w(4) Welche der folgenden Relationen ist verbunden, welche streng verbunden und welche nicht verbunden, wenn man unterstellt, daß sie auf der Menge der Menschen definiert sind?

(a) 'ist Freund(in) von',

(b) ' ist die ältere Schwester von',

(c) 'ist jünger als',

(d) 'ist mindestens so klein wie',

(e) 'ist Vorsitzender von',

(f) 'hat mindestens so viel Vermögen wie'.

w(5) Welche Eigenschaften besitzt die Relation r aus dem Beisp. von S.-77-?

w(6) $A = \{a,b\}$, $B = \{1,2,3\}$. Bilden Sie $A \times B^2$!

w(7) M,N seien Mengen. Welche Relation ist auf $M \times N$ die gröbste, welche auf $M \times N$ die feinste?

p(8) Die Relation'indifferent mit' bedeutet, daß zwei Gegenstände bzgl. einer Präferenzrelation als gleichwertig angesehen werden.

<u>Beisp.</u>: Eine Person ist bzgl. ihrer Bedarfsstruktur indifferent zwischen einer Schachtel Zigaretten und zwei Zigarren einer bestimmten Sorte.

Oder:

Ein Käufer ist indifferent zwischen gewünschten 500 Gramm und tatsächlich erhaltenen, zu bezahlenden 505 Gramm Fleisch('darf es etwas mehr sein').

Ist die Indifferenzrelation transitiv?

w(9) Vereinigen Sie die '<' - mit der '>' - Relation! Welche Relation entsteht?

Bilden Sie den Durchschnitt zwischen der '<' - und der '>' - Relation! Welche Relation entsteht?

p(10)Einige der folgenden Aussagen sind falsch, welche?

(a) Das Komplement einer symmetrischen Relation ist eine asymmetrische Relation.

(b) Die Vereinigung zweier transitiver Relationen ist wieder eine transitive Relation.

(c) Die Vereinigung einer asymmetrischen und einer

reflexiven Relation ist eine antisymmetrische Relation.
(vgl. [1,S.62])

p(11) Bei [2,S.93ff] werden einige Aspekte eines formalisierten Machtansatzes spieltheoretisch formuliert.
Gegeben sei ein Spiel mit drei Personen a,b,c. Somit ist $A = \{a,b,c\}$ die Menge der Spieler. Daraus läßt sich eine Menge von Zweier-Koalitionen bilden. Sie enthält drei Elemente. $K = \{i,ii,iii\}$ sei die Menge der drei Koalitionen zu je zwei Spielern.
Mit V sei die Höhe der Auszahlung an einen bestimmten Spieler im Falle einer bestimmten Koalition bezeichnet.
V ist also auf $A \times K$ definiert und enthält neun Elemente.

(a) Geben Sie i,ii,iii explizit an!
(b) Warum enthält V neun Elemente?

V läßt sich auch definieren als Menge aus folgenden drei geordneten 4-Tupeln:

$$V := \{(v(a),v(b),v(c),i),(v(a),v(b),v(c),ii),(v(a),v(b),v(c),iii)\}$$

$v(x,j)$ mit $x \in A$, $j \in K$ heißt Auszahlungsfunktion über die Koalitionen(man findet auch die Bezeichnung 'charakteristische Funktion' des N-Personen-Spiels).
V enthalte folgende Elemente:

$$V = \{(50,50,0,i),(0,60,40,ii),(15,0,85,iii)\} \quad .$$

<u>Def.</u>: Eine Koalition y heißt dominant über Koalition y' bzgl. der zwei Spieler r,s, wenn sowohl r als auch s in der Koalition y eine höhere Auszahlung erhalten als in der Koalition y'.

In unserem Beisp.: ii dominiert i bzgl. Spieler b und c, denn sowohl Spieler b (60 gegenüber 50) als auch c (40 gegenüber 0) stehen sich in Koalition ii besser.
Wir wollen dies wie folgt bezeichnen:
$ii \text{ dom}_{b,c}\, i$ mit 'dom' als <u>Dominanzrelation</u>.

(c) Ist in unserem Beisp. die Dominanzrelation konsistent, d.h. treten keine Dominanzzyklen (t dom z, z dom q, q dom t z.B.) auf? Ist die Dominanzrelation transitiv?

p(12) Welche Eigenschaft(en) müßte Ihrer Ansicht nach eine Relation haben, die Beziehungen exakt beschreibt?

(4.4.) Relationensysteme

Bisher haben wir auf einer Menge M immer nur eine Relation untersucht; dies ist jedoch eine relativ restriktive Betrachtungsweise. Sei M die Menge der Studenten einer Universität. Dann existieren auf M sehr viele Relationen, die von sozialwissenschaftlichem Interesse sind: Z.B. 'hat Kontakt mit', 'gehört derselben studentischen Organisation an', ' ist in einem höheren Semester als', um nur einige zu nennen.

Diese Überlegungen führen uns zu folgender Definition:

Def. 1: Sei M eine Menge, $\{r_i / i \in \{1,2,\dots,n\}\}$ eine Menge von Relationen auf M, wobei die i-te Relation k_i-stellig sei. Dann heißt M zusammen mit den auf M definierten Relationen r_i ein Relationensystem, bezeichnet mit $\mathfrak{M} = \langle M, (r_i)_{i \in \{1,2,\dots,n\}} \rangle$, vom Grad $\langle k_1, k_2, \dots, k_n \rangle$.

Beispiel: A sei die Menge der hörbaren Töne, r_1 sei die Relation $\approx$, def. durch $a \approx b :\Longleftrightarrow$ 'a hat dieselbe Tonhöhe wie b' , $a, b \in A$.

$a, b \in A$, r_2 sei die Relation $\not\approx$, def. durch $a \not\approx b :\Longleftrightarrow$ 'a ist niedriger als b' .

$a, b, c, d \in A$, r_3 sei die Relation dist, def. durch $(a,b,c,d) \in DIST :\Longleftrightarrow$ 'a ist von b ebenso weit entfernt wie c von d'.

Dann ist $\mathfrak{A} = \langle A, \approx, \not\approx, dist \rangle$ ein Relationensystem vom Grad $\langle 2,2,4 \rangle$.

Ist eine Menge M mit Relationen r_i , $i \in \{1,2,\dots,n\}$ gegeben, so werden wir uns häufig zunächst darauf beschränken müssen, diese Relationen auf besonders signifikanten Teilmengen von M zu untersuchen. Mathematisch wird dieser Vorgang durch den Übergang zu Spurrelationen beschrieben:

Def. 2: Sei M eine Menge, r eine k-stellige Relation auf M, sei $N \subseteq M$, dann heißt die Relation $\tilde{R} := R \cap N^k$ die Spurrelation von r bzgl. N,*) bezeichnet mit $\tilde{r}$.

Aufgabe:

w Zeigen Sie, daß sich Eigenschaften wie Reflexivität, Symmetrie, Antisymmetrie, Asymmetrie, Transitivität, Rechtseindeutigkeit und Linkseindeutigkeit vor r auf $\tilde{r}$

*) Der Einfachheit halber haben wir hier die Relation unmittelbar durch ihren Graphen definiert.

übertragen, d.h. hat r eine dieser Eigenschaften, so folgt: $\tilde{r}$ hat diese Eigenschaft ebenfalls. Man zeige dies für $k = 2$.

<u>Bemerkung</u>: Die Umkehrung gilt nicht!

D.h. hat $\tilde{R} \subseteq N^k$ eine dieser Eigenschaften, so folgt nicht, daß eine Relation auf einer Obermenge M von N, die auf N mit $\tilde{R}$ übereinstimmt, diese Eigenschaft hat, z.B.:

$$M \left\{ \begin{array}{l} \begin{array}{c} e \\ d \end{array} \\ N \left\{ \begin{array}{c} c \\ b \\ a \end{array} \right. \end{array} \right. \begin{pmatrix} 0 & 0 & 1 & 0 & 1 \\ 0 & 1 & 0 & 0 & 0 \\ \boxed{\begin{matrix} 0 & 0 & 1 \\ 0 & 1 & 0 \\ 1 & 0 & 0 \end{matrix}} & \begin{matrix} 0 & 0 \\ 0 & 0 \\ 0 & 1 \end{matrix} \end{pmatrix}$$

$\tilde{R} = [\cdot]$ ist reflexiv, asymmetrisch und transitiv,

$R = (.)$ hat keine dieser Eigenschaften.

<u>Literaturangaben</u>:

[1] Robert McGinnes: Mathematical Foundations for Social Analysis
New York: Bobbs-Merrill 1965

[2] Anatol Rapoport: N-Person Game Theory
Ann Arbor: Univ. of Mich. Press 1970

(5.) Spezielle Relationen

Ziel dieses Kapitels ist es, Hilfsmittel zur Untersuchung von Mengen bereitzustellen, die selbst wieder in der Mengensprache formuliert sind. Dabei geht es insbesondere darum, die auf bestimmten Mengen bestehenden Strukturen deutlich hervortreten zu lassen.

(5.1.) Abbildungen

Betrachten wir die Menge der Menschen, mit ihnen Alter, Geschlecht, Einkommen, Stellung im Beruf etc.. Um hinsichtlich dieser vier Merkmale Aussagen machen zu können, ist es notwendig, das zu jedem Menschen die ihm zugehörigen Merkmale festgestellt werden. Wie kann man nun einen derartigen Vorgang formalisieren?

Diskutiert sei zunächst ein einfacher Fall: Jedem Menschen werde sein Alter zugeordnet. Dabei treten folgende Merkmale auf:

(1) Jeder Mensch hat ein Alter, d.h. <u>allen</u> Menschen kann ein Alter zugeordnet werden,

(2) jedem Menschen kann <u>nur</u> <u>ein</u> Alter zugeordnet werden; eine Aussage: Mensch m ist 20 und 75 Jahre alt, ist falsch.

Jedem Menschen kann also <u>genau ein</u> Alter zugordnet werden.

Alter ist also eine spezielle Relation zwischen der Menge der Menschen und den natürlichen Zahlen $\mathbb{N} = \{1,2,\ldots\}$. Diese Relation hat somit mindestens die Qualität, die bereits in Aufgabe p(12) auf S.-80- angesprochen wurde.

<u>Def. 1</u>: D,W seien Mengen, f = (D,W,F) mit F Graph der Relation f heißt <u>Abbildung</u> von D nach W, wenn gilt:

Abb.): $\bigwedge_{d\in D}$ es existiert <u>genau ein</u> $w\in W$ mit $(d,w)\in F$.

<u>Bezeichnung</u>: $f\colon D \longrightarrow W$.

D heißt Definitionsbereich, W Wertebereich, F Abbildungsvorschrift. Für $(d,w)\in F$ schreibt man auch $f(d)=w$.

<u>Bemerkungen</u>:

(1) Man betrachte folgende Menge $M = \{x_1, x_2, \ldots, x_n\}$, M wird auch <u>indiziert Menge</u> genannt. Dieser Indizierungsvorgang wird exakt beschrieben durch folgende Abb.:

$s: \{1,2,\dots,n\} \longrightarrow N$, wobei die Elemente aus N, auf die 1,2,...,n abgebildet werden, mit $x_1, x_2, \dots, x_n$ bezeichnet werden. Bei Rechnungen benutzt man der Einfachheit halber die Schreibweise $M = \{x_1, x_2, \dots, x_n\}$ und bezeichnet die $x_1, x_2, \dots$ als <u>Ausprägungen</u> einer <u>Variablen</u> X, wobei die die zugrundeliegende Abb. nicht mehr beücksichtigt wird, siehe auch (8.),(13.).

(2) Die Bedingung Abb.) wird in vielen Fällen in der vorstehenden Schreibweise schwer nachzuweisen sein; für Beweise, daß f eine Abb. ist, wird man daher wie folgt vorgehen:

Abb.1): Nachweis, daß zu jedem $d \in D$ mindestens ein $w \in W$ mit $(d,w) \in F$ gehört, d.h. es wird die <u>Existenz</u> eines Elementes $w \in W$ nachgewiesen <u>für alle</u> $d \in D$ mit $f(d) = w$. Diese Eigenschaft wird auch <u>Linkstotalität</u> genannt.

Abb.2): Nachweis, daß jedem $d \in D$ höchstens ein $w \in W$ mit $(d,w) \in F$ zugeordnet wird, also formal:

Seien $d, d' \in D$ und $d = d'$, seien $f(d) = w$, $f(d') = w'$, dann folgt: $w = w'$.

Diese Eigenschaft haben wir schon als <u>Rechtseindeutigkeit</u> kennengelernt.

Kehren wir zu unserem Beispiel aus der Einleitung zurück: Hier sollte jedem Menschen nicht nur eine Eigenschaft(etwa das Alter), sondern ein 4-Tupel von Eigenschaften zugeordnet werden. Als Formalisierung liegt nun nahe:

Eine Abb. aus der Menge der Menschen in das kartesische Produkt $A \times G \times E \times S$ ist zu definieren, wobei

$A = \{0,1,2,\dots,200\} \subseteq \mathbb{N}$ das Alter bezeichne,
$G = \{m,w\}$ die Geschlechter,
$E = \{0,1,\dots,10^8\} \subseteq \mathbb{N}$ das Einkommen in DM pro Jahr und
S die Menge der möglichen Stellungen im Beruf darstellen mögen.

Also: $f: M \longrightarrow (A \times G \times E \times S)$ mit: f ordnet jedem $m \in M$ das entsprechende 4-Tupel zu. Es ist dann $f = (M, A \times G \times E \times S, F)$ mit $F \subseteq M \times A \times G \times E \times S$.

Ebenso kann ein kartesisches Produkt als Definitionsbereich von Abb. auftreten, ebenso Vereinigungen, Durchschnitte etc..

<u>Aufgaben</u>:

w(1) $r = (M,M,R)$, $s = (M,M,S)$ mit M Menge der Männer seien folgende Relationen:

$(m,m')\in R :\Longleftrightarrow$ 'm ist Sohn von m'' ,

$(m,m')\in S :\Longleftrightarrow$ 'm ist Vater von m'' , $m,m'\in M$.

Sind r oder s Abbildungen?

w(2) Welche der folgenden Tabellen enthält eine Abb.?

(a)

x	0	1	2	3	4	5	6	7
f(x)	a	a	a	b	b	c	c	

(b)

x	3	4	5	
g(x)	0	0	1	2

(c)

x	2	3	4	3	6	8	4	5	6	2	3	8
h(x)	3	4	5	3	7	4	6	a	b	c	d	e

<u>Besondere Abb.</u>: A,D,W seien Mengen,

(1) $id: D \longrightarrow D$ mit $id(x) = x$, $x\in D$ und $id(x)\in D$ heißt <u>Identität</u>(man findet auch die Schreibweise 1_D).

(2) $A\subseteq D$, $i: A \longrightarrow D$ mit $i(x) = x$, $x\in A$ und $i(x)\in D$ heißt <u>Einbettung</u>.

(3) $c: D \longrightarrow W$ mit $c(x) = y_0$, $x\in D$ und $y_0\in W$ heißt <u>konstante Abb.</u>.

<u>Gleichheit von Abb.</u>:

Aus der Bemerkung über Gleichheit von Relationen(S.-72-) folgt, daß Abb. $f: M \longrightarrow N$ und $g: M' \longrightarrow N'$ genau dann gleich sind, wenn gilt:

(1) $M = M'$

(2) $N = N'$

(3) $F = G$,

also wenn Definitionsbereich, Wertebereich und Abb.vorschrift übereinstimmen. Dabei kann die Bedingung (3) etwas vereinfacht werden:

$F = G$ bedeutet: (1) $\bigwedge_{(m,n)\in F} (m,n)\in G$ und

(2) $\bigwedge_{(m,n)\in G} (m,n)\in F$, also

$$(1')\ \bigwedge_{m\in M} (f(m) = n) \Longrightarrow (g(m) = n) \text{ und}$$

$$(2')\ \bigwedge_{m\in M} (g(m) = n) \Longrightarrow (f(m) = n)$$

Fassen wir diese beiden Bedingungen zusammen zu

$(3')\ \bigwedge_{m\in M} f(m) = f(n)$, dann sind die Abb. f und g gleich, wenn sie in Definitionsbereich, Wertebereich übereinstimmen und wenn gilt: $\bigwedge_{m\in M} f(m) = g(m)$.

(5.1.1) Umkehrabbildung, Bijektivität

Zu jeder Relation $r = (A,B,R)$ konnten wir die Umkehrrelation r^{-1} definieren und in einigen Fällen auch sinnvoll interpretieren. Da eine Abb. f eine spezielle Relation ist, existiert zu jedem f somit eine Umkehrrelation $f^{-1} = (W,D,F^{-1})$. Es liegt die Frage nahe, ob f^{-1} wieder eine Abb. ist, also die Bedingung Abb.) erfüllt.

<u>Warnung</u>: Die Umkehrrelation f^{-1} zu einer Abb. f ist i.A. <u>keine</u> Abb..

<u>Beisp.</u>: D sei eine Menge mit mehr als einem Element, etwa $D = \{d_1, d_2\}$. W sei eine Menge ungleich $\emptyset$, etwa $W = \{w_1, w_2\}$. $f: D \longrightarrow W$ sei die konstante Abb. $c(d) = w_1$, also $F = \{(d_1,w_1),(d_2,w_1)\}$. Dann ist $F^{-1} = \{(w_1,d_1),(w_1,d_2)\}$. Gelten nun Abb.1) und Abb.2) für $f^{-1} = (W,D,F^{-1})$?

zu Abb.1): $w_2 \in W$ wird kein Element aus D zugeordnet, die Linkstotalität ist also verletzt.

zu Abb.2): Für $w_1 \in W$ gilt $(w_1,d_1) \in F^{-1}$ <u>und</u> $(w_1,d_2) \in F^{-1}$. Da aber $d_1 \neq d_2$ (Wohlunterschiedenheit, siehe S.-59-), ist auch die Rechtseindeutigkeit nicht erfüllt.

Versuchen wir nun, Bedingungen an f dafür zu finden, daß auch f^{-1} eine Abb. ist. Wie das Beisp. zeigt, dürfen dann zwei Fälle nicht auftreten:

(1) Es darf kein Element w aus W geben, daß nicht Bild unter f ist, d.h. für das es kein $d \in D$ gibt mit $f(d) = w$.

(2) Zu keinem Element $w \in W$ dürfen zwei Urbilder d,d' gehören, d.h. zu jedem $w \in W$ darf es höchstens ein $d \in D$ geben mit $f(d) = w$.

Wenden wir diese Bedingungen positiv an, so werden folgende

Definitionen motiviert:

Def. 2: Eine Abb. f heißt surjektiv, wenn gilt: zu jedem $w \in W$ existiert ein $d \in D$ mit $f(d) = w$. Diese Eigenschaft wird auch Rechtstotalität genannt.

Def. 3: Eine Abb. f heißt injektiv, wenn gilt: $d, d' \in D$, $(d \neq d') \Longrightarrow (f(d) \neq f(d'))$. Diese Eigenschaft kennen wir bereits als Linkseindeutigkeit.

Def. 4: Eine injektive und surjektive Abb. heißt bijektiv.

Es gilt dann der

Satz 1: Eine Abb. $f = (D,W,F)$ ist genau dann bijektiv, wenn $f^{-1} = (W,D,F^{-1})$ eine Abb. ist.

Bew.: Siehe Aufg. p(2)!

Aufgaben:

w(1) Welche der folgende Abb. sind injektiv, welche surjektiv, welche bijektiv?

(a) id, i, c .

(b) f sei 'ist Enkel von', g sei 'ist Sohn von' .

(c) $f(x) = 2x$, x und f(x) aus den reellen Zahlen.
$g(x) = 2x$, x und f(x) aus den ganzen Zahlen.

p(2) Beweisen Sie Satz 1 (nur für KNOBLER!!) !

w(3) Begründen Sie, warum eine Abb. $f: M \longrightarrow N$ i.A. ein verkleinertes Bild von M in N ergibt!

Nun bleibt zu klären, wie f^{-1} konstruiert werden kann, sofern f bijektiv ist. Dazu müssen wir auf die Definition der Umkehrrelation zurückgreifen:

$$(a,b) \in F^{-1} \longleftrightarrow (b,a) \in F.$$

Beisp.: f sei Abb. von den reellen Zahlen in die reellen Zahlen (genauer (7.5.)), bezeichnet mit $f: \mathbb{R} \longrightarrow \mathbb{R}$ mit $f(x) = 3x - 1$, in Relationenschreibweise:
$F = \{(x,y)/x \in \mathbb{R},\ y = 3x - 1\}$, $F^{-1} = \{(y,x)/x \in \mathbb{R}\}$. Unser Ziel ist es, die zweiten Komponenten aus F^{-1} als Funktion von y darzustellen (von Funktion spricht man bei Abb., die auf den reellen Zahlen def. sind).
Dazu berechnen wir $(y = 3x - 1) \Longrightarrow (x = (y+1)/3)$, d.h. $F^{-1} = \{(y, \frac{y+1}{3})/y \in \mathbb{R}\}$. Wie man sofort sieht,

ist f^{-1} eine Abb. mit $f^{-1}: \mathbb{R} \to \mathbb{R}$ und $f^{-1}(y) = \frac{y+1}{3}$ für $y \in \mathbb{R}$.

<u>Bemerkungen</u>: (1) Sollen $f: D \to W$ und $f^{-1}: W \to D$ in einem Schaubild zum Vergleich dargestellt werden, so wird man in beiden Fällen als Definitionsbereich die Abszisse wählen(Waagerechte), in unserem Beisp.:

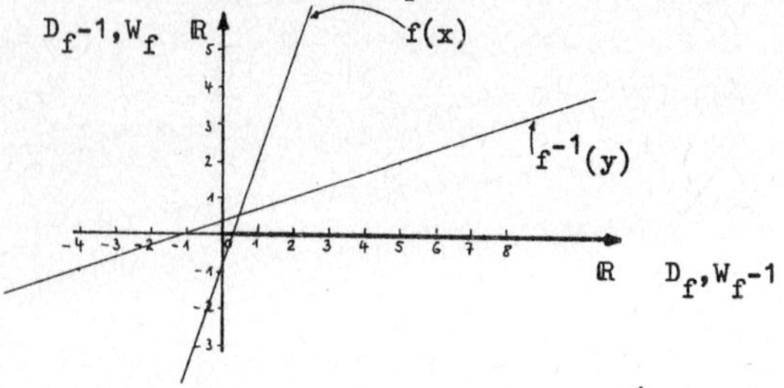

(2) Sollen mit Hilfe von f und f^{-1} Berechnungen angestellt werden, so ist darauf zu achten, daß der Wertebereich von f Definitionsbereich von f^{-1} ist und umgekehrt.

Untersuchen wir nun, ob sich die Verknüpfungen von Mengen auch auf Abb. übertragen lassen. Zuvor jedoch zwei Definitionen, die den Umgang mit f und f^{-1} beschreiben:

<u>Def. 5</u>: Seien D,W Mengen, $f: D \to W$ Abb., für $A \subseteq D$ heißt die Menge $f[A] = \{y / y \in W \wedge \bigvee_{x \in A} f(x) = y\}$ <u>Bild</u> von A unter f. Insbesondere wird $f[D]$ mit <u>Bild f</u> bezeichnet.

<u>Def. 6</u>: Für $U \subseteq W$ heißt die Menge $f^{-1}[U] = \{x / x \in D \wedge f(x) \in U\}$ <u>Urbild</u> von U unter f. Insbesondere wird $f^{-1}[W]$ mit <u>Urbild f</u> bezeichnet.

<u>Aufgaben</u>:

w $f(x) = 2x \quad x \in \mathbb{Z} := \{\ldots,-3,-2,-1,0,1,2,3,\ldots\}$.

Man bestimme die Bilder unter f, wenn:

(a) $A_1 = \{0\} \subseteq D$,

(b) $A_2 = \{1,2,\ldots\} := \mathbb{N} \subseteq D$,

(c) $A_3 = [(\mathbb{Z} \setminus \mathbb{N}) \setminus \{0\}] \subseteq D$.

Man bestimme die Urbilder für:

(d) $U_1 = \{0\} \subseteq W$.

(e) $U_2 = \{u/u = 2i, i \in \mathbb{Z}\} \subseteq W$.

(f) $U_3 = \{r/r = 2i - 1, i \in \mathbb{Z}\} \subseteq W$.

<u>Abbildungsalgebra</u>:

<u>Satz 2</u>: M,N seien Mengen, $f: M \longrightarrow N$ Abb., $A,B \subseteq M$, $U,V \subseteq N$;

dann gilt:

(1) $(A \subseteq B) \Longrightarrow (f[A] \subseteq f[B])$,

(1') $(U \subseteq V) \Longrightarrow (f^{-1}[U] \subseteq f^{-1}[V])$,

(2) $f[A \cap B] \subseteq (f[A] \cap f[B])$,

(2') $f^{-1}[U \cap V] = (f^{-1}[U] \cap f^{-1}[V])$,

(3) $f[A \cup B] = (f[A] \cup f[B])$,

(3') $f^{-1}[U \cup V] = (f^{-1}[U] \cup f^{-1}[V])$,

(4) $f^{-1}[f[A]] \supseteq A$

(4') $f[f^{-1}[U]] \subseteq U$

<u>Bemerkungen</u>: (a) Ist f injektiv, so gilt das Gleichheitszeichen in (2) und (4).

(b) Ist f surjektiv, dann gilt das Gleichheitszeichen in (4').

Exemplarisch sei (2) bewiesen:

$(y \in f[A \cap B]) \longrightarrow$ (es gibt ein $x \in (A \cap B)$ mit $f(x) = y$)

$\Longrightarrow ((x \in A) \wedge (x \in B)) \Longrightarrow (((y = f(x)) \in f[A]) \wedge ((y = f(x)) \in f[B]))$

$\Longrightarrow (y \in (f[A] \cap f[B])$ q.e.d.

Umgekehrt folgt aus $y \in (f[A] \cap f[B])$ lediglich die Existenz eines Elementes $x_1 \in A$ mit $f(x_1) = y$ und $x_2 \in B$ mit $f(x_2) = y$. Erst mit der Injektivität gilt $x_1 = x_2 \in (A \cap B)$, d.h. $f(x_1) = f(x_2) = y \in (f[A \cap B])$.

Weitere Beweise möge der Leser zur Übung führen.

(5.1.2) Komposition von Abbildungen

In Kapitel (4.   ) haben wir Relationen durch Komposition zu einer zusammengesetzten Relation gemacht; es liegt nun nahe, diesen Vorgang auf spezielle Relationen, also hier Abbildungen, zu übertragen. Dieses Vorgehen wird dadurch zusätzlich motiviert, daß wir Abb. unter dem Gesichtspunkt betrachtet haben, 'verborgene Information' in einer Menge M durch Abb. nach N sichtbar zu machen. Ein wiederholtes

Anwenden dieses Verfahrens könnte zusätzliche Informationen bereitstellen, wenn wir nachweisen könnten, daß die Komposition zweier Abb. wieder eine Abb. ist. Aus Def. 9 und den zugehörigen Bemerkungen S.-74f- folgt:

Zwei Abb. $f: D_1 \longrightarrow W_1$ und $g: D_2 \longrightarrow W_2$ sind genau dann kompnierbar zu $g \circ f: D_1 \longrightarrow W_2$, wenn $W_1 \subseteq D_2$ gilt. Dann ist also: $g \circ f = (D_1, W_2, \{(x,z)/x \in D_1, z \in W_2, \bigvee_{y \in W_1} (x,y) \in F$ und $(y,z) \in G\}$!

Bezeichnung: $g \circ f$ heißt Komposition von f und g.

<u>Veranschaulichung</u>:

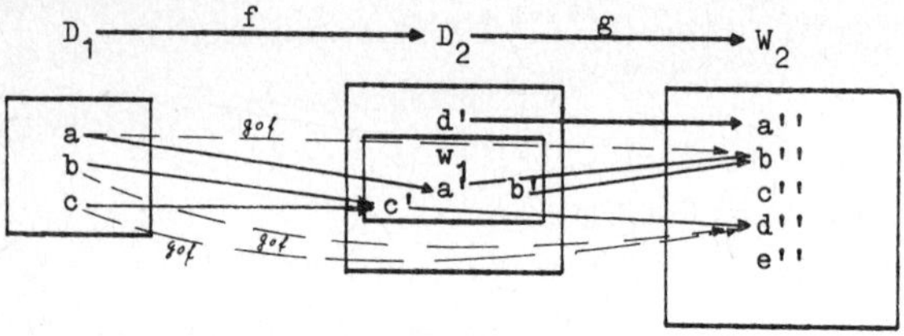

<u>Satz 3</u>: Seien M,N,L Mengen, $f: M \longrightarrow N$, $g: N \longrightarrow L$ Abbildungen, dann ist $g \circ f: M \longrightarrow L$ Abb..

<u>Bew.</u>: Abb.1) ist erfüllt, da zu jedem $x \in M$ ein $y \in N$ existiert mit $f(x) = y$ (da f Abb. ist). Zu jedem $y \in N$ existiert ein $z \in L$ mit $g(y) = z$ (da g Abb. ist).

Somit existiert zu jedem $x \in M$ ein $z = g(f(x))$ mit $g \circ f(x) = z$.

Abb.2) ist erfüllt, da für alle $x, x' \in M$, $x = x'$ gilt: $y = f(x) = f(x') = y'$ (da f Abb. ist).

Für alle $y, y' \in N$ mit $y = y'$ gilt:
$z = g(y) = g(y') = z'$ (da g Abb. ist).

Somit gilt für alle $x, x' \in M$ mit $x = x'$:
$g \circ f(x) = g \circ f(x')$.

Dieser Satz gibt zugleich an, wie $g \circ f(x)$ für $x \in M$ berechnet werden kann: Man bildet zunächst $f(x) = y$ und dann $g(y)$, insgesamt also: $\bigwedge_{m \in M} g \circ f(m) = g(f(m))$.

In der Veranschaulichung ist z.B.:

$g \circ f(b) = g(f(b)) = g(c') = d''$,

$g \circ f(a) = g(f(a)) = g(a') = b''$,

$g \circ f(c) = g(f(c)) = g(c') = d''$.

Für die Mengen M,N,L und die Abb. $f: M \longrightarrow N$, $g: N \longrightarrow L$ und $h: M \longrightarrow L$ gibt es nun zwei Möglichkeiten für eine Abb. von M nach L:

(1) $g \circ f: M \longrightarrow L$ und

(2) $h: M \longrightarrow L$.

Das läßt sich in folgendem Diagramm darstellen:

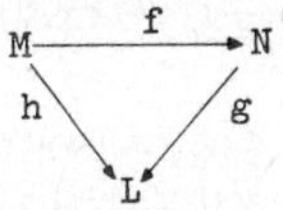

und sagt, daß Diagramm sei kommutativ, wenn gilt: $h = g \circ f$, d.h. für alle $m \in M$ gilt $h(m) = g \circ f(m) = g(f(m))$.

Allgemeiner heißt ein Diagramm kommutativ, wenn verschiedene 'Wege' darin die gleichen Abbildungen ergeben, etwa:

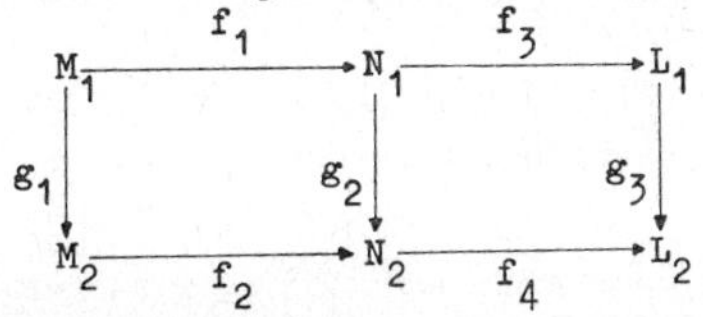

ist kommutativ: $\Longleftrightarrow ((g_2 \circ f_1 = f_2 \circ g_1) \wedge (g_3 \circ f_3 = f_4 \circ g_2))$.

Beisp.: $f: \mathbb{R} \longrightarrow \mathbb{R}$ mit $f(x) = x - 2$

$g: \mathbb{R} \longrightarrow \mathbb{R}$ " $g(x) = x^2$

$h: \mathbb{R} \longrightarrow \mathbb{R}$ " $h(x) = e^x$

$k: \mathbb{R} \longrightarrow \mathbb{R}$ " $k(x) = e^{(x - 2)^2}$

Dann gilt: $h \circ g \circ f = k$, da für alle $x \in R$ gilt:

$$h \circ g \circ f(x) = h(g(f(x))) = h(g(x - 2) = h((x - 2)^2) =$$
$$= e^{(x - 2)^2} = k(x) \quad .$$

Aufgabe:

w Komponieren Sie paarweise die Abb. id, i, c, $f(x) = 2x$, nachdem Sie geprüft haben, unter welchen Umständen diese Abb. komponierbar sind!

Das soeben aufgeführte Beisp. legt die Frage nahe, ob es einen Einfluß auf das Ergebnis hat, ob man zuerst $h \circ g$ und dann $(h \circ g) \circ f$ bildet, oder ob zunächst $g \circ f$ und dann $h \circ (g \circ f)$ gebildet wird. Dies beantwortet der folgende Satz:

<u>Satz 4</u>: M,N,L,K seien Mengen, $f: M \longrightarrow N$, $g: N \longrightarrow L$, $h: L \longrightarrow K$ seien Abbildungen, dann gilt: $h\circ(g\circ f) = h\circ(g\circ f)$.

Bew. leicht mit Satz 3.

Als nächstes wäre zu diskutieren, ob auch Eigenschaften von Abb. wie Injektivität und Surjektivität bei Kompositionen erhalten bleiben. Auskunft gibt hier der

<u>Satz 5</u>: M,N,L seien Mengen, $f: M \longrightarrow N$, $g: N \longrightarrow L$ seien Abbildungen, dann gilt:

(1) sind f und g injektiv, so ist $g\circ f$ injektiv,
(2) " f " g surjektiv, " " $g\circ f$ surjektiv,
(3) " f " g bijektiv, " " $g\circ f$ bijektiv,
(4) ist $g\circ f$ injektiv, so ist f injektiv,
(5) " $g\circ f$ surjektiv, " " g surjektiv,
(6) ist $g\circ f$ bijektiv, so ist f injektiv, und g ist surjektiv.

Der Zusammenhang zwischen Abbildungen, Umkehrabbildungen und Identitäten ist im Lösungs-Anhang, Lösung zu p(2) S.-87- aufgezeigt.

Abschließend sei gezeigt, daß sich auch das Konzept der Mächtigkeit von Mengen abbildungstheoretisch fassen läßt.

Gegeben sei eine Menge $M \neq \emptyset$.

<u>Def. 7</u>: M heißt abzählbar, wenn eine bijektive Abb. f existiert mit $f: \mathbb{N} \longrightarrow M$.

Es sei $f^{-1}[M] = A \subseteq \mathbb{N}$ für endliche Menge M und i_0 sei die Anzahl der Elemente von A. Dann sagt man: M hat die <u>Mächtigkeit</u> i_0, bezeichnet mit $|M| = i_0$.

<u>Aufgaben</u>:

w(1) Was läßt sich über zwei endliche nichtleere Mengen A,B hinsichtlich ihrer Mächtigkeit aussagen, wenn gilt $i_0(A) = i_0(B)$?

w(2) A sei die Menge aller positiven geraden Zahlen, $\mathbb{N}$ die Menge aller natürlichen Zahlen. Ist eine mächtiger als die andere?

w(3) Welche der folgenden Funktionen ist bijektiv?(Zu Funktion siehe S.-87-)

(a) $f(x) = x^2 + 2$,
(b) $f(x) = x + 2x + 3x + \dots + nx$
(c) $f(x) = bst$ mit $b,s,t \in \mathbb{Z}$
(d) $f(x) = \pm\sqrt{x^2}$
(e) $f(x,y) = 2x + y - 4$

w(4) Bestimmen Sie den Definitions- und den Bildbereich aus $\mathbb{R}$ für die folgenden Funktionen:

(a) $f(x) = x$ (b) $f(x) = 0$ (c) $f(x,y)=0$

(d) $f(x) = +\sqrt{x^2 + 2}$ (e) $f(x) = + x^2 - 2$.

p(5) Zwischen den Beiden Variablen X:= Beschäftigtenindex und Y:= Index der industriellen Nettoproduktion (1950 = 100) werden für die Jahre 1954 bis 1959 folgende 24 Wertepaare festgestellt: (Quartalsdaten) $t=0,1,2,\dots,23$

x_t	121	126	129	130	130	136	140	142	141	146	148	148
y_t	139	156	150	178	162	181	173	204	175	201	187	214

x_t	146	150	153	153	150	152	153	152	149	152	153	156
y_t	196	211	192	225	200	210	198	233	205	227	213	259

(a) Ist $g: x \longmapsto y = g(x)$ eine Abb.?

(b) Ist $g^{-1}: y \longmapsto x = g^{-1}(y)$ eine Abb.?

(c) Bilden Sie eine X-achse und eine Y-achse und zeichnen Sie die Wertepaare in das so entstandene 'Koordinatenkreuz'. Es entsteht ein 'Punktschwarm'. Legen Sie mit der Hand den Graphen der linearen Funktion $y = f(x)$ durch diesen Punktschwarm, so daß diese lineare Funktion die Datenlage möglichst gut anpaßt!

(d) Berechnet man die lineare Funktion aus den Wertepaaren nach einem bestimmten Verfahren(z.B. Methode der kleinsten Quadrate), so erhält man:

$\hat{y} = 2.42x - 153.70 = \hat{f}(x)$ '^' steht für geschätzte Größen

$\hat{x} = 0.32y + 82.22 = \widehat{f^{-1}}(y)$

(d_1) Sind $\hat{f}(x)$ und $\widehat{f^{-1}}(y)$ Abbildungen?

(d_2) Berechnen Sie $\widehat{f_*^{-1}}(y)$ aus $\hat{f}(x)$ durch Auflösung nach x und vergleichen Sie das Ergebnis mit $\widehat{f^{-1}}(y) = 0.32y + 82.22$! Falls sich ein Unterschied ergibt, versuchen Sie eine Erklärung dafür zu geben!

p(6) $A = \{n/(n \leq 1000) \wedge (n/5 \text{ ist ohne Rest})\}$. Bestimmen Sie $|A|$! Wie groß ist $p_1 = \frac{A}{1000}$?

$B = \{n/(n \leq 1000) \wedge (n/5 \text{ ist ohne Rest}) \wedge (n \text{ ist gerade})\}$.

Bestimmen Sie $|B|$! Wie groß ist $p_2 = \frac{|B|}{|C|}$, wenn $C = \{n/(n \leq 1000) \wedge (n \text{ ist gerade})\}$. Welche Beziehung besteht zwischen p_1 und p_2? Wie erklären Sie sich diese Beziehung?

p(7) Interdependenz wird u.a. auf zweierlei Art beschrieben:

- Für zwei Variable X,Y gilt: Y hängt von X ab und umgekehrt,
- Y hängt von X ab, X wiederum von einer Variablen Z.

Formalisieren Sie beide Beschreibungen abbildungstheoretisch jeweils getrennt und für den Fall, daß beide zugleich auftreten!

p(8) Gegeben seien zwei Variablen mit Ausprägungen $(x,y) \in A^2$ mit $A = \{0,1,2,3\}$. Gegeben sei weiterhin folgende Matrix M zu X und Y:

Spalten j		1	2	3	4	5
Zeilen i	Y =	0	1	2	3	$h_1(X)$
	X					
1	0	100	150	50	10	310
2	1	75	50	25	5	155
3	2	10	15	5	0	30
4	3	5	0	0	0	5
5	$h_2(Y)$	190	215	80	15	500 := N

(The 4×4 block of values for Y = 0 to 3 is printed in parentheses and labelled "M =".)

(a) Formalisieren Sie die Elemente der Matrix als Funktionen von X und Y !

(b) Indizieren Sie die Elemente der Matrix nach Zeilen i und Spalten j und normieren Sie die so erhaltenen Elemente z_{ij} an Hand der folgenden Funktion g:

$$g: M^* \longrightarrow [0,1]$$
$$z_{ij} \longmapsto \frac{z_{ij}}{N}$$

mit M^* ist die Matrix mit 5 Zeilen und 5 Spalten, $[0,1] \subset \mathbb{R}$ ist das abgeschlossene Intervall der reellen Zahlen Null bis Eins.

Bilden Sie die so normierte Matrix $M^*_{[0,1]}$!

(c) Konstruieren Sie die Elemente der 5. Spalte aus $M^*_{[\bar{0},1]}$ als $h_1(X) = f_1(x,y)$ und die Elemente der 5. Zeile aus $M^*_{[\bar{0},1]}$ als $h_2(Y) = f_2(x,y)$!

p(9) (Für Knobler!) Gegeben sei eine Menge A und eine Matrix M mit m Zeilen und n Spalten. Versuchen Sie, die Zuordnung von Elementen aus A auf Elemente der Matrix abbildungstheoretisch zu formulieren!

p(10) In den Sozialwissenschaften werden Beschreibungen, Analysen, Modelle, Theorien etc. häufig unverbunden hinsichtlich Individuen(Mikroebene) einerseits und Kollektiva(Makroebene) andererseits erstellt(z.B. Mikro- bzw. Makroökonomie oder Mikro-,Makrosoziologie (Etzioni)).

Betrachten Sie nun folgendes Diagramm und machen Sie sich die einzelnen'Pfeile' an Beispielen klar!

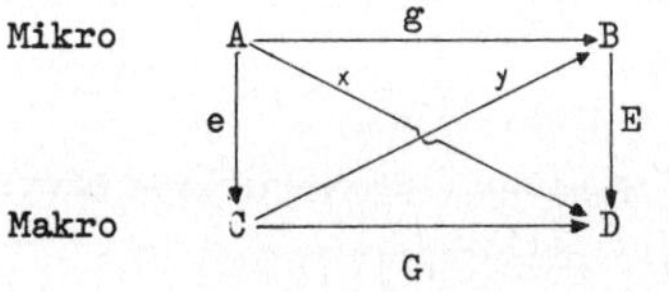

A,B,C,D seien Mengen, e,g,G,E,x,y seien Abbildungen, darunter g und G (sozialwissenschaftliche)theoretische Abhängigkeiten.

(a) Wie würden Sie e und E interpretieren?

(b) Schreiben Sie x und y als komponierte Abbildungen!

(c) Diskutieren Sie die Problematik dieses Diagramms unter methodologischem Aspekt!

(d) Welche wissenschaftstheoretische Programmatik findet ihren Niederschlag in x, welche in y ?

<u>Weiterführende Literatur:</u>

Karl Peter Grotemeyer: Der strukturelle Aufbau der Mathematik
Berlin: II. Mathematisches Institut
1963

(5.2.) Äquivalenzrelation

Wir wollen nun eine Relation $R \subseteq M \times M$ betrachten, die es uns erlaubt, die schon in (3.5.) angesprochene Klasseneinteilung mathematisch zu formulieren. Ziel ist dabei, diejenigen Elemente einer Menge miteinander zu identifizieren, die unter bestimmten Gesichtspunkten gleichartig sind. Eine mathematische Formulierung dieses Sachverhaltes wird möglich durch die 'Äquivalenzrelation'.

Betrachten wir zunächst ein Beisp.:

Sei M die Menge der Erwerbstätigen eines Landes. Unser Ziel sei, diese in bestimmte Berufsgruppen einzuteilen. Wir werden dazu folgende Relation $R \subseteq M \times M$ benutzen:

Seien $a, b \in M$, $(a,b) \in R :\Longleftrightarrow$ a übt denselben Beruf aus wie b.

Fassen wir dann alle in demselben Beruf tätigen Personen zusammen, d.h. alle die miteinander in Relation r stehen, so erhalten wir eine Einteilung der Erwerbstätigen in Berufsgruppen.

Welche Eigenschaften hat nun diese Relation?

(1) Es gilt trivialerweise: a übt denselben Beruf aus wie a, d.h. r ist reflexiv,

(2) übt a denselben Beruf aus wie b, so übt b denselben wie a aus, d.h. r ist symmetrisch,

(3) übt a denselben Beruf aus wie b, und b übt denselben Beruf aus wie c, so übt auch a denselben Beruf aus wie c, d.h. r ist transitiv.

Dies führt uns zu den Definitionen:

Def. 1: M sei Menge, $r = (M,M,R)$ heißt Äquivalenzrelation: $\Longleftrightarrow$ [(1) r ist reflexiv, (2) r ist symmetrisch, (3) r ist transitiv.].

Def. 2: Ist r Äquivalenzrelation auf M, dann heißt die Menge $[x] := \{ y / (x,y) \in R,\ x,y \in M \}$ Äquivalenzklasse von x oder Faser über x.

Betrachten wir ein weiteres Beisp.:

$M := \{x / x$ ist Arbeiter$\}$, $x \pi_1 y :\Longleftrightarrow$ x ist in derselben Branche tätig wie y , $x,y \in M$.

$x \pi_2 y :\Longleftrightarrow$ x ist in derselben Gewerkschaft organisiert wie y, $x,y \in M$.

Aufgaben:

w(1) Beweisen Sie, daß π_1 und π_2 Äquivalenzrelationen sind!

w(2) Interpretieren Sie $(\Pi_1 \cap \Pi_2) \subseteq M \times M$!

p(3) r_1, r_2 seien Äquvalenzrelationen auf M, sind dann $R_1 \cap R_2$ und $R_1 \cup R_2$ wieder Äquivalenzrelationen auf M ?

In unserem Beisp. gilt nun: $[x]_{\pi_1} = \{y/((x,y) \in \Pi_1) \wedge (x,y \in M)\}$, d.h. $[x]_{\pi_1}$ ist die Menge aller Arbeiter in einer Branche. Weiterhin gilt: $[x]_{\pi_2} = \{y/((x,y) \in \Pi_2) \wedge (x,y \in M)\}$, d.h. $[x]_{\pi_2}$ ist die Menge aller Arbeiter, die in einer bestimmten Gewerkschaft organisiert sind.

Def. 3: M sei Menge, r eine Äquivalenzrelation auf M, dann heißt die Menge aller Äquivalenzklassen $M/_r := \{ [x] / x \in M \}$ Quotientenmenge von M nach r.

Nachdem wir nun, ausgehend von einem Beisp., eine spezielle Relation definiert haben, wollen wir uns die mathematischen Eigenschaften von Äquivalenzklassen genauer ansehen. Es gilt der folgende

Satz 1: M sei Menge, r = (M,M,R) sei Äquivalenzrelation auf M, dann gilt:

(1) $\bigwedge_{x \in M} \bigvee_{y \in M} x \in [y]$,

(2) $((x,y) \in R) \longrightarrow ([x] = [y])$ mit $x,y \in M$,

(3) $((x,y) \notin R) \longrightarrow ([x] \cap [y] = \emptyset)$ mit $x,y \in M$.

Anschaulich bedeutet dieser Satz:

(1) Jedes $x \in M$ liegt in einer Äquivalenzklasse,

(2) zwei Äquivalenzklassen sind entweder gleich (das ist der Fall für $(x,y) \in R$) oder disjunkt (wenn $(x,y) \notin R$).

Dieser Satz sagt zugleich, wie richtige Klasseneinteilungen zu konstruieren sind. Nehmen wir als Beisp. eine Einkommensverteilung: Gegeben seien zwei Einkommensintervalle

$I_1 := \{ 0DM \leq y \leq 1000DM \}$,

$I_2 := \{ 1000DM \leq y \leq 10\,000DM \}$

mit y:= Einkommen einer Person in DM pro Monat.

Diese Einteilung ist unbrauchbar wegen:

(1) Nicht jede Person ist erfaßbar(Es gibt Einkommen, die größer sind als 10 000DM pro Monat); Verletzung von (1) aus Satz 1 ,

(2) die beiden Klassen sind nicht disjunkt(das Einkommen y = 1000DM fält in I_1 und I_2);Verletzung von (2) und (3) von Satz 1.

Eine richtige Einteilung dagegen wäre z.B.:

$I_1 := \{0 \leq y \leq 10^1\}$
$I_2 := \{10^1 < y \leq 10^2\}$
$I_3 := \{10^2 < y \leq 10^3\}$
$I_4 := \{10^3 < y \leq 10^4\}$
$I_5 := \{10^4 < y \leq 10^5\}$
$I_6 := \{10^5 < y \leq 10^6\}$
$I_7 := \{10^6 < y \leq 10^7\}$
$I_8 := \{10^7 < y \leq 10^8\}$ bis zum höchsten vorkommenden Einkommen.

Eine Einkommensklasse, die nicht besetzt ist, ist im obigen Sinne keine Äquivalenzklasse, da Äquivalenzklassen per Def. nicht leer sind. Daher sind Klassen stets so zu wählen, daß mindestens ein(bei bestimmten statistischen Frgestellungen mehr) Element in ihnen liegt.

Betrachten wir zum Abschluß den Graphen einer Äquivalenzrelation:

Sei r = (M,M,R) eine Äquivalenzrelation, dann gilt für R:

(1) $R \supseteq \Delta$
(2) $R \subseteq R^{-1}$
(3) $(R \circ R) \subseteq R$

Die Bedingungen (1) und (2) sind bei einem endlichen Graphen leicht zu erkennen, z.B.:

$$\begin{matrix} f \\ e \\ d \\ c \\ b \\ a \\ \end{matrix} \begin{pmatrix} 0 & 0 & 0 & 0 & 0 & 1 \\ 0 & 0 & 1 & 1 & 1 & 0 \\ 0 & 0 & 1 & 1 & 1 & 0 \\ 0 & 0 & 1 & 1 & 1 & 0 \\ 1 & 1 & 0 & 0 & 0 & 0 \\ 1 & 1 & 0 & 0 & 0 & 0 \end{pmatrix}$$
$$\quad a \; b \; c \; d \; e \; f$$

(1) besagt, daß in der Hauptdiagonalen Einsen stehen müssen,
(2) besagt, daß der Graph symmetrisch zur Hauptdiagonalen sein muß,
(3) besagt, daß wenn x mit einem y in Relation steht, so muß x auch mit all denjenigen Elementen in Relation stehen, mit denen y in Relation steht.

<u>Aufgaben</u>:

w(1) Zeigen Sie durch Nachweis der drei Eigenschaften, daß für jede Menge M gilt: $\Delta \subseteq M \times M$ und $M \times M$ sind Äquivalenzrelationen !

w(2) In 50 Unternehmen werde die Arbeitsleistung von Arbeitern (durchschnittlich) ermittelt. Diese Arbeitsleistung werde gemessen in Herstellung von Stückzahl pro Tag. Eine erste ungeordnete Datenerhebung(z.B. 'Strichliste') ergebe folgende 50 Werte:

950, 1842, 1076, 1550, 1577, 2448, 2312, 2400, 2398, 1202, 1374, 1502, 1899,1865, 1802, 1850, 1905, 2150, 2090, 1775, 1748, 1788, 2188, 1812,1824, 1849, 1644, 1872, 2180, 2066, 1820, 1724, 1633, 1866, 2186,1514, 1934, 1977, 1555, 1911, 1760, 1812, 1990,1844, 2213. 1714, 2224, 1947, 1413, 1898.

Ordnen Sie die Werte der Größe nach, bestimmen Sie eine Äquivalenzrelation und die Quotientenmenge derart, daß mehr als fünf Äquivalenzklassen entstehen.

w(3) Z sei die Menge der Punkte eines Zylinders, $z,z' \in Z$, $r = (Z,Z,R)$ sei eine Relation, die definiert sei durch $(z,z') \in R :\Longleftrightarrow$ z und z' liegen auf derselben Mantellinie des Zylinders .

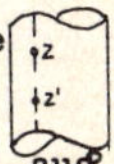

Ist r eine Äquivalenzrelation? Wenn ja, wie sieht $Z/_r$ aus?

w(4) Ein Konjunkturverlauf, gemessen am Volkseinkommen, habe folgende Form:

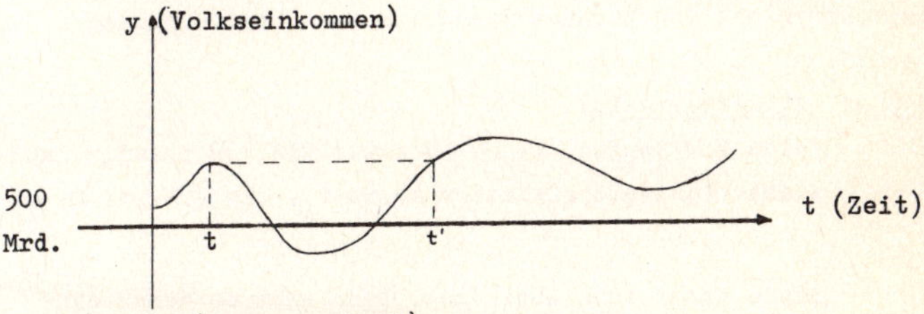

$T = \{ t / 1950 \leq t \leq 1970 \}$

Auf T sei eine Relation $r = (T,T,R)$ definiert mit

$(t_1,t_2) \in R :\Longleftrightarrow y(t_1) = y(t_2)$, $t_1,t_2 \in T$.

(a) Ist r eine Äquivalenzrelation?

(b) Bestimmen Sie gegebenenfalls die Äquivalenzklassen!

(c) Diskutieren Sie die Aussage trt' !

p(5) Ist die Indifferenzrelation eine Äquivalenzrelation(zu Indifferenzrelation siehe Aufg. p(8) zu (4.))?

Zum Begriff der Äquivalenzrelation kann man auch über einen völlig anderen Weg gelangen, indem wir nämlich von den in (5.1.) beschriebenen Abb. ausgehen.

Satz 2: Seien N,M Mengen, f: $M \longrightarrow N$ eine Abb., dann ist die Relation $\pi_f \subseteq M \times M$, def. durch $(a,b) \in \pi_f :\Longleftrightarrow f(a) = f(b)$ für $a,b \in M$ eine Äquivalenzrelation.

Bemerkung: Diese Äquivalenzrelation wird in (6.) eine wichtige Rolle spielen.

Bedeutsam ist hier, daß auch eine Umkehrung von Satz 2 gilt:

Satz 3: Sei M eine Menge, $r = (M,M,R)$ eine Äquivalenzrelation, dann gibt es eine Menge N und eine Abb. f: $M \longrightarrow N$, so daß $r = \pi_f$ (Hinweis: f kann sogar surjektiv gewählt werden).

Betrachten wir als Beweisansatz einmal die Menge $M/_r$ und die Abb. f: $M \longrightarrow M/_r$ mit

$a \longmapsto [a]$ für alle $a \in M$.

Behauptung: $M/_r$ und f nach obiger Def. erfüllen Satz 3.

Bew. dem Leser.

Wir können also zusammenfassend sagen: Jede Abb. f: $M \to N$ induziert auf M eine Äquivalenzrelation π_f, und jede Äquivalenzrelation r rührt von einer (surjektiven) Abb. her.

Damit haben wir die Voraussetzung für den Abbildungssatz geschaffen:

Satz 4: (Abbildungssatz)

Seien M,N Mengen, f: $M \longrightarrow N$ Abb.. Die von f auf M induzierte Äquivalenzrelation heiße π_f, die Abb. ν: $M \longrightarrow M/_{\pi_f}$ mit $a \longmapsto [a]$ heiße natürliche Abbildung. Dann gibt es genau eine injektive Abb. $\bar{f}$: $M/_{\pi_f} \longrightarrow N$, für die gilt $\bar{f} \circ \nu = f$.

In Diagrammschreibweise:

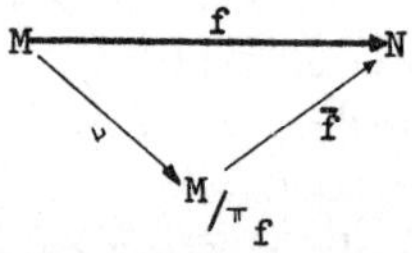

Zusatz: Ist f surjektiv, so ist $\bar{f}$ bijektiv.

Anschaulich bedeutet der Abb.satz:

Jede Abb. f kann aufgespalten werden in eine surjektive und

anschließend eine injektive Abb., jede surjektive Abb. kann aufgespalten werden in eine surjektive und anschließend eine bijektive Abb.. Das Hilfsmittel hierzu sind Äquivalenzrelationen.

Hierzu ein <u>Beisp.</u>:

$f(x) := x^2$

$f: \mathbb{R} \longrightarrow \mathbb{R}$

$x \pi_f y :\Longleftrightarrow x^2 = y^2$

$[x] = \{y / ((x,y) \in \Pi_f) \wedge (x, y \in \mathbb{R})\} = \{x, -x\}$

$\mathbb{R}/\pi_f = \{[x]\}$

Hierfür suchen wir ein Repräsentantensystem: Hier gibt es zwei Möglichkeiten:

(1) die Menge der positiven reellen Zahlen incl. Null,

(2) die Menge der negativen reellen Zahlen incl. Null.

Nehmen wir den ersten Fall $\mathbb{R}^+$:

<u>Def.</u>: $\nu: \mathbb{R} \longrightarrow \mathbb{R}/\pi_f = \mathbb{R}^+$

$\nu(x) = x$ für $x \geqslant 0$

$\nu(x) = -x$ " $x < 0$

<u>Def.</u>: $\bar{f}: \mathbb{R}^+ \longrightarrow \mathbb{R}$

$\bar{f}(x) = x^2$

Es gilt: $f = \bar{f} \circ \nu$

Weitere Beispiele werden in (10.) behandelt. Im übrigen werden wir das hier Erörterte in (6.) auf Relationensysteme ausdehnen, nachdem wir in (5.3.) die Kongruenzrelation kennengelernt haben.

Abschließend ein mathematisches Beisp. für eine Äquivalenzrelation:

s sei eine Relation auf $\mathbb{Z}$, und zwar $xsy :\Longleftrightarrow 7$ teilt $x-y$

(1) s ist eine Äquvalenzrelation.

<u>Bew.</u>: Für $x = y$ gilt: 7 teilt 0 (Reflexivität),

(7 teilt $x - y$) $\Longrightarrow$ (7 teilt $-(x - y) = y - x$), also:

$(xsy) \Longrightarrow (ysx)$ (Symmetrie),

((7 teilt $x-y$) $\wedge$ (7 teilt $y - z$)) $\Longrightarrow$ (7 teilt $x-z$),

denn 7 teilt $x - y + y - z = x - z$, wenn 7 $x-y$ und $y - z$ teilt. (Transitivität)

Die Äquivalenzklasse heißt: $[x] = \{y / y = x + 7a, a \in \mathbb{Z}\}$.

Denn 7 teilt $x - y$ für $y = x + 7a$.

(5.3.) Kongruenzrelation

Während wir im vergangenen Abschnitt versucht haben, Elemente einer Menge unter bestimmten Gesichtspunkten zu identifizieren, werden wir nun dieses Vorgehen auf Mengen mit darauf definierten Relationen übertragen, d.h. wir wollen Elemente einer Menge so identifizieren, daß dieser Identfikationsprozeß verträglich ist mit den auf der Menge definierten Relationen. Hierzu zunächst ein Beisp., das dieses Vorgehen besonders anschaulich macht:

Sei M die Menge der hörbaren Töne; diese kann differenziert werden nach Lautstärke, Tonhöhe und Klangfarbe. Die erste Aufgabe bestehe darin, die Töne nach ihrer Höhe zu unterscheiden. Nehmen wir an, wir hätten durch Befragung von Testpersonen folgende Relationen Auf einer Menge $N \subseteq M$ erhalten$(a,b,c,d \in N)$:

(1) $r_1 = (N,N,R_1)$ mit $(a,b) \in R_1 :\longleftrightarrow$ a hat dieselbe Höhe wie b

(2) $r_2 = (N,N,R_2)$ mit $(a,b) \in R_2 :\Longleftrightarrow$ a ist tiefer als b

(3) $R_3 \subseteq N^4$ mit $(a,b,c,d) \in R_3 :\longleftrightarrow$ a und b haben denselben Abstand wie c und d.

Um nun Aussagen bzgl. der Höhe der Töne zu machen, ist es offensichtlich gleichgültig, ob der Ton H von einer Geige oder einem Klavier oder ob er mit 50 oder mit 30 Phon gespielt wird. Wir werden also, um eine Übersicht über die Höhe der Töne aus N zu bekommen, alle Töne mit gleicher Höhe identifizieren, d.h. die Klassen bzgl. der Äquivalenzrelation r_1 bilden und unsere Betrachtungen auf N/r_1 durchführen, wobei ein Element $[x]$ aus N/r_1 die Menge aller Töne gleicher Höhe unabhängig von Klangfarbe und Lautstärke darstellt. Die Äquivalenzrelation r_1 hat hier also folgende Eigenschaft (K):

Sei $a \in N$ von der Höhe H, von einer Geige mit 30 Phon gespielt, sei $a' \in N$ von der Höhe H, von einem Klavier mit 50 Phon gespielt, sei $b \in N$ von der Höhe F, von einer Geige mit 40 Phon gespielt. Gilt hier nun $(a,a') \in R_1$ und $(b,a) \in R_2$, dann gilt auch $(b,a') \in R_2$, d.h. alle Töne aus einer Äquivalenzklasse von N/r_1 sind in den anderen Relationen r_2 und r_3 austauschbar.

Nun sei eine zweite Aufgabenstellung gegeben: Die Töne aus N seien bzgl. ihrer Höhe und ihrer Lautstärke zu untersuchen. Dabei seien außer den Relationen r_1, r_2, r_3 noch folgende Relationen gegeben:

(4) $r_4 = (N,N,R_4)$ mit $(a,b)\in R_4 :\longleftrightarrow$ a ist um 20 Phon lauter als b

(5) $r_5 = (N,N,R_5)$ mit $(a,b)\in R_6 :\longleftrightarrow$ a hat dieselbe Phonzahl wie b

(6) $R_6 \subseteq N$ mit $a\in R_6 :\longleftrightarrow$ a hat eine Phonzahl, so daß a aus 10 Meter Entfernung zu hören ist .

Genügt es nun auch hier, nur $N_{/r_1}$ zu betrachten, um Aussagen über Höhe und Lautstärke der Töne aus N zu machen? Wohl kaum, denn in $N_{/r_1}$ werden z.B. die Töne a und a' identifiziert, somit hat in $N_{/r_1}$ die Relation r_4 keine Aussagekraft mehr. Die Eigenschaft (K), die r_1 bzgl. r_2 und r_3 noch hatte, hat sie nun bzgl. r_4 nicht mehr.

Beisp.: Sei $c\in N$ von der Höhe H, von einem Klavier mit mit 10 Phon gespielt. Es ist nun $(a,c)\in R_1$ und $(a',a)\in R_4$, dann aber folgt nicht: $(a',c)\in R_4$, da a' um 40 Phon lauter ist als c.

Diese Überlegungen führen uns zu folgender

Def 1: Sei $\mathfrak{A} = \langle A,(r_i)_{i\in\{1,2,\dots,n\}}\rangle$ ein Relationensystem vom Grad $\langle k_1,k_2,\dots,k_n\rangle$. Eine Äquivalenzrelation $KR = (A,A,R)$ heißt Kongruenzrelation, wenn sie bzgl. aller r_i die Eigenschaft (K), die Substitutionseigenschaft, hat, d.h. wenn gilt:

Für alle r_i, $i\in\{1,2,\dots,n\}$ und alle $x_1,x_2,\dots,x_{k_i}\in A$ und für $(x_j,x_j')\in KR :\Longrightarrow (((x_1,x_2,\dots,x_{k_i})\in R_i) \Longrightarrow ((x_1,\dots,x_j',\dots,x_{k_i})\in R_i))$.

Speziell für ein $\mathfrak{A} = \langle A,(r_i)_{i\in\{1,2,\dots,n\}}\rangle$ vom Grad $\langle 2,\dots,2\rangle$ erhalten wir: $KR\subseteq A\times A$ heißt Kongruenzrelation: Für alle $r_i, i\in\{1,2,\dots,n\}$ und alle $x_1,x_2\in A$ und für $(x_1,x_1')\in KR$ folgt bzgl. $(x_2,x_2')\in KR$:

$(((x_1,x_2)\in R_i) \Longrightarrow ((x_1',x_2)\in R_i$ bzw. $(x_1,x_2')\in R_i))$.

Somit unterscheidet sich die Kongruenzrelation von der Äquivalenzrelation durch:

(1) Eine Äquivalenzrelation ist lediglich auf einer

Menge definiert, dagegen ist die Kongruenzrelation auf ein Relationensystem bezogen, d.h. auf eine Menge mit Relationen.

(2) Eine Kongruenzrelation besitzt bzgl. der Relationen des Relationensystems die Substitutionseigenschaft, bei Äquivalenzrelationen gilt dies nicht. (Man beachte jedoch: Kongruenzrelationen sind spezielle Äquivalenzrelationen).

Aufgabe:

w Wie sieht im obigen Beisp. bei der zweiten Aufgabenstellung eine geeignete Kongruenzrelation aus?

Ist nun $\mathfrak{A} = \langle A, (r_i)_{i \in \{1,2,\ldots,n\}} \rangle$ gegeben, und sei KR eine Kongruenzrelation auf $\mathfrak{A}$, dann können wir, da ja KR insbesondere eine Äquivalenzrelation ist, die Äquivalenzklassen bilden. Auf dieser Menge $\mathfrak{A}/_{KR}$ definieren wir nun die 'induzierten' Relationen $\hat{r}_i$:

$$([\bar{x}_1], [\bar{x}_2], \ldots, [\bar{x}_{k_i}]) \in \hat{R}_i :\leftrightarrow (x_1, x_2, \ldots, x_{k_i}) \in R_i \ .$$

Damit erhalten wir das sog. Quotientensystem:

$$\mathfrak{A}^* = \langle \mathfrak{A}/_{KR}, (\hat{r}_i)_{i \in \{1,2,\ldots,n\}} \rangle \ .$$

Dieses Quotientensystem erlaubt es uns nun, Beziehungen zwischen Elementen von A, beschrieben durch $(r_i)_{i \in \{1,2,\ldots,n\}}$, in einfacher Weise zu untersuchen, da $\mathfrak{A}/_{KR}$ i.A. weniger Elemente enthält als A. Die Relationen r_i jedoch werden durch den Übergang zu $\hat{r}_i$ nicht verfälscht, da ja KR Kongruenzrelation ist, also die Substitutionseigenschaft besitzt. Die Untersuchung von $\mathfrak{A}$ ist also auf die von $\mathfrak{A}^*$ reduziert.

Betrachten wir nochmals unser Beispiel in der zweiten Aufgabenstellung:

Eine geeignete Kongruenzrelation hat hier z.B. die Form: $KR \subseteq N \times N$, $(a,b) \in KR :\leftrightarrow$ a hat dieselbe Höhe wie b und a hat dieselbe Phonzahl wie b .

Die Kongruenzklassen haben dann die Form:

$([a] \in \langle\cdot\rangle/_{KR}) \leftrightarrow ([a] = \{ b /$ b hat dieselbe Höhe und Phonzahl wie a unabhängig von der Klangfarbe$\}$.

So wäre etwa $d \in N$ mit der Höhe H, gespielt von einer Geige mit 50 Phon in derselben Kongruenzklasse wie a'.

Unser Vorgehen wird nun sein:

Aus jeder Kongruenzklasse von $\langle\cdot\rangle/_{KR}$ wählen wir einen Ton aus (z.B. jedesmal den von einer Geige gespielten) und nennen diese Menge $N' := \{a / a \in N$ und aus jedem Element von $\langle\cdot\rangle/_{KR}$ sei genau ein a vertreten$\}$.

Auf dieser Menge N' betrachten wir die Spurrelation $\tilde{r}_1, \tilde{r}_2, \ldots, \tilde{r}_6$ und untersuchen $\langle N', \tilde{r}_1, \tilde{r}_2, \ldots, \tilde{r}_6\rangle$. Dieses System ist gegenüber $\langle N, r_1, r_2, \ldots, r_6\rangle$ bedeutend vereinfacht. Jedes Ergebnis über ein $x \in N'$ gilt dann ebenso für die ganze Kongruenzklasse, aus der x ein Element ist.

Formulieren wir die letzten Überlegungen mathematisch:

Def. 2: Sei M eine Menge, r eine Äquivalenzrelation auf M; eine Menge N heißt Repräsentantensystem bzgl. $M/_r$, wenn gilt:

(1) $N \subseteq M$,

(2) $\bigwedge_{[x] \in M/_r} \bigvee_{y \in [x]} y \in N$,

(3) $((\left[x\right] \in M/_r) \wedge (y, z \in [x]) \wedge (y, z \in N)) \rightarrow (y = z)$.

Def. 3: Sei $\mathfrak{A} = \langle A, (r_i)_{i \in \{1, 2, \ldots, n\}}\rangle$ Relationensystem, KR sei eine Kongruenzrelation auf $\mathfrak{A}$. Das Relationensystem $\tilde{\mathfrak{A}} = \langle A, (r_i)_{i \in \{1, 2, \ldots, n\}}\rangle$ heißt reduziertes System von $\mathfrak{A}$, wenn gilt:

(1) A ist Repräsentantensystem von $\mathfrak{A}/_{KR}$,

(2) $\bigwedge_{i \in \{1, 2, \ldots, n\}} r_i$ ist Spurrelation von r_i bzgl. A .

Zusammenfassend kann somit gesagt werden: Die Untersuchung eines Relationensystems $\mathfrak{A}$ kann reduziert werden auf die Untersuchung von $\tilde{\mathfrak{A}}$, wobei alle Erkenntnisse über ein $x \in \tilde{\mathfrak{A}}$ übertragen werden können auf alle $y \in [x]$ mit $[x] \in \mathfrak{A}/_{KR}$. Denn die Kongruenzrelation KR ist gerade so beschaffen, daß bzgl. der Relation r_i alle $y \in [x]$ gleichartig sind.

So wie im vorigen Abschnitt die Zusammenhänge zwischen Äquivalenzrelationen und Abb. untersucht wurden, werden wir in (6.) die Zusammenhänge von Kongruenzrelationen und speziellen Abb. klären.

Hier aber zunächst ein mathematisches Beisp. für eine Kongruenzrelation:

Sei $\mathbb{R}$ die Menge der reellen Zahlen, $\mathcal{R} := \langle \mathbb{R}, r_1 \rangle$ ein Relationensystem mit $(a,b) \in R_1 :\Longleftrightarrow a^2 < b^2$ für $a,b \in \mathbb{R}$. Dann ist die Relation $s = (\mathbb{R}, \mathbb{R}, S)$ mit $(a,b) \in S$:

$$\Longleftrightarrow ((a=b) \vee (a=-b))$$

eine Kongruenzrelation auf $\mathcal{R}$.

Bew.: (1) s ist eine Äquivalenzrelation (Bew. dem Leser),

(2) s besitzt die Substitutionseigenschaft, denn: für beliebige $x,y,x',y' \in \mathbb{R}$ gilt:

$$((x r_1 y) \wedge (x s x') \wedge (y s y')) \longrightarrow (x' r_1 y') ,$$

da

$$((x^2 < y^2) \wedge ((x^2 = x'^2) \vee (x^2 = -x'^2)) \wedge ((y^2 = y'^2) \vee (y^2 = -y'^2))) \Longrightarrow (x'^2 < y'^2)$$

q.e.d.

Die Kongruenzklassen haben hier die Gestalt: $[x] = \{x, -x\}$.

Ein Repräsentantensystem ist z.B. die Menge der positiven reellen Zahlen(oder der negativen reellen Zahlen) mit Null.

(5.3.1) Beispiel: Machtrelation

Als sozialwissenschaftliches Beispiel für eine Kongruenzrelation sei die Dahlsche Machtkonzeption(Robert A. Dahl: The Concept of Power, in: Behavioral Science 2,1957,S.201-215) mit Hilfe des im vorigen Abschnitt Gesagten präzisiert.
S sei die Menge aller sozialen Einheiten (Individuen, Gruppen, Organisationen, Parteien etc.). Auf Grund eines spezifischen theoretischen Vorverständnisses und des gegebenen Erkenntnisinteresses hinsichtlich der Machtbeziehungen zwischen sozialen Einheiten wird eine <u>bestimmte</u> Teilmenge $S_0 \subseteq S$ betrachtet. $S_0 = \{a,b,c,\ldots\}$. Dahl zufolge läßt sich die allgemeine, wenig informative Machtrelation 'a hat Macht über b' mit $a,b \in S_0$ aufspalten in vier spezielle Relationen, die 'zusammen' die Machtrelation ausmachen.

(1) a hat Macht über b, wenn die Machtbasis von a größer ist als die von b, bezeichnet mit a dom_1 b , $a,b \in S_0$. Fragen der Operationalisierung sollen hier nicht erörtert werden. Hier nur soviel: Mindestens müßte dom_1 in Form einer Ordnungsrelation vorliegen,

für die kontrollierbare Zusammensetzung der vier Relationen wäre mindestens eine Intervallskala erforderlich. Ob dies bei der von Dahl vorgeschlagenen Operationalisierung von'Machtbasis' (Ressourcen im weiteren Sinne) erreichbar ist, ist zumindest fraglich(näheres siehe (10.)).

(2) a dom_2 b, wenn die Machtmittel von a effektiver sind als die von b .(Meßproblematik analog zu (1))

(3) a dom_3 b, wenn die Intensität der Machtausübung von a über b größer ist als die von b über a. Als Meßansatz schlägt Dahl hier ein Wahrscheinlichkeitskonzept vor.

(4) a dom_4 b, wenn der Machtspielraum von a, d.h. wenn Umfang und Effektivität von <u>möglichen</u> Gegenmaßnahmen von b relativ zu a, unterhalb einer bestimmten Grenze liegt.

<u>Diskussion:</u>

dom_1 und dom_2 sind mindestens Ordnungsrelationen, dom_3 ist eine Zusammensetzung aus zwei Relationen, die mindestens den Charakter einer Ordnungsrelation haben müssen, dom_4 ist nur dann unproblematisch, wenn für <u>ganz</u> S_0 <u>nur eine</u> Grenze definiert ist, denn nur dann ist durch dom_4 eine vollständige Ordnung definiert.

$\mathcal{S} = \langle S_0, (dom_1, \ldots, dom_4) \rangle$ ist hier das Relationensystem. Wenn $\mathcal{S}$ eine bestimmte Ausprägung hat, nämlich für $dom_1, \ldots, dom_4$, dann gilt:

$$(a\ dom_i\ b) \wedge (b\ dom_i\ a) \text{ für } i = 1,2,3,4 \quad ,$$

und nach Dahlscher Konzeption substituiert die Relation

a Dom b:⟺'a hat genauso viel Macht wie b'

diese vier Relationen. Dom ist Kongruenzrelation. Die Kongruenzklassen lauten:

$$[b] = \{a / a \text{ Dom } b\}.$$

Für die Bundesregierung können - geeignete Operationalisierung vorausgesetzt - folgende Kongruenzklassen existieren:

$[b_1]$ = {Bundeskanzler} (diese Menge ist einelementig, wenn man davon ausgeht, daß er der mächtigste ist),

$[b_2]$ = {Justizminister, Verkehrsminister} ,

$[b_3]$ = {Umweltschutzressort im Innenministerium, dito im Gesundheitsministerium} ,

$[b_4]$= {Abteilungschef im Bundeskanzleramt, Parlamentarischer Staatssekretär im Finanzministerium, dito im Wirtschaftsministerium},

etc.

($[b_1]$,..., $[b_4]$ geben keine Ordnung wieder.)

(5.4.) Ordnungsrelation

Bereits im vorigen Abschnitt wurde die Relevanz von Ordnungsrelationen im Bereich der Sozialwissenschaften sichtbar. Beispiele für Ordnungsrelationen in der Mathematik sind ebenfalls leicht zu finden: Ordnung der reellen Zahlen, Teilbarkeitsrelation auf den ganzen Zahlen etc.. Die Eigenschaften der sozialwissenschaftlich als 'Ordnung' bezeichneten Relationen differieren aber nicht selten in einem Gesichtspunkt von den in der Mathematik üblichen 'Ordnungen':
Während die letzteren stets als reflexiv definiert werden, trifft diese Eigenschaft z.B. auf Präferenzordnungen meist nicht zu. Wir definieren daher:

Def. 1: (unstrenge) Ordnungsrelation

M sei Menge. Eine zweistellige Relation r = (M,M,R) heißt (unstrenge) Ordnungsrelation, wenn gilt:

(1) r ist reflexiv,

(2) r ist antisymmetrisch,

(3) r ist transitiv.

Def. 2: (strenge) Ordnungsrelation

M sei Menge. Eine zweistellige Relation r'= (M,M,R') heißt (strenge) Ordnungsrelation, wenn gilt:

(1) $\bigwedge_{x,y\in M} ((x,y)\in R') \Longrightarrow ((y,x) \notin R')$ (strenge Antisymmetrie),

(2) r' ist transitiv.

Beispiele für die unstrenge Ordnungsrelation sind: '$\leq$' in den Zahlen, Teilbarkeit der ganzen Zahlen, '$\subseteq$' in der Potenzmenge einer Menge, strenge Ordnungsrelationen sind z.B. '<' in den Zahlen, strenge Präferenzordnungen, Hierarchieordnungen.

Def. 3: Eine Menge M mit einer (strengen) unstrengen Ordnungsrelation heißt (streng) unstreng geordnete Menge. Für unstreng geordnete Mengen sagt man häufig einfach geordnete Menge.

Aufgabe:

w Bilden Sie ein Beispiel für eine unstrenge(strenge) Präferenzordnung und beweisen Sie, daß erstere eine Ordnungsrelation ist! Beweisen Sie, daß 'Teiler von' eine Ordnungsrelation ist!

Def. 4: Monotone Abb.

Sei $(M,\leqslant)$ eine (unstreng) geordnete Menge, sei $(N,\precsim)$ eine (unstreng) geordnete Menge, $f\colon M \longrightarrow N$ sei eine Abb..

f heißt isoton, wenn gilt: $(x\leqslant y)\Longrightarrow(f(x)\precsim f(y))$ mit $x,y\in M$ und $f(x)$, $f(y)\in N$.

f heißt antiton, wenn gilt: $(x\leqslant y)\Longrightarrow(f(y)\precsim f(x))$.

f heißt monoton, wenn f iso- oder antiton ist.

Beisp.: Nutzenfunktionen müssen stets isoton sein.

Def. 5: $(M,\precsim)$ sei (unstreng) geordnete Menge. M heißt vollständig geordnet, wenn für alle $x,y\in M$ gilt: $((x\precsim y)\vee(y\precsim x))$.

Def. 6: $(M,\precsim)$ sei(unstreng)geordnete Menge, $N\subseteq M$, $a\in N$.

a heißt größtes Element von N, wenn gilt: $x\precsim a$ für alle $x\in N$, a heißt Maximum von N, wenn gilt: $((z\in N)\wedge(a\precsim z))\Longrightarrow(a = z)$.

Analog werden das kleinste Element und das Minimum von N definiert.

Bemerkung: $a\in N$ heißt maximal, wenn a das größte Element einer vollständig geordneten Teilmenge von N ist; es kann daher durchaus mehrere maximale Elemente in N geben.

Beisp.: Schreibt man den Graphen einer Ordnungsrelation dadurch auf, daß man bei $x\precsim y$ y oberhalb von x aufzeichnet und beide Elemente durch eine Kante verbindet(die Kante fehlt, wenn die Elemente nicht miteinander in Relation stehen, genaueres siehe Kap. Graphentheorie im 2.Teil des Buches), so existieren in

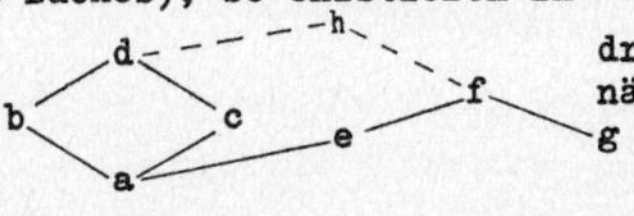

drei Maxima, nämlich d,f,h.

Es kann höchstens ein größtes Element in N existieren.

Existiert genau ein maximales Element, so ist es zugleich das größte.

Existieren dagegen mindestens zwei maximale Elemente, so gibt es kein größtes Element. Bezogen auf das

Beisp.: $d = \max \{a,b,c,d\}$

$h = \max \{h\}$

$f = \max \{a,e,f,s\}$.

Da aber d mit h, bzw. f mit h nicht in Relation stehen, existiert kein größtes Element. Wäre dagegen d mit h und h mit f verbunden (----), so wäre h das größte Element.

<u>Beisp.</u>: In $(\mathbb{R},\leq)$ sei $U:=\{x/0\leq x<1\}:= [0,1)$. U besitzt kein maximales und kein größtes Element, U besitzt aber ein minimales und ein kleinstes Element.

<u>Def. 7</u>: $(M,\precsim)$ sei (unstreng) geordnete Menge, $N\subseteq M$, <u>$s\in M$</u>. s heißt <u>obere Schranke</u> von N, wenn gilt: $x\precsim s$ für alle $x\in N$. Existiert für $N\subseteq M$ eine obere Schranke, so heißt N <u>nach oben beschränkt</u>. s heißt kleinste obere Schranke(<u>Supremum</u>) von N, wenn gilt:

(1) s ist obere Schranke,

(2) ist $t\in M$ obere Schranke von N, so gilt: $s\precsim t$.

Die Begriffe 'untere Schranke','nach unten beschränkt' und 'kleinste untere Schranke'(<u>Infimum</u>) werden analog definiert.

<u>Bemerkungen</u>:

(1) Sei $(M,\precsim)$(unstreng) geordnete Menge, $N\subseteq M$. Existiert ein Supremum s von N und ist dies eindeutig bestimmt, so schreibt man: $s = \sup N$. Ist $N\subseteq M$ beschränkt, besitzt aber kein größtes Element, so ist sup N als 'Ersatz' dafür anzusehen.

(2) Beziehungen zwischen den Definitionen:

```
(a = sup N) ⟶ (a ist obere Schranke von N)
     ⇑                 ↙ falls a∈N
(a ist größtes Element von N) ⟹ (a ist max N)
```

<u>Aufgaben</u>:

w(1) Man betrachte $M:=\{x/x\in\mathbb{R},0\leq x<1\} := [0,1)$, eine Teilmenge von $(\mathbb{R},\leq)$. Besitzt M ein maximales, größtes, minimales, kleinstes Element, Supremum oder Infimum?

w(2) M sei Menge. Betrachten Sie $(\mathfrak{P}(M), \subseteq)$ als Relationensystem! Welcher Typ von Ordnungsrelation liegt bei '$\subseteq$' vor?

w(3) Geben Sie eine Kongruenzrelation auf der Menge der reellen Zahlen an, die keine Äquivalenzrelation ist!

w(4) Geben Sie Repräsentantensysteme für die Quotientenmengen der Beispiele in den Aufg. w(2), w(3) und w(4) S. - 99 - an!

w(5) Beweisen Sie: Jede vollständig geordnete Teilmenge von $\mathcal{P}(M)$ besitzt ein Supremum bzgl. der Teilmengenbeziehung, also in $(\mathcal{P}(M), \subseteq)$. Gilt dies auch für die geordnete Menge $(\mathbb{R}, \leq)$? (Zusatz: M sei endlich)

w(6) M sei Menge. Geben Sie mindestens eine Kongruenzrelation auf M an, die für alle auf M definierbaren Relationen die Substitutionseigenschaft besitzt!

w(7) $\mathbb{R}$ sei die Menge der reellen Zahlen, $\mathcal{R} := \langle \mathbb{R}, r_1 \rangle$ sei ein Relationensystem mit $(a,b) \in R_1 :\Longleftrightarrow (b^2 \leq a^2)$ für $a, b \in \mathbb{R}$.
Zeigen Sie: Die Relation $s = (\mathbb{R}, \mathbb{R}, S)$ mit
$(a,b) \in S :\Longleftrightarrow (|a| = |b|)$ ist Kongruenzrelation auf $\mathcal{R}$.
Welche Gestalt haben die Kongruenzklassen? Geben Sie ein Repräsentantensystem an!

p(8) M sei Menge, $p = (M, M, P)$ mit $apb :\Longleftrightarrow$ 'a wird b vorgezogen(präferiert)' sei eine Präferenzrelation, $a, b \in M$.
Nun sei $M := \{d, s, k\}$ mit d:=Parlamentarische Demokratie, s:=Sozialismus, k:=Kommunismus. In einer Gruppe von drei Personen mögen folgende Präferenzen hinsichtlich ihrer politischen Einstellung gegeben sein:

Person 1: dps und spk
Person 2: spk " kps
Person 3: kpd " dps .

Es sei angenommen, jede Person verhalte sich hinsichtlich ihrer Präferenzen konsistent(d.h. es treten keine Präferenzzyklen auf).
Was läßt sich nun über die Gruppenpräferenz aussagen, sofern das einfache Mehrheitsprinzip angewendet wird?

(a) Kommt sie zustande?
(b) Ist sie konsistent?
(c) Diskutieren Sie die Ergebnisse von (a) und

(b) hinsichtlich der Aussagen:

(c_1) Die sozialen Gruppen und Organisationen müssen sich am Gemeinwohl orientieren,

(c_2) Ziel der Wirtschaftspolitik ist es, die Bedürfnisse aller zugleich zu befriedigen,

(c_3) unter den verschiedenen Stadtsanierungsplänen soll derjenige realisiert werden, über den ein frei gebildeter Konsensus der Betroffenen besteht.

(Literatur: Kenneth J. Arrow: Social Choice and Individual Values, New York: Wiley 1963 (2nd.ed.))

w(9) In einer Befragung soll Käuferverhalten beim PKW-Kauf ermittelt werden. Dazu werden den Befragten vier Kaufmerkmale vorgelegt:

a - Wirtschaftlichkeit,
b - Form und Aussehen,
c - Motorleistung,
d - Geräumigkeit des PKW.

Es wird gefragt:

'Worauf kommt es Ihnen beim PKW-Kauf mehr an, auf a oder b, a oder c,..., c oder d?'

Bei einem bestimmten Befragten ergebe sich folgende Relation:

$$\begin{array}{c} d \\ c \\ b \\ a \end{array} \begin{pmatrix} 0 & 1 & 0 & 0 \\ 1 & 0 & 0 & 1 \\ 0 & 0 & 1 & 0 \\ 0 & 1 & 0 & 1 \end{pmatrix}$$
$$\quad a \;\; b \;\; c \;\; d$$

(a) Ist die zugehörige Präferenzordnung konsistent? Wenn ja: Beweis! Wenn nein: Wieviele Inkonsistenzen liegen vor?

(b) Wie muß der Graph der Präferenzrelation aussehen, wenn die Präferenzen konsistent sind?

(Literatur: Theodor Harder: Werkzeug der Sozialforschung, Bielefeld: Univ.skript 1970. S. 48ff).

(6.) Strukturen

(6.1.) Der Begriff der Struktur

Der Begriff der Struktur hat in der neueren Mathematik eine zentrale Stellung. In diesem (Bourbakischen) Sinne werden wir den Begriff verwenden. 'Struktur' im üblicherweise sozialwissenschaftlichen Sinne werden wir hier als 'System' bezeichnen, wobei die notwendigen Begriffsbestandteile kurz aufgelistet seien:

(1) Es gibt eine Menge von Elementen, die 'Systemelemente'(z.B. Personen, Gruppen, Aktivitäten),

(2) es gibt eine Menge von Regeln, die sich auf die Systemelemente beziehen, sie wird 'Systemsyntax' genannt(z.B. Werte, Normen, Einstellungen),

(3) für jede Teilmenge von Elementen mit Relationen steht auf Grund der syntaktischen Regeln fest, ob sie zum System gehört oder nicht; gehört sie zum System, so heißt sie Systemmuster oder 'Pattern',

(4) System ist die Gesamtheit der aus den Systemelementen und der Syntax erstellbaren Pattern.

(vgl. Klaus Freudenthal: Relationensysteme und umkehrbare Homomorphismen als mathematische Modelle in der Soziologie, Dipl. arb., Berlin 1969, S.I,II)

In der'General Systems Theory' und 'Kybernetik' sind etwas abweichende Systemdefinitionen gebräuchlich, und zwar wird hier System als strukturiertes Relationensystem, d.h. als spezielles Relationensystem definiert.

Unsere Aufgabe wird es zunächst sein, den Begriff der Struktur mit Hilfe von Relationensystemen darzustellen. Sei M eine Menge von Mengen, $R_{m,n} \subseteq m \times n$ für alle $m,n \in M$ sei eine Relation. Die $R_{m,n}$ heißten <u>vom gleichen Typ</u>, wenn es ein Axiomensystem A gibt, so daß alle $R_{m,n}$ A erfüllen.

<u>Beisp.</u>: $M:=\{m/m$ ist Menge von Menschen mit $|m| = 27\}$.

Für jedes m sei eine Relation definiert als:

$R_m \subseteq m \times m$ mit R_m ist reflexiv, symmetrisch, antisymmetrisch und transitiv.

Der vorliegende Relationentyp wird dann <u>Gleichheit</u> genannt.

Ein erster Definitionsansatz für den Begriff 'Struktur'

könnte nun lauten:

Struktur ist eine Menge von Mengen, die alle ein Relationensystem gleichen Typs tragen. Zu dieser vorläufigen Def. einige Beispiele:

(1) Einfache (Grund-)Strukturen (hier hat das Relationensystem nur eine Relation),

(11) darunter jeder axiomatisch festgelegte Relationentyp, darunter von besonderer Wichtigkeit:

(111) Äquivalenzrelationen,

(112) Ordnungsrelationen,

(113) algebraische Relationen,

(12) ebenfalls axiomatisch festgelegt, jedoch nur unter großen, für uns überflüssigen Anstrengungen darstellbar:
Grenzwertprozesse.

(2) Zusammengesetzte (multiple) Strukturen(hier hat das Relationensystem mehrere Relationen), erst hier wird der Begriff des Relationensystems zweckmäßig, darunter

(21) algebraische und Ordnungsrelationen,

(22) algebraische Relationen, Ordnungsrelationen und Grenzwertprozesse,

(23) Boolesche Algebra,

(24) Menge mit Nachfolgerstruktur und Anfangselement(wir bringen dieses Beisp., um zu zeigen, wie relativ 'ausgefallen' derartige Strukturen definiert sein können, außerdem werden wir diese Struktur noch in (7.2.1) und (8.6.) kennenlernen).

Bei multiplen Strukturen erhebt sich sofort die Frage, ob und in welchem Zusammenhang die einzelnen Relationentypen zueinander stehen, es ist dies das Problem der Regeln für Operationsverbindungen(Verträglichkeit), das an einigen Beispielen erläutert werden soll:

(1) Sei B eine BA, es existieren hier zwei Verknüpfungen $\sqcup$ und $\sqcap$. Man wird nun untersuchen müssen, was für $a,b,c,d \in B$ $(a \sqcap b) \sqcup (c \sqcap d)$ und $(a \sqcup b) \sqcap (c \sqcup d)$ bedeuten.

Hier sind die uns bereits bekannten Distributivgesetze anzuwenden:

$(a \sqcap b) \sqcup (c \sqcap d) = (a \sqcup c) \sqcap (b \sqcup d)$

$(a \sqcup b) \sqcap (c \sqcup d) = (a \sqcap c) \sqcup (b \sqcap d)$.

Da diese Gesetze nicht aus dem übrigen Axiomensystem herleitbar sind, müssen sie als Axiom gefordert werden.

(2) Sei M Menge mit Addition, Multiplikation und Ordnung (z.B. die Menge der rationalen Zahlen oder der reellen Zahlen). Dann ist z.B. zu untersuchen:

(21) $(a + b) \cdot c$, $a + (b \cdot c)$

(22) Sei $a \leq b$, ist dann $a + c$ kleiner gleich $b + c$,
$a \cdot c$ " " $b \cdot c$?

Hier sind analog zu (1) Verträglichkeitsgesetze zu beweisen oder axiomatisch zu fordern, z.B.:

zu (21) $(a + b)c = ac + bc$, $a + (bc) = a + bc$,

zu (22) $a + c \leq b + c$, $ac \leq bc$ für $c \geq 0$.

(3) Sei $\mathbb{Z}$ die Menge der ganzen Zahlen, auf $\mathbb{Z}$ sei eine Relation definiert:

$r = (\mathbb{Z}, \mathbb{Z}, R)$ mit $arb :\longleftrightarrow$ 5 teilt $a - b$ (ohne Rest)

<u>Aufgabe</u>:

w Zeigen Sie: (a) r ist Äquivalenzrelation,

(b) Geben Sie die Äquivalenzklassen an!

$\mathbb{Z}/_r$ hat hier die Elemente als Mengen, deren Elemente sich nur um ein Vielfaches von 5 unterscheiden:

$[0] = \{x / x = 5n, n \in \mathbb{Z}\}$,

$[1] = \{x / x = 5n + 1, n \in \mathbb{Z}\}$,

.
.
.

$[4] = \{x / x = 5n + 4, n \in \mathbb{Z}\}$.

Will man auf $\mathbb{Z}/_r$ wiederum wie auf $\mathbb{Z}$ eine Addition definieren, so wird man ausgehen von:

$[x] + [y] := [x + y]$.

Hier entsteht dann ein Verträglichkeitsproblem zwischen der Addition in $\mathbb{Z}$ und der Äquivalenzklassenbildung bzgl. r. Denn die Def. der Addition in $\mathbb{Z}/_r$ ist nur dann zweckmäßig definiert, wenn sie unabhängig vom Repräsentanten der jeweiligen Klasse ist. D.h. sei xrx', yry', dann muß gelten: $[x] + [y] = [x'] + [y']$.
Diese Verträglichkeit ist hier nachzuweisen.

(6.2.) Strukturerhaltende Abbildungen

Zur Untersuchung strukturierter Mengen müssen wir nun spezielle Abbildungen bereitstellen, mit deren Hilfe folgende Probleme angegangen werden können:

(1) Seien M_1, M_2 Mengen mit gleichem Strukturtyp, welche Abb. garatieren dann die Erhaltung der Struktur des Definitionsbereiches im Wertebereich, d.h. transformieren die Struktur des Definitionsbereiches in eine i.A. verkleinerte strukturierte Menge gleichen Typs? (zur Verkleinerung erinnere man sich an Aufg.(3) S.-87-)

(2) Es sei eine Menge M mit Struktur gegeben: Welche Abb. in eine Menge N gibt es, so daß N in derselben Weise wie M strukturiert werden kann?

Betrachten wir zunächst (1) für den einfachen Fall einer Grundstruktur: Hier kann man aus der Fragestellung heraus bereits eine vorläufige Beschreibung einer strukturerhaltenden Abb.(eines Morphismus) geben:

Def. 1: Seien M_1, M_2 gleichartig strukturierte Mengen, bezeichnet mit $(M_1,s_1),(M_2,s_2)$. Wir werden $f\colon M_1 \longrightarrow M_2$ dann einen Morphismus nennen, wenn gilt:

$$\bigwedge_{a_i \in M_1} ((a_1,\dots,a_n) \in S_1) \Longrightarrow ((f(a_1),\dots,f(a_n)) \in S_2)$$

Daraus folgt nun sogleich:

(1) Sei (M,s) strukturierte Menge, dann ist stets id_M Morphismus(dies garantiert, daß die Reproduktion einer strukturierten Menge strukturerhaltend ist).

(2) Seien $(M_1,s_1),(M_2,s_2),(M_3,s_3)$ strukturierte Mengen gleichen Typs, und seien $f_1\colon M_1 \longrightarrow M_2$ und $f_2\colon M_2 \longrightarrow M_3$ Morphismen, dann gilt stets:

$f_2 \circ f_1$ ist Morphismus(dies garantiert, daß die Nacheinanderausführung von strukturerhaltenden Abb. wieder strukturerhaltend ist).

Nun sind wir in der Lage, den Begriff der Struktur zu präzisieren:

Struktur ist eine Menge von Mengen, die ein Relationensystem gleichen Typs tragen, zusammen mit Morphismen(im obigen Sinn). Erläutern wir den Begriff des Morphismus an einigen Beispielen:

(1) Grundstrukturen(siehe S.-114-(11))

zu (111): Seien $(M_1, \pi_1), (M_2, \pi_2)$ Mengen mit Äquivalenzrelationen, dann gelte:

$f: M_1 \longrightarrow M_2$ ist Morphismus:

$$\Longleftrightarrow \bigwedge_{a,b \in M_1} (a \pi b) \Longrightarrow (f(a) \pi f(b))$$

zu (112): Seien $(M_1, \leq), (M_2, \precsim)$ Mengen mit Ordnungsstruktur. Hier bietet sich für die Def. von $f: M_1 \longrightarrow M_2$ als Morphismus zweierlei an:

(1) $\bigwedge_{a,b \in M_1} (a \leq b) \Longrightarrow (f(a) \precsim f(b))$ oder

(2) $\bigwedge_{a,b \in M_1} (a \leq b) \Longrightarrow (f(b) \precsim f(a))$, d.h. in

(1) eine isotone, in (2) eine antitone Abb.. Nach den Anforderungen, die wir jedoch an einen Morphismus auf S.-116- gestellt haben(insbesondere in Folgerung (2)), bleibt für uns jedoch nur die Möglichkeit (1).

zu (113): Seien $(M_1, \top), (M_2, \perp)$ Mengen mit algebraischen Relationen, dann gelte:

$f: M_1 \longrightarrow M_2$ ist Morphismus:

$$\Longleftrightarrow (\bigwedge_{a,b \in M_1} (a \top b = c) \longrightarrow (f(a) \perp f(b) = f(c)))$$

$$\Longleftrightarrow (\bigwedge_{a,b \in M_1} f(a \top b) = f(a) \perp f(b)) \text{ , } c \in M_1 \text{ .}$$

<u>Aufgabe</u>:

w Testen Sie in diesen drei Fällen, ob die Folgerungen (1) und (2) von Seite 116 erfüllt sind!

(2) Multiple Strukturen

Hier werden wir dann von einem Morphismus sprechen, wenn gilt:

<u>Def. 2</u>: $(M_1, (r_i)_{i \in \{1,2,\dots,n\}}), (M_2, (s_i)_{i \in \{1,2,\dots,n\}})$ seien strukturierte Mengen gleichen Typs, dann gilt:

$f: M_1 \longrightarrow M_2$ ist Morphismus: $\longleftrightarrow$ (f ist Morphismus für $(M_1, r_i), (M_2, s_i)$)

Auch hierzu wieder die Beispiele von S.-114-, hier (2):

zu (21): $(M_1,\perp,\leqslant),(M_2,\top,\preccurlyeq)$, f ist Morphismus:

$\Longleftrightarrow$(f ist Morphismus bzgl. algebraischer Operation und bzgl. der Ordnung), d.h.

(1) $\bigwedge_{a,b\in M_1} f(a\perp b) = f(a)\top f(b)$ <u>und</u>

(2) $\bigwedge_{a,b\in M_1} (a\leqslant b)\Longrightarrow(f(a)\preccurlyeq f(b))$.

zu (23): Zur BA siehe (13.3.).

zu (24): Gegeben seien $(M_1,f_1,e_1),(M_2,f_2,e_2)$, als Morphismus werden wir definieren:

$f\colon M_1\longrightarrow M_2$ ist Morphismus:

$\Longleftrightarrow(\bigwedge_{m_1\in M_1} (f(f_1(m_1)))\Longrightarrow(f_2(f(m_2)))$ und$(f(e_1)=e_2))$.

Nachdem wir den Begriff des Morphismus definiert haben, ist noch zu untersuchen, wie weit diese Morphismen die vorgegebene Menge beim Abbildungsprozeß noch verzerren können, d.h. sei $f\colon (M_1,s_1)\longrightarrow(M_2,s_2)$ Morphismus, gehen dann außer der Anzahl der Elemente(wegen verkleinertem Bild) weitere Informationen durch f verloren? Sehen wir uns dazu ein Beisp. an:
$(M_1,\leqslant)$ und $(M_2,\preccurlyeq)$ seien wie im Beisp. auf S.-109-dargestellt:

Hierin ist das höherstehende, mit einer Kante verbundene Element stets das größere(Hasse-Graph).

Sei $g\colon M_1\longrightarrow M_2$ definiert durch:

$g(a) = 1$

$g(b) = g(c) = 2$

$g(d) = g(e) = 3$

$g(f) = 4$.

Man möge nachrechnen, daß g ein Ordnungsmorhismus ist. g aber verzerrt Informationen, denn b steht zwar mit e nicht in Relation, wohl aber gilt: $g(b)\preccurlyeq g(e)$, um nur einen Fall herauszugreifen. Deratige Probleme sind also mit unserer Def. des Morphismus nicht ausgeräumt. Mit den Begriffen aus (5.2.) und (5.3.): g induziert auf M_1 zwar eine Äquivalenzrelation, nämlich $a \pi_g b :\Longleftrightarrow g(a) = g(b)$, doch ist diese Relation nicht immer eine Kongruenzrelation.

Daß wir in der Tat nach Kongruenzrelationen suchen, ist gut motiviert: Bilden wir nämlich bei einer Menge mit Kongruenzrelation die Kongruenzklassen, so geht bis auf die Elementanzahl keine Information verloren, da wir ja die Untersuchung eines Relationensystems $\mathfrak{A}$ auf die des reduzierten Systems $\tilde{\mathfrak{A}}$ zurückführen können.

Sehen wir uns dazu folgendes <u>Beisp.</u> an:

$(M_1, \leq)$ $(M_2, \preceq)$

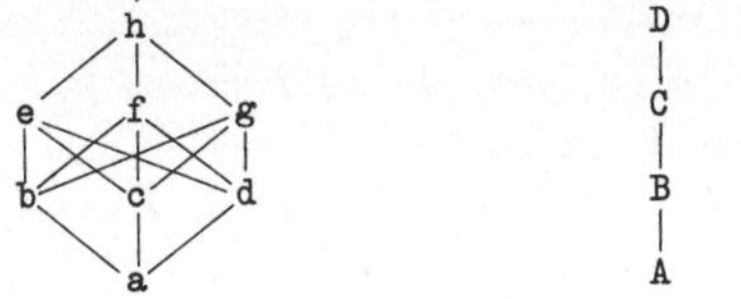

Sei $k\colon M_1 \longrightarrow M_2$ definiert durch:

$k(a) = A$

$k(b) = k(c) = k(d) = B$

$k(e) = k(f) = k(g) = C$

$k(h) = D$.

k ist ein Ordnungsmorphismus und die Struktur von $(M_1, \leq)$ wird bis auf die Elementanzahl in $(M_2, \preceq)$ vollständig wiedergegeben, d.h. π_k ist Kongruenzrelation.

Diese Überlegungen führen uns zur Def. des umkehrbaren Morphismus:

<u>Def. 3</u>: $(M_1, s_1), (M_2, s_2)$ seien gleichartig strukturierte Mengen. $f\colon M_1 \longrightarrow M_2$ heißt <u>umkehrbarer Morphismus</u>:

$$\Longleftrightarrow \bigwedge_{a_i \in M_1} ((a_1, \ldots, a_n) \in S_1) \Longleftrightarrow (f(a_1), \ldots, f(a_n)) \in S_2) \text{ .}$$

Für umkehrbare Morphismen läßt sich beweisen, daß π_f eine Kongruenzrelation ist. Dies ist ein Vorteil algebr. Strukturen.

<u>Aufgabe</u>:

w Beweisen Sie, daß k im obigen Beisp. ein umkehrbarer Morphismus ist!

Betrachten wir nun die zweite Problemstellung von S.-116-.

Ausgehend von einer Menge M ist eine Menge N gleichartig zu strukturieren, und zwar mit Hilfe einer Abb. $f\colon M \longrightarrow N$.

Zunächst dürfte klar sein, daß uns diese Strukturierungsaufgabe i.A. nur auf $f[M] \subset N$, nicht aber auf ganz N gelingen wird, da f im Allgemeinen ein verkleinertes Bild ergibt und somit $N \setminus f[M]$ nicht erreicht, damit auch nicht strukturieren kann. Unter dieser Einschränkung ist es nun einfach, $f[M]$ gleichartig zu M zu strukturieren: Wir verwenden das Konzept des umkehrbaren Morphismus.

Seien $(M_1, s_1), M_2$ und $f: M_1 \longrightarrow M_2$ gegeben, wir definieren dann auf $f[\bar{M}_1]$ eine Struktur s_2 durch:

$\bigwedge_{a,b \in M_1} (f(a) s_2 f(b)) \longleftrightarrow (a s_1 b)$.

Dieser Definitionsversuch hat aber den entscheidenden Nachteil, daß hier $f[M_1]$ nicht überall gleichartig strukturiert zu sein braucht, da i.A. ein $m_2 \in M_2$ mehrere Urbilder aus M_1 haben kann, die alle auf m_2 abgebildet werden. Wir werden daher zweckmäßigerweise nur injektive Abb. f, d.h. auf $f[M_1]$ bijektive Abb. f zulassen. Dann lautet unsere Def.:

<u>Def. 4</u>: Seien (M_1, s_1) strukturierte Menge, M_2 Menge und $f: M_1 \longrightarrow M_2$ injektive Abb.,dann wird auf M_2 eine korrespondierende Struktur s_2 def. durch:

$\bigwedge_{a,b \in M_1} (f(a) s_2 f(b)) :\longleftrightarrow (a s_1 b)$.

Durch diese Def. wird unsere Abb. f zu einem bzgl. s_2 umkehrbaren Morphismus. Hier zeigt sich auch, wie Versuche geeigneter Definitionen in der Mathematik vor sich gehen.

<u>Beispiele:</u>

(1) Gegeben seien die strukturierten Mengen $(\mathbb{R}, \cdot)$ und $(\mathbb{R}, +)$. Die Abbildung 'exp' löst das Problem der Strukturerhaltung:

$$\exp: (\mathbb{R}, \cdot) \longmapsto (\mathbb{R}, +)$$
$$x \longmapsto e^x$$
$$x \cdot y \longmapsto e^{x+y}$$

(2) Gegeben sei die ordnungsstrukturierte Menge $(\mathbb{N}, \leq)$. Gesucht ist eine Abb., die in der Wertemenge der geraden Zahlen die Ordnungsstruktur erhält.

$f: n \longmapsto 2n$, $n \in \mathbb{N}$, leistet dies.

Denn es gilt: Für beliebige $x, y \in \{z/z = 2n, n \in \mathbb{N}\}$ gilt: $(x \leq y) \longleftrightarrow (f^{-1}(x) \leq f^{-1}(y))$, denn $f^{-1}(x) = x/2$ und $f^{-1}(y) = y/2$.

Bisher sind mit dem Strukturkonzept und dem Konzept der

strukturerhaltenden Abbildungen 'gleichartige' Relationstypen präzisiert und Mittel zur Untersuchung von Relationensystemen bereitgestellt worden. Hierbei ist entscheidend, daß Morphismen zwar das strukturtreue, aber i.A. verkleinerte Bild der Ausgangsmenge ergeben, verkleinert deswegen, weil alle nichtinjektiven Abb. den Bildbereich einengen. Damit leistet ein Morphismus immerhin eine Transformation ohne wesentlichen Informationsverlust, d.h.:

> Seien $(M_1,s_1),(M_2,s_2)$ Mengen mit gleichartigem Strukturtyp, und f: $M_1 \longrightarrow M_2$ sei Morphismus, dann ist $(f[M_1],s_2)$ noch mit wesentlichen Informationen aus M_1 versehen.

Degegen jeden Informationsverlust bzgl. der Struktur verhindern die umkehrbaren Morphismen:

> Seien $(M_1,s_1),(M_2,s_2)$ Mengen mit gleichartigem Strukturtyp, f: $M_1 \longrightarrow M_2$ sei umkehrbarer Morphismus, dann ist $(f[M_1],s_2)$ mit allen Informationen bzgl. der Struktur von M_1 versehen.

Nun läßt sich aber die betrachtete Morphismenmenge noch weiter spezifizieren hinsichtlich der Problemstellung, wie man die völlige 'Gleichartigkeit' zweier strukturierter Mengen erreichen kann. Präzisieren wir zunächst die Vorstellung von einer völligen Gleichartigkeit von (M_1,s_1) und (M_2,s_2):

(1) M_1,M_2 haben gleichviele Elemente,

(2) s_1 und s_2 korrespondieren eindeutig, d.h.

zu (1): es gibt eine bijektive Abb. zwischen M_1 und M_2,

zu (2): $\bigwedge_{a,b\in M_1} (as_1b) \Longrightarrow (f(a)s_2f(b))$ und

$\bigwedge_{x,y\in M_2} (xs_2y) \Longrightarrow (f^{-1}(x)s_1f^{-1}(y))$

oder zusammengefaßt:

Es gibt eine bijektive Abb. f: $M_1 \longrightarrow M_2$ mit

$\bigwedge_{a,b\in M_1} (as_1b) \Longleftrightarrow (f(a)s_2f(b))$.

Dies führt uns zu folgender

<u>Def. 5</u>: Seien $(M_1,s_1),(M_2,s_2)$ strukturierte Mengen vom gleichen Typ, sei f: $M_1 \longrightarrow M_2$ bijektiv, f und f^{-1} seien Morphismen. Dann heißt f <u>Isomorphismus</u>, (M_1,s_1) und (M_2,s_2) heißten isomorph strukturierte Mengen.

<u>Warnung</u>: Nicht jeder bijektiver Morphismus ist Isomorphismus,

dies gilt nur bei algebraischen Strukturen.

Bemerkung: Nach dem hier Gesagten dürfte die Def. von Morphismen und Isomorphismen bei multiplen Strukturen klar sein. Sie sei dem Leser überlassen.

Versuchen wir nun noch einmal zu klären, in welchem Zusammenhang Kongruenzrelationen, Abb. und das Problem der Informationsverzerrung stehen. Von S.-119- wissen wir, daß bei umkehrbaren Morphismen π_f Kongruenzrelation ist. Somit liegt es nahe, den Zusammenhang zwischen Kongruenzrelationen, umkehrbaren Morphismen und Informationsverlust zu klären.

Bemerkung: Die Umkehrung des soeben aufgezeigten Sachverhaltes: zu jeder Kongruenzrelation KR existiert ein umkehrbarer Morphismus f, so daß $\pi_f = KR$, gilt nur bei algebraischen Strukturen.

Satz 1: Sei $\mathfrak{A} := \langle A, (r_i)_{i \in \{1,2,\dots,n\}} \rangle$ Relationensystem, und sei $\mathfrak{B} := \langle B, (s_i)_{i \in \{1,2,\dots,n\}} \rangle$ Relationensystem vom gleichen Typ wie $\mathfrak{A}$, sei $f: A \longrightarrow B$ umkehrbarer Morphismus, dann gilt:

$\nu: A \longrightarrow A/_{\pi_f}$, die natürliche Abb., ist umkehrbarer Morphismus(surjektiv).

Satz 2: Seien $\mathfrak{A}$, $\mathfrak{B}$ Relationensysteme vom gleichen Typ, $f: A \longrightarrow B$ umkehrbarer Morphismus, dann gibt es genau einen injektiven, umkehrbaren Morphismus $\bar{f}: A/_{\pi_f} \longrightarrow B$ mit $\bar{f} \circ \nu = f$.

In Diagrammschreibweise:

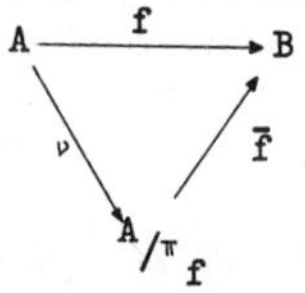

Zusatz: Ist f surjektiv, so ist $\bar{f}$ bijektiv, und da f umkehrbar, ist $\bar{f}$ Isomorphismus.

Satz 3: Sei $\mathfrak{A}$ Relationensystem, $\mathfrak{A}^*$ das Quotientensystem bzgl. einer Kongruenzrelation KR, $\tilde{\mathfrak{A}}$ das reduzierte System bzgl. der Kongruenzrelation KR, dann gilt:

Die Abb. $g: \tilde{\mathfrak{A}} \longrightarrow \mathfrak{A}^* = \mathfrak{A}/_{KR}$ ist Isomorphismus.

$a \longmapsto [a]$, die Relationen werden dabei mit übertragen.

Die ersten beiden Sätze präzisieren, was wir zuvor über die

Erhaltung von Information durch umkehrbare Morphismen gesagt haben:

> Ist ein umkehrbarer Morphismus $f: A \longrightarrow B$ gegeben, so kann anstatt des Quotientensystems $\mathfrak{A}^*$ bzgl. π_f völlig austauschbar $f[A] \subseteq B$ mit den Spurrelationen aus $\mathfrak{B}$ untersucht werden, da beide isomorph sind.

Betrachten wir hier noch einmal das <u>Beisp</u>.von S.-119-:

> Das Quotientensystem lautet hier:
>
> $M_{1/\pi_k} = \{[a],[b],[e],[h]\}$.
>
> Ein Repräsentantensystem aus M_1 wäre z.B.:
>
> $A = \{a,c,f,h\}$. Statt nun M_{1/π_k} auf die Ordnungseigenschaft hin zu untersuchen, kann man ohne Informationsverzerrung auch $k[A] = \{A,B,C,D\}$ untersuchen mit der auf M_2 vorliegenden Ordnungsrelation als Spurrelation, d.h. selbst wenn in M_2 ein weiteres Element D' mit $D \approx D'$ existierte, müßte als Spurrelation nur die Ordnung auf A,B,C,D betrachtet werden.

Satz 3 präzisiert unsere Überlegungen aus (5.3.), daß die Untersuchung von $\mathfrak{A}^*$ und $\tilde{\mathfrak{A}}$ zum selben Ergebnis führen, da auch diese beiden Systeme isomorph sind.

Vergegenwärtigen wir uns noch einmal das Ziel der Betrachtung von Äquivalenzrelationen und Kongruenzrelationen:
Es geht hierbei darum, die Untersuchung einer Menge M mit Relationen r_i, $i \in \{1,2,\dots,n\}$ dadurch zu vereinfachen, daß man zunächst Elemente von M unter vom Untersuchungsziel vorgegebenen Gesichtspunkten identifiziert, um dann die so erhaltene Quotientenmenge studieren zu können.
Die entscheidende Schwierigkeit besteht dabei darin, möglichst die gröbste Kongruenzrelation auf dem Relationensystem zu finden, um das Quotientensystem möglichst klein und überschaubar zu machen. Die feinste Kongruenzrelation, die Gleichheit, erhält das System und bringt somit keine Vereinfachung. Umkehrbare Morphismen liefern uns nun jedoch Kongruenzrelationen, und jeder nicht injektive, umkehrbare Morphismus liefert ein vereinfachtes Quotientensystem. Zur Auffindung geeigneter Kongruenzrelationen stehen somit zwei Strategien zur Verfügung

> (1) Kongruenzrelationen können unmittelbar gewonnen

werden dadurch, daß Äquivalenzrelationen auf die Substitutionseigenschaft hin untersucht werden.

(2) Es sind ein Relationensystem gleichen Typs zu einem vorgegebenen Relationensystem und ein umkehrbarer Morphismus zu finden, da dieser dann eine Kongruenzrelation liefert.

Für beliebige Relationensysteme $\mathfrak{A}$ existiert leider kein Konstruktionsverfahren für die gröbste KR auf $\mathfrak{A}$. Daher werden geeignete Kongruenzrelationen i.A. nur mit bestimmten Kunstgriffen zu finden sein, wofür in (10.) einige Beispiele gegeben werden.

(6.3.) Strukturelle Aspekte des Modellbidlungsprozesses

Die hier entwickelten mathematischen Begriffe und Konzepte zur Formalisierung sozialwissenschaftlicher Probleme sollten zweierlei leisten: Zum Einen sollten sie ein Wekzeug darstellen, mit dessen Hilfe möglichst strukturtreue Bilder sozialer Systeme gewonnen werden können. Diese Bedingung ist stark einschränkend, da bei enger Auslegung des Begriffs 'Struktur' nur Isomorphismen zuzulassen wären. Zum Anderen sollten diese mathematischen Hilfsmittel so allgemein sein, daß möglichst viele Formalisierungsprobleme, auch auf der Ebene einer zunächst unvollständigen Strukturtreue, bearbeitbar werden. In diesem Dilemma haben wir uns angesichts der größeren Anwendungsbreite und der noch nicht sehr weiten Entwicklung von Formalisierungen in den Sozialwissenschaften dazu entschieden, den Begriff des Morphismus zur Grundlage unserer Überlegungen zu machen. Denn umkehrbare Morphismen sind zwar das Ziel der Beschreibung sozialer Systeme, dieses ist bisher jedoch nur in Spezialfällen zu verwirklichen. Da die Menge der umkehrbaren Morphismen eine Teilmenge der Morphismen ist, werden mit genauerer Untersuchung der letzteren in konkreten Forschungen auch die ersten immer mehr Verwendung finden können.

Der Modellbildungsprozeß in den Sozialwissenschaften kann nun formal wie folgt dargestellt werden:

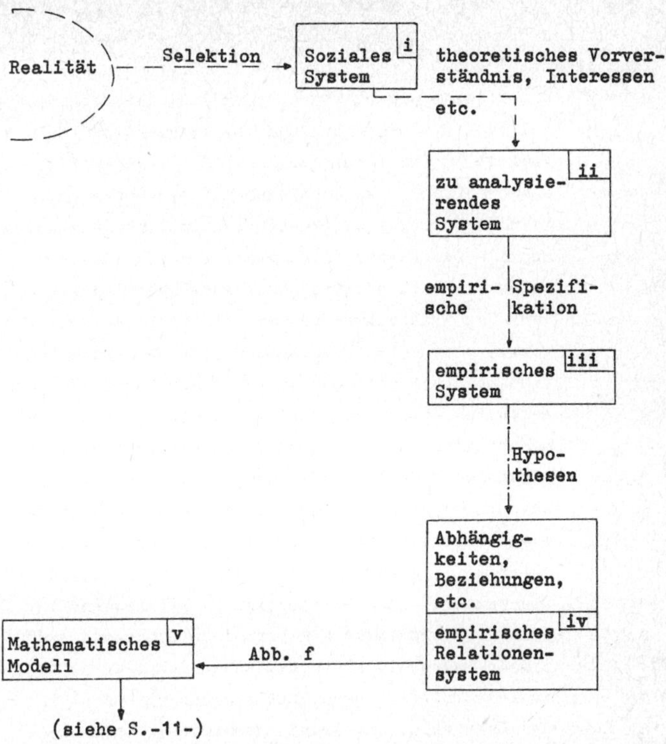

I.A. ist der Modellbildungsprozeß bis zum Übergang von iii nach iv nicht kontrollierbar, d.h. es gibt keine allgemein verbindlichen Kriterien für die hier ablaufenden Selektionsprozesse. Somit kann sich eine wissenschaftstheoretische und methodologische Diskussion nur auf den Schritt von iii nach iv und den von iv nach v konzentrieren. Wir wollen uns hier auf letzteren beschränken. Daneben ist nicht zu vernachlässigen, daß eine allgemeine wissenschaftliche Diskussion meist bei der Güte der Erklärungen und Prognosen ansetzt (siehe S.-11-); sie hat damit Einfluß auf den gesamten Modellbildungsprozeß.

Beschränkt man sich bei der Modellbildung in den Sozialwissenschaften auf das Entdecken von Isomorphismen, d.h. f ist Isomorphismus, so wird von wissenschaftstheoretischer Seite häufig der Vorwurf erhoben, auf diese Weise entständen lediglich triviale Transformationen. Dieser Vorwurf trifft aus zwei Gründen nicht:

(1) Da in jeder empirisch vorgehenden Wissenschaft, die vom Ideal deterministischer Beziehungen zwischen Individuen (bzw. allgemeiner auf der Individualebene) abgeht, Isomorphismen auf der Mengenebene (d.h. auf einzelne Elemente bezogen) nicht existieren (in der Physik denke man z.B. an die Heisenbergsche Unschärferelation), geht das Argument am Kern der Problematik vorbei. Vielmehr muß man sich gerade hier darauf beschränken, Morphismen aufzufinden. Dabei wird man zunächst von Morphismen ausgehen, um sodann durch weitere Untersuchungen zu umkehrbaren Morphismen zu gelangen. In den Sozialwissenschaften ist man bisher kaum über 'einfache' Morphismen hinausgelangt. Nur durch Idealisierungen ('Modellplatonismus') gelangt man hier zu Isomorphismen.

(2) Aus pragmatischen Gründen ist es oft zweckmäßig, einen Isomorphismus von einem sozialwissenschaftlichen System in ein numerisches Relationensystem zu konstruieren. Denn damit werden wir meist in der Lage sein, auf Grund unserer guten Kenntnis numerischer Relationensysteme auch einiges über das sozialwissenschaftliche System auszusagen; stets aber werden Vergleiche, Rechnungen etc. im isomorphen numerischen System einfacher, schneller und leichter kontrollierbar durchzuführen sein.

Diese beiden Gesichtspunkte werden sowohl von den Anhängern der 'Isomorphismus-Richtung' als auch von ihren Kritikern meist nicht gesehen.

Die aufgezeigten Aspekte bedeuten jedoch nicht, daß Isomorphismen theoretisch irrelevant sind. Vielmehr kann im 'Anfangsstadium' der Erkenntnis wissenschaftlicher Bereiche mit ihrer Hilfe u.U. das Mathematisierungspotential getestet werden. Darüberhinaus darf nicht verschwiegen werden, daß der endgültige Verzicht auf umkehrbare Morphismen gleichbedeutend ist mit der Hinnahme verzerrter Realitätsmodellierung.

Abschließend sei kurz der Unterschied zwischen Morphismus und Analogie aufgezeigt, der insbesondere in bestimmten systemtheoretischen Konzeptionen von nicht geringer Bedeutung ist. Zwischen zwei(System-)Modellen(Relationensystemen) existiert ein Morphismus, wenn es eine Abb. zwischen beiden gibt, die die genannten Eigenschaften des Morphismus besitzt.
Eine Analogie ist dagegen ein 'modifizierter Morphismus'. Dies kann zum Einen darin bestehen, daß auf die Rechtseindeutigkeit der Relation verzichtet wird, d.h. es ist nicht ausgeschlossen, daß einem Element aus dem einen Modell mehrere Elemente aus dem anderen zugeordnet werden. Zum Anderen muß die Strukturerhaltung nicht in dem präzisen Sinne wie im Falle des Morphismus vorliegen, und zwar in dreifacher Hinsicht:

(1) Eine Strukturerhaltung liegt nur auf einer Teilmenge vor,

(2) sie liegt nur auf einer Teilmenge der ursprünglichen Relationen vor (i.A. 'wesentliche Relationen' genannt),

(3) der Definitions- oder Wertebereich wird erweitert.

Somit läßt sich zwar genau angeben, wann eine Beziehung zwischen zwei Modellen kein Morphismus mehr ist, aber es existieren keine präzisen Kriterien für das Vorliegen einer Analogie.

<u>Weiterführende Literatur</u>:

Mario Bunge: Analogy, Simulation, Representation
in: General Systems, 15, 1970

Karl Peter Grotemeyer: Der strukturelle Aufbau der Mathematik
Berlin: II.Mathem. Institut 1963

Patrick Suppes: A Comparison of the Meaning and Uses of Models in Mathematics and the Empirical Sciences
in: Hans Freudenthal (ed.): The Concept of the Role of the Model in Mathematics and Natural and Social Sciences
Dordrecht (Holl.): D. Reidel 1961

Die folgenden Fragen sind keine Aufgaben, sie sollen vielmehr den Inhalt dieses Kapitels problematisieren helfen:

(1) Gibt es eine Unterschied zwischen System und Struktur?

(2) Ist das Auffinden von Isomorphismen zwischen Systemen gleichbedeutend mit der Erkenntnis trivialer Identitäten?

(3) Sind Abbildungen und Morphismen wichtig für den Modellbildungsprozeß? Wenn Sie dies bejahen, nennen Sie einige Relevanzgesichtspunkte!

(7.) Zahlen

(7.1.) Zur Quantifizierung von Modellen

Bezeichnet der Begriff Modell jedes formale Bild eines realen Tatbestandes, so schränkt der Begriff System dadurch ein, daß Beziehungen zwischen den untersuchten Objekten in den Vordergrund rücken. Wir haben daher in den bisherigen Kapiteln Grundlagen bereit gestellt, die es ermöglichen sollen, bei der Mathematisierung sozialwissenschaftlicher Ansätze Systeme als Relationensysteme im weitesten Sinne zu formulieren. Dabei wurden die Begriffe Struktur und strukturerhaltende Abb. entwickelt, um Beziehungen zwischen Systemen untersuchen zu können.

Ein zweiter Teil dieses Buches wird nun Grundlagen und Beispiele quantitativer Systeme behandeln, wobei Quantifizierung eine strukturerhaltende Abb. eines Systems in ein numerisches Relationensystem meint, d.h. in ein Relationensystem über einer Menge von Zahlen. Hierzu werden kurz die verschiedenen Zahlbereiche charakterisiert. Im Anschluß daran zeigen Kombinatorik, Skalierung, Wahrscheinlichkeitsrechnung etc. Grundlagen und Beispiele auf. Dabei wird dann deutlich, daß verschiedene Aspekte von Systemen oft ganz unterschiedliche Zahlbereiche zu ihrer Quantifizierung verlangen, um eine strukturerhaltende Quantifizierung zu garantieren.

(7.2.) Die Zahlen

Soeben wurde darauf hingewiesen, daß zur Quantifizierung unterschiedlicher Systemaspekte oder Pattern verschiedene Strukturen notwendig sind: Zum Teil wird das Vorliegen einer Ordnung ausreichend sein, zum Teil werden algebraische Strukturen heranzuziehen sein(z.B. additive oder multiplikative Gleichungen, d.h. $a + x = b$ oder $ax = b$ oder $xx = a$ etc.). Hinzu kommen in (13.) Forderungen nach Grenzwertprozessen, d.h. topologischen Strukturen. Wir werden unter diesen Aspekten die verschiedenen Zahlbereiche kurz charakterisieren.

(7.2.1) Die natürlichen Zahlen ($\mathbb{N}$)

Ziel dieses Abschnittes wird es sein, die natürlichen Zahlen einerseits als Menge darzustellen(so daß hier ein Zahlbereich für vollst. Ordnungen bis zur Abzählbarkeit vorliegt), sie andererseits mit zwei algebraischen Operationen + und · zu versehen, die aber, wie sich zeigen wird, in einem bestimmten Sinn 'unvollständig' sind.

Wir werden hier zur Darstellung der natürlichen Zahlen ein Axiomensystem (Peano) angeben, das bis auf Isomorphie die bekannten natürlichen Zahlen liefert

<u>Def. 1</u>: Ein Tripel $(N,f,0)$ heißt <u>natürliche Zahlen</u> oder $\mathbb{N}$, wenn gilt:

P_0: N ist Menge,

P_1: $f: N \longrightarrow N$ ist injektive Abb., wobei $f(n)$ Nachfolger von n für alle $n \in N$ heißt,

P_2: es gibt $0 \in N$ mit: es existiert kein $m \in N$ mit $f(m) = 0$,

P_3: sei $M \subseteq N$, dann gelte:

$$((0 \in M) \wedge (\bigwedge_{m \in M} f(m) \in M)) \Longrightarrow (M = N) \quad .$$

Zukünftig werden wir etwas lasch $x \in \mathbb{N}$ schreiben für $x \in N$ und $(N,f,0) = \mathbb{N}$. P_0 bis P_3 kennzeichnen 'bis auf' Isomorphie eine Menge mit Nachfolgerstruktur, d.h. zwischen zwei die Peano-Axiome erfüllenden Systeme besteht immmer ein Isomorphismus.

Die Nachfolgerstruktur gibt Anlaß zu einer charakteristischen Beweistechnik, die wir in (8.6.) noch genauer kennenlernen werden, und zu einer natürlichen Ordnung:

<u>Def. 2</u>: Sei $\mathbb{N}$ gegeben, auf $\mathbb{N}$ wird eine Ordnungsstruktur '<' definiert durch:

$$\bigwedge_{x,y \in \mathbb{N}} (x < y) \Longleftrightarrow (\text{es existiert eine natürliche Zahl } n \text{ mit } f_n(x) = y), f_n := \underbrace{f \circ f \circ \ldots \circ f}_{n\text{-mal}}$$

<u>Aufgaben</u>:

w(1) Wie sieht diese Abb. f_n aus?

w(2) Zeigen Sie, daß Def. 2 eine vollständige Ordnung def.!

An dieser Stelle ist der erste bedeutende Aspekt der natürlichen Zahlen bereits klar: Mit $\mathbb{N}$ haben wir eine vollständig geordnete Menge der Mächtigkeit 'abzählbar'.

Der zweite Aspekt, die Rechenmöglichkeiten in $\mathbb{N}$, sei nur kurz aufgezeigt:

(1) Addition: $+: N \times N \longrightarrow N$, $(a,b) \longmapsto a+b$ ist Abb. mit den Eigenschaf-

(11) $(a + b) + c = a + (b + c)$ Assoziativgesetz,

(12) a + b = b + a Kommutativgesetz

(13) Gleichungen des Typs a + x = a sind stets lösbar, d.h. es gibt ein $e \in \mathbb{N}$ mit a + e = a für alle $a \in \mathbb{N}$; das Element e mit dieser Eigenschaft ist eindeutig.

(2) Multiplikation: · : $\mathbb{N} \times \mathbb{N} \longrightarrow \mathbb{N}$, $(a, b) \longmapsto a \cdot b$ ist Abb. mit den Eigenschaften:

(21) Assoziativität,

(22) Kommutativität,

(23) Gleichungen der Art ax = a sind stets lösbar, d.h. es gibt ein Element $e' \in \mathbb{N}$ mit ae' = a für alle $a \in \mathbb{N}$; das Element e' mit dieser Eigenschaft ist eindeutig.

(3) Wir haben darauf verzichtet, + und · mit Rückgriff auf die Struktur von $\mathbb{N}$ = (N,f,0) zu definieren, da dies den Rahmen einer Einführung sprengen würde, vielmehr haben wir hier nur die Eigenschaften von + und · dargestellt. Eine derartige Zurückführung auf (N,f,0) hätte sofort gezeigt, daß das neutrale Element e bzgl. + die Null, das neutrale e' bzgl. · die Eins ist. Wir wollen uns hier auf diesen Hinweis beschränken.
Die Verträglichkeit von + und ·, u.a. auch im Hinblick auf '≤', wird in (8.   ) aufgezeigt, darüberhinaus werden dort die hier nicht aufgeführten Distributivgesetze erörtert.

(4) Die algebraischen Operationen + und · auf $\mathbb{N}$ zeigen eine gewisse Unvollständigkeit:
Nicht jede Gleichung der Form a + x = b (z.B. 5 + x = 3) oder ax = b (z.B. 5x = 3) ist in dieser Zahlenmenge lösbar. Das Interesse an der Lösbarkeit des erstgenannten Gleichungstyps führt zu einer Zahlbereichserweiterung, den ganzen Zahlen.

(7.2.2) Die ganzen Zahlen($\mathbb{Z}$)

Wir wollen hier nicht exakt den ganzen Erweiterungsprozeß beschreiben, vielmehr genüge folgender Hinweis:

Zu den natürlichen Zahlen werden alle 'Inversen' bzgl. + hinzugenommen, wobei als Inverse zu $x \in \mathbb{N}$ definiert wird:

Sei $a + x = b$ Gleichung in $\mathbb{N}$, dann heißt y mit $b + y = a$ Inverse zu x, geschrieben $(-x)$. Damit sind nun alle Gleichungen $a + x = b$ in $\mathbb{N} \cup \{\text{Inversen}\}$ lösbar, und es gilt:

<u>Lemma 1</u>: $x + (-x) = 0$ für alle $x \in \mathbb{N}$.

<u>Bew.</u> :

$$\left.\begin{array}{l|l} : & a + x = b \\ + & b + (-x) = a \end{array}\right\} \Longrightarrow ((a + b) + (b + (-x)) = b + a)$$

$$\Longrightarrow (a + b + x + (-x) = b + a)$$

$$\Longrightarrow ((a + b) + (x + (-x)) = a + b)$$

$$\Longrightarrow (x + (-x) = 0) \qquad \text{/wegen (13)S.-131-}$$

<u>Lemma 2</u>: $-(-x) = x$ für alle $x \in \mathbb{N}$.

Auf $\mathbb{Z}$ haben wir somit:

(1) eine assoziative und kommutative Addition mit den Eigenschaften

(11) Es existiert ein neutrales Element 0 mit $a + 0 = a$ für alle $a \in \mathbb{Z}$,

(12) zu jedem $a \in \mathbb{Z}$ existiert ein $(-a) \in \mathbb{Z}$ mit $a + (-a) = 0$, d.h. es existieren Inversen.

Allgemeiner nennt man eine Menge G mit einer Verknüpfung $+: G \times G \longrightarrow G$ eine <u>Gruppe</u>, wenn gilt:

(1) + ist assoziativ,

(2) es existiert ein neutrales Element e,

(3) es existieren für alle $g \in G$ Inversen,

und kommutative (abelsche) Gruppe, wenn zusätzlich gilt:

(4) + ist kommutativ.

Somit ist $(\mathbb{Z},+)$ eine abelsche Gruppe.

(2) Es existiert eine assoziative und kommutative Multiplikation, definiert durch:

Für alle $a, b \in \mathbb{N}$ gilt:

$ab := ba$.

Für alle $a \in \mathbb{N}$ und $-b \in \mathbb{Z} \setminus \mathbb{N}$ gilt:

$a(-b) := -(ab)$.

Für alle $-a \in \mathbb{Z} \setminus \mathbb{N}$ und $b \in \mathbb{N}$ gilt:

$(-a)b := -(ab)$.

Für alle $-a, -b \in \mathbb{Z} \setminus \mathbb{N}$ gilt:

$(-a)(-b) := ab$.

Weiterhin gilt:

Es existiert ein neutrales Element 1 mit $a1 = a$ für alle $a \in \mathbb{Z}$.

(3) Es existiert eine vollständige Ordnung, definiert durch:

Für alle $a,b \in \mathbb{N}$ gilt:

$a \leq_{\mathbb{Z}} b :\Longleftrightarrow a \leq_{\mathbb{N}} b$.

Für alle $a \in \mathbb{N}$ und $-b \in \mathbb{Z} \setminus \mathbb{N}$ gilt:

$-b \leq_{\mathbb{Z}} 0 \leq_{\mathbb{N}} a$.

Für alle $-a,-b \in \mathbb{Z} \setminus \mathbb{N}$ gilt:

$-a \leq_{\mathbb{Z}} -b :\Longleftrightarrow b \leq_{\mathbb{N}} a$.

Die Verträglichkeit von + und · mit '$\leq_{\mathbb{Z}}$' sowie die Distributivgesetze werden in (8.   ) aufgezeigt.

(4) Nach Vervollständigung von $\mathbb{N}$ bzgl. + bleibt noch die 'Unvollständigkeit' in $\mathbb{N}$ bzgl. · . Wir werden daher jetzt, sofort in $\mathbb{Z}$ ansetzend, auch diese Lücke schließen durch die Einführung der rationalen Zahlen.

(7.2.3) Die rationalen Zahlen($\mathbb{Q}$)

Analog zum Vorgehen im vorigen Abschnitt wird nun $\mathbb{Z}$ zu den rationalen Zahlen bzgl. · erweitert:

Zu den ganzen Zahlen werden alle Inversen bzgl. · hinzugefügt, wobei als Inverse zu $x \in \mathbb{Z}$ definiert wird:
Sei $ax = b$ Gleichung in $\mathbb{Z}$, dann heißt y mit $by = a$ Inverse zu x, geschrieben x^{-1} bzw. a/b (a dividiert durch b). Hierbei identifizieren wir alle p/q und p'/q' ($p,q,p',q' \in \mathbb{Z}$), wenn gilt: $p'q = q'p$.

Damit sind alle Gleichungen $ax = b$ in $\mathbb{Z} \cup \{\text{Inversen}_{(\cdot)}\}$ lösbar, und es gilt:

<u>Lemma 1</u>: $x(x^{-1}) = 1$ für alle $x \in \mathbb{Z}$.

<u>Lemma 2</u>: $(x^{-1})^{-1} = x$ "   " $x \in \mathbb{Z}$.

Beweise dem Leser!

Auf $\mathbb{Q}$ haben wir somit:

(1) eine Addition, definiert durch $p/q + r/s := \frac{ps + rq}{qs}$ mit den 4 Eigenschaften(Assoz., Kommut.,neutrales Element und Inverse),

(2) eine Multiplikation mit den 4 Eigenschaften,

(3) eine Ordnung, definiert durch:

$p/q \leq r/s :\Longleftrightarrow ps \leq qr$.

Die Verträglichkeit von + und · mit '$\leq_Q$' sowie die Beziehungen zwischen + und · werden in (8.) aufgezeigt.

Allgemeiner wird eine Menge K mit zwei Verknüpfungen $+: K \times K \longrightarrow K$ und $\cdot: K \times K \longrightarrow K$ als Körper bezeichnet, wenn sowohl (K,+) als auch $(K \setminus \{0\}, \cdot)$ abelsche Gruppen sind.
Gilt bzgl. der Multiplikation das 3. Gruppengesetz S.-132- nicht, so heißt K ein (kommutativer) Ring (mit 1-Element).
Somit ist (Z,+,·) ein Ring; als weitere Beispiele werden in (11.) insbesondere Folgenringe auftreten.

Mit der Konstruktion der rationalen Zahlen haben wir nun den ersten Teil der Zahlbereichserweiterungen abgeschlossen.
Ein zweiter Teil muß sich jedoch noch mit der Lösbarkeit von Gleichungen der Art xx = a mit $a \in \mathbb{Q}$ sowie mit topologischen Aspekten (z.B. Grenzwertprozessen) beschäftigen.
Dies führt uns zu den reellen Zahlen $\mathbb{R}$ und den komplexen Zahlen $\mathbb{C}$.

(7.2.4) Die reellen Zahlen $\mathbb{R}$ und die komplexen Zahlen $\mathbb{C}$

Wir werden auf die reellen Zahlen in (11.) ausführlicher eingehen und begnügen uns daher hier mit dem, was für die folgenden Kapitel unbedingt notwendig ist.

(0) $\mathbb{R}$ ist ein Körper und vollständig geordnet,

(1) in $\mathbb{R}$ ist jede Gleichung der Art xx = a für $a \in \mathbb{Q}^+$ lösbar, d.h. $\mathbb{Q} \subset \mathbb{R}$,

(2) gegenüber bestimmten Grenzwertprozessen ist $\mathbb{R}$ abgeschlossen, $\mathbb{Q}$ dagegen nicht(genauer in (11.)),

(3) jede reelle Zahl läßt sich als unendlicher Dezimalbruch darstellen.

Die komplexen Zahlen werden uns erst in LuM II interessieren. Sie seien hier nur der Vollständigkeit halber erwähnt. Ihr Charakteristikum besteht darin, daß Gleichungen der Art xx = a für alle $a \in \mathbb{R}$ lösbar sind. $\mathbb{C}$ ist ein Körper und gegenüber Grenzwertprozessen abgeschlossen. Jede komplexe Zahl z läßt sich schreiben als $z := a + bi$ mit $a, b \in \mathbb{R}$ und $i := \sqrt{-1}$. a heißt Realteil, bi Imaginärteil von z.

Aufgaben:

w(1) Geben Sie die Teilmengenbeziehung zwischen den verschiedenen Zahlenmengen an!

w(2) Sind die Addition und die Multiplikation auf $\mathbb{N}$, $\mathbb{Z}$ und $\mathbb{Q}$ algebraische Relationen? (Begründung!)

w(3) Beweisen Sie

$|\mathbb{N}| = |\mathbb{Z}| = |\mathbb{Q}|$, d.h. $\mathbb{N}$, $\mathbb{Z}$ und $\mathbb{Q}$ sind zwar abzählbar unendliche Mengen, gleichwohl aber von gleicher Mächtigkeit.

Der Aufgabenteil $|\mathbb{Z}| = |\mathbb{Q}|$ ist nur für Knobler!

Vergleichen Sie die Ergebnisse mit denen aus Aufg. (1)!

Versuchen Sie unter diesem Aspekt endliche Mengen zu diskutieren, d.h. gibt es bei endlichen Mengen Teilmengen, die zur Obermenge gleichmächtig sind?

(8.) Mathematische Notation und Rechentechnik

Unter dem Aspekt der Quantifizierung formalisierter Modelle wurden in (7.) die verschiedenen Zahlbereiche unter vorwiegend strukturellen Gesichtspunkten diskutiert, d.h. insbesondere algebraischen (Addition, Multiplikation) und Ordnungsstrukturen. Verträglichkeiten zwischen diesen Relationen (d.h. Operationsbeziehungen) wurden jedoch nur aufgelistet, nicht dagegen in Regeln für eine einfache rechnerische Behandlung umgesetzt. Ebenso wurden vereinfachende Rechengesetze für einzelne Operationen nicht dargelegt. Für die Lösung bestimmter Probleme (z.B. Berechnungen von Folgen und Reihen, siehe (11.),und Funktionen, siehe (12.)) sind aber bestimmte Rechentechniken vorteilhaft. Das vorliegende Kapitel legt daher das Hauptgewicht auf die Darstellung von Rechenmethoden für Zahlen und führt dabei zugleich in die mathematische Notation ein. Es diskutiert also keine neuen Begriffe der Modellkonstruktion. Trotzdem erscheint dieses Kapitel erforderlich, weil der Leser in den folgenden Kapiteln auf das Umgehen mit den hier aufgeführten Rechenregeln angewiesen ist. Diese mehr pragmatische Motivation macht es auch erklärlich, daß bei der Darstellung der Rechenmethoden in diesem Kapitel keine große Bedeutung darauf gelegt wurde, die verwendeten Regeln aus den Überlegungen des Kapitels (7.) herzuleiten.

Nach einer Darstellung der Regeln für den Umgang mit mehrfachen Summen und Produkten und Kombinationen aus beiden wird der Zusammenhang von Addition, Multiplikation und Ordnung beleuchtet. Dem Rechnen mit 'Beträgen'(die u.a. bei Abschätzungen in der Analysis relevant sind) folgt ein wichtiges Beweisprinzip für Aussagen über natürliche Zahlen, das in (7.) schon angedeutet wurde, die 'vollständige Induktion'.

(8.1.) Das Summenzeichen

Eine mögliche Schreibweise zur Darstellung von Mengen besteht darin, die Elemente der Menge aufzuzählen, wobei jedes Element nur einmal vorkommt, und die Reihenfolge beliebig ist. Zur Systematisierung der Addition und Multiplikation von mehreren Zahlen, wobei zwei gleiche Zahlen vorkommen dürfen, und eine bestimmte Reihenfolge eingehalten werden soll, muß diese Darstellungsweise etwas erweitert werden:

Def. 1: Es seien $n, n' \in \mathbb{N}$, $n \leq n'$, X' sei Menge. Eine Abb. $x: \{n, n+1, \dots, n'\} \longrightarrow X'$ heißt Indizierungsabbildung, die Menge $x[N]$ mit $N := \{n, n+1, \dots, n'\}$ heißt indizierte Menge, $x[N]$ wird auch $X := \{x_n, x_{n+1}, \dots, x_{n'}\}$ geschrieben oder $X := \{x_i / x_i \in X'$ und $i \in \{n, n+1, \dots, n'\}\}$.
x_i wird häufig etwas ungenau 'Variablenausprägung' der Variablen X genannt.

Wir werden im Folgenden indizierte Mengen betrachten, deren Elemente reelle Zahlen sind.

Beachte: In X kann gelten:

$x_i = x_j$ für $i, j \in N$ und $i \neq j$.

Weiterhin sind durch die natürliche Ordnung in $N \subseteq \mathbb{N}$ die Elemente von X durch den Indizierungsvorgang in eine Reihenfolge gebracht.

Will man nun n Zahlen addieren, so schreibt man zur Vereinfachung:

$$x_1 + x_2 + \dots + x_n := \sum_{i=1}^{n} x_i$$

Hierbei heißt 1 untere und n obere Summationsgrenze. Sind untere und obere Summationsgrenzen von vornherein klar, so schreibt man häufig nur $\sum_i x_i$. Sind die x_i aus $\mathbb{Z}$, so genügt eventuell folgende Notation:

$$\sum_{j=r}^{s} j \qquad \text{Beisp.: } -2 + (-1) + 0 + 1 + 2 = 0 = \sum_{j=-2}^{2} j$$

Der laufende Index j kann auch als Exponent auftreten:

Beisp.: $\sum_{j=0}^{2} 2^j = 2^0 + 2^1 + 2^2 = 7$.

Alternieren die Vorzeichen der einzelnen Summenglieder, z.B. $-1 + 2 - 3 + 4 \dots \pm \dots$, so läßt sich dies in folgender Summenformel schreiben:

$$-1 + 2 - 3 + 4 \dots \pm \dots = \sum_{i=1}^{n} (-1)^i i \quad .$$

Die untere Summationsgrenze muß nicht stets 1 sein, wie wir bereits gesehen haben.

Allgemein gilt:

$$[8.1] \quad x_r + x_{r+1} + x_{r+2} + \dots + x_{r+s} := \sum_{i=r}^{r+s} x_i \quad .$$

Aufgabe:

w Nehmen Sie einen Würfel, würfeln Sie zehn mal, notieren Sie bei jedem Wurf die Augenzahl x_i und bilden Sie

$\frac{1}{10}\sum_{i=1}^{10} x_i := \bar{x}$ (arithmetisches Mittel). Bilden Sie

$\bar{x} - \frac{1}{6}\sum_{j=1}^{6} j$ und interpretieren Sie diese Differenz!

Gilt für alle Variablenausprägungen x_i, daß $x_i = c$ für $i = r, r+1, \ldots, r+s$, so wird aus [8.1]

$$[8.2] \quad \sum_{i=r}^{r+s} c = (r + s - r + 1)c = (s + 1)c$$

Hinweis: Bildet man $\sum_{i=0}^{n-1} x_i$ mit $x_i := x_0 + i \cdot d$ $(d \in \mathbb{R})$, so gelangt man zur 'arithmetischen Reihe'. Bildet man $\sum_{i=0}^{n-1} x_i$ mit $x_i := x_0 q^i$ $(q \in \mathbb{R})$, so gelangt man zur 'geometrischen Reihe'. Auf beide werden wir noch ausführlicher zu sprechen kommen.

Aufgabe:

w Man bestimme der Wert von $\sum_{i=-4}^{4} x$!

Statt die Summationsgrenzen durch die Indizes festzulegen, gibt man häufig auch Eigenschaften an, durch die die Grenzen bestimmt werden, z.B.:

$\sum_{x_i \le x_0} x_i$ an Stelle von $\sum_j x_j$ und expliziter Angabe der Grenzen für j.

Beisp.: $i \in \mathbb{N}$, $\sum_{i \le 4} i = \sum_{i=0}^{4} i = 10$.

Aufgabe: w Wie vereinfacht sich [8.2] bei $r = 1$ und $r+s = n$?

(8.1.1) Regeln für das Rechnen mit Summenzeichen

$$[8.3] \quad \sum_{i=r}^{s} x_i = \sum_{j=m}^{n} x_j \text{ für } x_i = x_{r+k} = x_{m+k} = x_j$$

für alle $i \in \{r, r+1, \ldots, s\}$, $k \in \{0, 1, \ldots, s-r\}$.

Somit hängt die Summenbildung nur von den Summations<u>grenzen</u> ab.

$$[8.4] \quad \sum_{i=r}^{s} x_i = \sum_{i=r}^{k} x_i + \sum_{i'=k+1}^{s} x_{i'}, \text{ mit } r \le k \le s .$$

Eine Summe kann also in Teilsummen zerlegt werden ohne Einfluß auf das Summationsergebnis.

$$[8.5] \quad \sum_{i=r}^{s} (x_i + y_i) = \sum_{i=r}^{s} x_i + \sum_{i=r}^{s} y_i \quad .$$

Somit können zwei Teilsummen mit gleichen Summationsgrenzen zu einer Summe zusammengefaßt werden, auch wenn jede Teilsumme über zwei verschiedene Variablen summiert. Umgekehrt kann eine Summe aus zwei Variablen in zwei Summen je einer Variablen aufgespalten werden.

[8.6] $$\sum_{i=r}^{s} ax_i = a\sum_{i=r}^{s} x_i \qquad (a\in\mathbb{R})$$

Eine Konstante kann also vor das Summenzeichen gezogen werden.

Hinweis: Dasselbe gilt für jede Variable hinter dem Summenzeichen, die unabhängig vom Summationsindex ist.

Beisp.: $\sum_{i} x_i y_j = y_j \sum_{i} x_i$

[8.7] $$\sum_{i=r}^{s} x_i = \sum_{i=r}^{s} x_{r+s-i}$$

Diese Regel heißt Umkehrregel.

Aufgabe:

w Beweisen Sie diese Regel! (Hinweis: Die Reihenfolge der Summanden ist beliebig; speziell gilt: Die Summe bleibt gleich unabhängig davon, ob man vom ersten zum letzten oder vom letzten zum ersten Summanden addiert.)

[8.8] $$\sum_{i=r}^{s} x_i = \sum_{i=r+t}^{s+t} x_{i-t}$$

Wird also eine Konstante zu den Summationsgrenzen addiert und zugleich vom Variablenindex subtrahiert, so bleibt die Summe gleich.

Alle aufgeführten Regeln und Schreibweisen können selbstverständlich auch kombiniert werden.

Einige ausführliche Beisp.:

(1) Bestimmung des Wertes der Summe der arithmetischen Reihe:

Die Formel für die arithmetische Reihe wurde bereits erwähnt:

$$S_a := \sum_{i=0}^{n-1} (x_0 + i\cdot d) \qquad \text{mit } d\in\mathbb{R}$$

Bezeichnen wir das Ergebnis der 2. w-Aufg. auf S. -138- mit [8.2']. Mit [8.2'] und [8.5], [8.6] folgt:

$$S_a = nx_0 + d\sum_{i=0}^{n-1} i \quad .$$

Mit [8.8] entsteht:

$$S_a = nx_0 + d\sum_{i=1}^{n}(i-1) \quad .$$

Regel [8.2] mit [8.5] liefert:

$$S_a = n(x_0 - 1) + d\sum_{i=1}^{n} i$$

=====================

Speziell für $x_0 = 1$ und $d = 1$ folgt:

$$S_a = \sum_{i=1}^{n} i = \frac{1}{2}(n)(n+1) \quad .$$

Diese Gleichung für die Summe der ersten n natürlichen Zahlen kann mit Hilfe von [8.7] bewiesen werden: Denn

$$2\sum_{i=1}^{n} i = \sum_{i=1}^{n} i + \sum_{i=1}^{n}(1+n-i) = (1+n)+(2+n-1)+\ldots+(n+1) = n(n+1)$$

$$\left(2\sum_{i=1}^{n} i = n(n+1)\right) \longrightarrow \left(\sum_{i=1}^{n} i = \frac{1}{2}n(n+1)\right) \qquad \text{q.e.d.}$$

Aufgabe:

w Zeigen Sie, daß gilt: $S_a = \frac{1}{2}(x_0 + x_n)(n+1)$ für x_0 beliebiges erstes und x_n beliebiges $(n + 1)$ -tes Glied .

(2) Bestimmung des Summenwertes der geometrischen Reihe:

Aus dem Hinweis zu [8.2] kennen wir die Formel der geometrischen Reihe bereits:

$$S_g := \sum_{i=0}^{n-1} x_0 q^i \qquad \text{mit } q \in \mathbb{R} \ .$$

Mit [8.8] gilt:

$$S_g = \sum_{i=1}^{n} x_0 q^{i-1}$$

Wendet man [8.6] auf x_0 und q^{-1} an, so entsteht:

$$S_g = \frac{x_0}{q}\sum_{i=1}^{n} q^i \quad \text{oder} \quad qS_g = x_0\sum_{i=1}^{n} q^i \qquad .$$

Subtrahiert man hiervon S_g, so läßt sich der Ausdruck leicht vereinfachen:

$$qS_g - S_g = x_0\left((q^1 - q^0)+(q^2-q^1)+\ldots+(q^n - q^{n-1})\right) = $$
$$= x_0(q^n - 1)$$

Somit durch Ausklammern von q-1 auf der linken

Seite der Gleichung:

$$S_g = \frac{q^n - 1}{q-1} x_0$$

===========

<u>Bemerkung</u>: Mit einer leichten Umformung ist es möglich, schnell den Wert der Summe

$$S := \sum_{i=1}^{n} i^t$$ für beliebige $t \in \mathbb{N}$ zu ermitteln:

Ausgehend von $S_1 := \sum_{i=1}^{n} (1+i)^{t+1}$ wird $(1+i)^{t+1}$ nach

dem Binomialtheorem (siehe (9.   )) aufgelöst. Die nach [8.5] entstehenden Teilsummen werden so geordnet, daß sich eine Gleichung der Form

$\sum_{i=1}^{n} i^t = \ldots.$ ergibt, d.h. daß sich die Gleichung nach

$\sum_{i=1}^{n} i^t$ auflösen läßt.

<u>Aufgaben</u>:

p(1) (einfachstes Diffusionsmodell)

Ein Gerücht(eine Innovation, eine Epidemie etc.) erfasse im Zeitpunkt $t = 0$ eine Anzahl A_0 von Individuen. In jedem weiteren Zeitintervall t sei die Anzahl der vom Gerücht erfaßten Individuen $A_t := A_{t-1} + pA_{t-1}$ mit $0 \leq p \leq 1$. p läßt sich als Verbreitungswahrscheinlichkeit interpretieren. Zeigen Sie, daß bei gegebenem A_0 und p die Anzahl der vom Gerücht erfaßten Individuen zu jedem Zeitpunkt t mittels einer geometrischen Reihe berechnet werden kann!

p(2) $\frac{1}{n}\sum_{i=1}^{n} x_i := \bar{x}$ heißt 'arithmetisches Mittel' der x_i.

Zeigen Sie: $\frac{1}{n}\sum_{i=1}^{n}(x_i - \bar{x}) = 0$!

In der mathematischen Statistik nennt man derartige Mittelwerte 'Erwartungswerte' und schreibt für den vorliegenden Fall $E(X) := \bar{x}$, X ist Zufallsvariable. X hat im diskreten Fall die Ausprägungen x_i , $i = 1,2,\ldots,n$. Die Def. des Erwartungswertes lautet hier:

$E(X) := \sum_{i=1}^{n} x_i \mathrm{Prob}(X=x_i)$ mit $\mathrm{Prob}(X=x_i)$ ist die Wahrscheinlichkeit, mit der die Zufallsvariable X die Ausprägung x_i annimmt.

(Genaueres siehe (13.   )).

Zeigen Sie, daß das arithmetische Mittel ein Spezialfall des Erwartungswertes E(X) ist!

w(3) Bestimmen Sie den Wert der Summe $\sum_{i=-2}^{3}(-1)^i \frac{(1+j)i}{i+1}$!

p(4) Die Wahrscheinlichkeit, daß ein Individuum auf einen Reiz positiv reagiert, sei p. Trifft der Reiz n-mal auf das Individuum, so sagt man, es 'lerne', wenn $p_{i+1} - p_i > 0$ (der Spezialfall, daß Lernen durch verminderte Reaktionswahrscheinlichkeit von i nach i+1 ausgezeichnet ist, sei hier vernachlässigt). Hierin ist i = 1,2,...,n der i-te Reizeinfluß. Als Maßzahl für den Lernerfolg setzen wir

$$b := \frac{p_{i+1}}{p_i} \quad \text{mit } p_1 > 0 .$$

p_1 sei bekannt, ebenso das über alle i konstante b. Geben Sie eine allgemeine Bestimmungsgleichung für p_n an! Charakterisieren Sie den Lernverlauf für den hier betrachteten Fall und für den (in Klammern beschriebenen) Spezialfall!

(8.1.2) Doppelsummen

Man betrachte das Produkt $(x_1 + x_2)(y_1 + y_2 + y_3)$. Dieses Produkt läßt sich auch wie folgt schreiben: $x_1(y_1 + y_2 + y_3) + x_2(y_1 + y_2 + y_3)$. Klammert man dies aus, so erkennt man leicht:

$$\left(\sum_{i=1}^{2} x_i\right)\left(\sum_{j=1}^{3} y_j\right) = \sum_{i=1}^{2}\left(\sum_{j=1}^{3} x_i y_j\right) .$$

Beim Auftreten mehrerer Summenzeichen in einer Gleichung ist es üblich, Klammern dann wegzulassen, wenn zunächst das am weitesten rechts stehende Summenzeichen auszurechnen ist, dann das nächste links davon etc., also allgemein:

$$[8.9] \quad \left(\sum_{i=r}^{s} x_i\right)\left(\sum_{j=k}^{l} y_j\right) = \sum_{i=r}^{s}\sum_{j=k}^{l} x_i y_j$$

$$[8.10] \quad \sum_{i=r}^{s}\sum_{j=k}^{l} x_i y_j = \sum_{j=k}^{l}\sum_{i=r}^{s} x_i y_j = \sum_{i=r}^{s}\sum_{j=k}^{l} y_j x_i$$

Ist es für bestimmte Zwecke, z.B. das Rechnen mit Matrizen,

notwendig, die Elemente einer Menge nicht nur in einer Dimension anzuordnen, also einmal zu indizieren, sondern in mehreren (bei Matrizen z.B. in einer Ebene, also in zwei Dimensionen), so sind mehrfach indizierte Mengen zu definieren:

Def.1: $n_1, n_1', n_2, n_2', \ldots, n_m, n_m'$ seien Elemente aus $\mathbb{N}$, für die jeweils gelte: $n_i \leq n_i'$ für $i = 1,2,\ldots,m$, X' sei eine Menge. Die Mengen $\{k/k \in \mathbb{N}$ und $n_i \leq k \leq n_i'\}$ seien für $i = 1,2,\ldots,m$ mit N_i bezeichnet, n_i ist der niedrigste, n_i' der höchste Index der i-ten Stelle.
Eine Abb.

$$x: N_1 \times N_2 \times \ldots \times N_m \longrightarrow X'$$

heißt (mehrfache) Indizierungsabbildung; die Menge

$$x[N_1 \times N_2 \times \ldots \times N_m] \subseteq X'$$ heißt (mehrfach) indizierte Menge und wird auch

$$X = \{x_{n_1 n_2 \ldots n_m}, x_{n_1 n_2 \ldots n_{m+1}}, \ldots, x_{n_1' n_2' \ldots n_m'}\}$$

(Erläuterung: Zwischen n_m und n_m' liegen bestimmte Indizes, nämlich $n_{m+1}, n_{m+2}, \ldots, n_m'-1$, analog für die anderen Indizes)

oder $X = \{x_{i_1 i_2 \ldots i_m} / i_j \in N_j, x_{i_1 i_2 \ldots i_m} \in X'\}$ geschrieben.

Für zweifach indizierte 'Variablenausprägungen' gilt analog zu [8.10] :(Wir setzen im Folgenden stets $X' \subseteq \mathbb{R}$)

$$[8.11] \quad \sum_{i=r}^{s} \sum_{j=k}^{l} z_{ij} = \sum_{j=k}^{l} \sum_{i=r}^{s} z_{ij} = \sum_{i=k}^{l} \sum_{j=r}^{s} z_{ji}$$

$$[8.12] \quad \sum_{i=r}^{s} \sum_{j=k}^{l} x_{ij} y_{ij} = \sum_{i=r}^{s} \sum_{j=k}^{l} x_{ij} \sum_{i=r}^{s} \sum_{j=k}^{l} y_{ij} \quad .$$

Diese Regel ist besonders beim Umgang mit Matrizen wichtig. Ist es dabei notwendig, zeilen- oder spaltenweise vorzugehen, so schreibt man: (für spaltenweises Summieren)

$$[8.13] \quad \sum_{i} x_{ij} y_{ij} = \sum_{i} x_{ij} \sum_{i} y_{ij} \qquad \text{für } j = k, k+1, \ldots, l$$

Die (hier der Einfachheit so genannten) 'Variablenausprägungen' brauchen weder die gleichen Indizes zu haben, noch müssen die Summationsgrenzen bei den einzelnen Summenzeichen identisch sein.

Ein numerisches **Beisp.**:

	X			Y			
i \ j	1	2	l \ m	0	1	2	3
1	3	2	1	1	1	0	5
2	0	1	2	2	3	5	9
3	3	8	3	2	2	3	0

Hier ist dann:

$$\sum_{j=1}^{2}\sum_{m=0}^{3} x_{ij}y_{lm} = \sum_{j=1}^{2} x_{ij} \sum_{m=0}^{3} y_{lm} = 5 \cdot 7 = 35 \text{ für } i=l=1 \; .$$

$$\sum_{i=1}^{3}\sum_{j=1}^{2}\sum_{l=1}^{3}\sum_{m=0}^{3} x_{ij}y_{lm} = \sum_{i}\sum_{j} x_{ij} \sum_{l}\sum_{m} y_{lm} = 17 \cdot 33 \; .$$

(8.2.) Das Produktzeichen

Ähnlich wie beim Summenzeichen hat man zur Vereinfachung von hintereinander auszuführenden Produkten folgende Vereinbarung getroffen:

$$x_1 \cdot x_2 \cdot \; \ldots \; \cdot x_n := \prod_{i=1}^{n} x_i \; .$$

Beisp.: $1^1 \cdot 2^2 \cdot 3^3 \cdot \ldots \cdot n^n = \prod_{i=1}^{n} i^i$.

Es gelten folgende Regeln:

[8.14] $\prod_{i=n}^{n} x_i = x_n$

[8.15] $\prod_{i=r}^{s} c = c^{s-r+1}$

Aufgabe:

w Wie sieht [8.15] aus für $r = 1$? Nennen Sie das Ergebnis dieser Aufgabe [8.15'] !

Für die positiven ganzen Zahlen gilt folgende Bezeichnung:

[8.16] $\prod_{i=1}^{n-1} i := (n-1)!$ 'n-1 Fakultät' .

Def. 2: $0! := 1$

Analog zum Summenzeichen ist auch hier die Indizierung beliebig, sofern sie die gleichen Multiplikationsgrenzen besitzt. Für die Multiplikation mit einer Konstanten gilt folgende Regel:

[8.17] $$\prod_{i=r}^{s} cx_i = c^{s-r+1} \prod_{i=r}^{s} x_i \quad , c \in \mathbb{R} \ .$$

<u>Aufgabe</u>:

w (a) Beweisen Sie [8.17] !

(b) Schreiben Sie [8.17] für r = 1 auf und nennen Sie das Ergebnis [8.17'] !

Analog zum Summenzeichen gilt:

Ein Produkt kann in Teilprodukte aufgespalten werden, umgekehrt können Teilprodukte zu einem Produkt zusammengefaßt werden. Ebenso gelten analoge Regeln zu [8.7] und [8.8] .

<u>Aufgabe</u>: Formulieren Sie diese Regeln !

Schließlich sei als Regel für Produkte zweier Variablen angegeben:

[8.18] $$\prod_{i=r}^{s} x_i y_i = \prod_{i=r}^{s} x_i \prod_{i=r}^{s} y_i \ .$$

Einige Ausführliche <u>Beispiele</u>:

(1) $$\prod_{i=0}^{t} \frac{2^i}{(i+1)^{i+1}} \prod_{i=1}^{t} (2^{i-1}/i^i) =: P$$

Wegen Analogie zu [8.8] gilt:

$$P = \prod_{i=1}^{t+1} \frac{2^{i-1}}{i^i} \prod_{i=1}^{t} \frac{2^{i-1}}{i^i} \ .$$

Wegen [8.14] und [8.18] entsteht:

$$P = \frac{2^t}{(t+1)^{t+1}} \prod_{i=1}^{t} \left(\frac{2^{i-1}}{i^i}\right)^2$$, nahdem zuvor die

Produkte aufgespalten wurden (i=1,...,t und i=t+1 bis t+1 mit Anwendung von [8.14]).

Nach vollständiger Vereinfachung entsteht:

$$P = 2^{-t}(t+1)^{-t-1} \prod_{i=3}^{t} \left(\frac{2^i}{i^i}\right)^2 \ .$$

(2) $$P := \prod_{i=1}^{t} i/(i+1) = t!/(t+1)! = 1/(t+1)$$ wegen [8.16].

Aufgaben:

w(1) Berechnen Sie den Wert von $\prod_{i=1}^{t} \frac{1+i}{i!}(i+1)!$!

w(2) " " " " " $\prod_{i=2}^{t} (1 - i^{-2})$!

w(3) " " " " " $\prod_{i=1}^{n} x_i \prod_{j=2}^{n+1} y_j$

mit $x_i := y_j/2$ für $i = j$!

(8.3.) Produkt- und Summenzeichen

Treten Produkt- und Summenzeichen gemischt auf, so ist die Reihenfolge der Rechenoperationen nicht mehr beliebig. Daher hat man sich auf die Konvention geeinigt, diejenige Operation zuerst auszuführen, die der (den) Variablen am nächsten steht, dann die links folgende etc.. Also:

/8.19/ $\prod_{j=k}^{l} \sum_{i=r}^{s} I(j) \overset{\text{i.A.}}{\neq} \sum_{i=r}^{s} \prod_{j=k}^{l} I(j)$ mit I(j) ist ein Ausdruck mit Elementen aus einer indizierten Menge.

Die Ungleichheit (i.A.) gilt auch für die übrigen möglichen Summen- und Produktzeichenkombinationen.

Beisp.:

$$\sum_{j=1}^{3} \prod_{k=1}^{3} (j+k) = \sum_{j=1}^{3} (j+1)(j+2)(j+3) = 2\cdot3\cdot4 + 3\cdot4\cdot5 + 4\cdot5\cdot6 = 204$$

$$\neq \prod_{k=1}^{3} \big((1+k)+(2+k)+(3+k)\big) =$$

$$= \prod_{k=1}^{3} (6+3k) = (6+3)(6+6)(6+9) = 1620 .$$

Bei der ersten Rechnung ist, wie man sieht, wegen der Vorrangigkeit der Multiplikation zunächst die Produktbildung hinter dem Summenzeichen auszuführen und erst dann zu summieren.

Aufgaben:

w(1) Man berechne: $\sum_{j=1}^{3} \sum_{k=1}^{4} \prod_{l=1}^{1} (j+k-1)$.

w(2) Man berechne: $\sum_{j=1}^{n} a_j \sum_{k=1}^{n} b_k \prod_{i=1}^{3} b_i$ mit $a_1 = a_2 = \ldots = a_n$, $b_k = ka_k$, $b_i = ia_i$.

w(3) Man erinnere sich an die Notation in p(2) auf S.-141- und zeige die Identität der folgenden zwei Formeln für den Korrelationskoeffizienten r_{XY} :

$$r_{XY} := \frac{\frac{1}{n}\sum_{i=1}^{n}(x_i - \bar{x})(y_i - \bar{y})}{+\sqrt{\frac{1}{n}\sum_{i=1}^{n}(x_i - \bar{x})^2(y_i - \bar{y})^2}} \quad , \quad r_{XY} := \frac{\frac{1}{n}\sum_{i=1}^{n}x_i y_i - \bar{x}\bar{y}}{+\sqrt{(\overline{x^2} - \bar{x}^2)(\overline{y^2} - \bar{y}^2)}}$$

(8.4.) Ungleichungen

Betrachten wir auf Zahlenmengen zusätzlich zu den algebraischen Operationen die Ordnung (strenge oder unstrenge), so ergeben sich folgende Regeln, die aus den Axiomen und Definitionen aus (7.   ) beweisbar sind:

Seien $a,b,c,d \in \mathbb{R}$, dann gilt:

(1) $(a<b) \Longleftrightarrow ((a + c)<(b + c))$,

(2) $(a<b) \Longleftrightarrow (ac<bc)$ für $c>0$,

(3) $(a<b) \Longleftrightarrow (ac>bc)$ " $c<0$,

(4) $((a<b) \wedge (c<d)) \Longrightarrow ((a + c)<(b + d))$,

(5) $((a<b) \wedge (c\leq d)) \Longrightarrow (ac<bc)$ für $c,d>0$,

(6) $(a<b) \Longleftrightarrow (1/a>1/b)$ für $a,b>0$,

(7) $(a<b) \Longleftrightarrow (a^n < b^n)$ für $a>0$, $n \in \mathbb{N}\setminus\{0\}$.

Alle Regeln gelten für die unstrenge Ordnung '$\leq$', sofern die Nebenbedingungen erhalten bleiben.

(8.5.) Betragsstriche

Zur Abschätzung des Abstandes von zwei Punkten aus $\mathbb{R}$ ist es lediglich interessant, wie groß die Differenz der beiden Punkte ist, nicht aber, welcher Punkt den größeren Wert hat. Um den Abstand zweier beliebiger Punkte beschreiben zu können, definiert man zuerst den Abstand jedes Punktes aus $\mathbb{R}$ vom Punkt Null:

<u>Def. 3</u>: Die Abb. $|.| : \mathbb{R} \longrightarrow \mathbb{R}^+$ mit $x \in \mathbb{R}$ und $x = \begin{cases} x & \text{für } x \geq 0 \\ -x & \text{" } x<0 \end{cases}$

heißt <u>Betragsfunktion</u> auf $\mathbb{R}$, $|x|$ heißt <u>Absolutbetrag</u> von $x \in \mathbb{R}$.

Anschaulich gibt $|x|$ den Abstand des Punktes x vom Nullpunkt an. Für die Betragsfunktion gelten im Zusammenhang mit Addition, Multiplikation und Ordnung folgende Regeln für $x,y \in \mathbb{R}$:

(1) $|-x| = |x|$ (Der Abstand von x zu 0 ist genauso groß wie der von -x zu 0)

(1') $x \leq |x|$
(1'') $-x \leq |x|$ (x und -x sind kleiner oder gleich ihrem Abstand zu 0)

(1''') $|x^{-1}| = |x|^{-1}$ (Die Inversenbildung bzgl. der Multiplikation ist mit dem Absolutbetrag vertauschbar)

(2) $(|x| = 0) \Longleftrightarrow (x = 0)$ (Nur 0 hat vom Nullpunkt den Abstand 0)

(3) $|x + y| \leq |x| + |y|$ (<u>Dreiecksungleichung</u>)

(4) $|xy| = |x||y|$ (Die Multiplikation ist mit dem Absolutbetrag vertauschbar)

(5) $(|x| < b) \Longleftrightarrow (-b < x < +b)$ (<u>Abschätzregel</u>)

(6) $\max\{x,y\} = \frac{1}{2}(x + y + |x - y|)$

(7) $\min\{x,y\} = \frac{1}{2}(x + y - |x - y|)$

Diese Regeln sind mit Hilfe von Def. 3 und den Regeln aus (8.4.) beweisbar. Als <u>Beisp</u>. seien die Beweise zu (3) und (6) geführt:

<u>Bew</u>. zu (3): $(|x + y|)^2 = (x + y)^2 = x^2 + 2xy + y^2$
$\leq |x|^2 + 2|x||y| + |y|^2$ (1'),(4)
$= (|x| + |y|)^2$

Somit: (wegen (7) aus (8.4.)
$|x + y| \leq |x| + |y|$ q.e.d.

<u>Bew</u>. zu (6): <u>Fallunterscheidung</u>:

(a) $x > y$: $(x > y) \Longrightarrow (\max\{x,y\} = x)$
$(x > y) \Longrightarrow (|x - y| = x - y)$ (wegen $x - y > 0$)
Somit: $\frac{1}{2}(x + y + |x - y|) = \frac{1}{2}(x + y + x - y) = x$

(b) $x < y$: $(x < y) \Longrightarrow (\max\{x,y\} = y)$
$(x < y) \Longrightarrow (|x - y| = y - x)$ (wegen $x - y < 0$)
Somit: $\frac{1}{2}(x + y + |x - y|) = \frac{1}{2}(x + y + y - x) = y$

(c) $x = y$: trivial q.e.d.

<u>Aufgaben:</u>

w(1) Beweisen Sie (7) und zwei noch nicht bewiesene Regeln nach Ihrer Wahl !

w(2) (Tschebyscheff-Ungleichung)

Zu lösen sei die Aufgabenstellung: Wie groß ist die Wahrscheinlichkeit, daß eine Zufallsvariable X von ihrem Erwartungswert E(X) absolut nicht weniger abweicht als ein (beliebig) vorgegebenes $\varepsilon > 0$?

Also: $|\text{Prob}(X - E(X))| \geqslant \varepsilon$?

Es kann nun sehr beschwerlich sein, diesen Ausdruck im einzelnen zu berechnen. Daher stellt sich die Frage: Kann man diese Wahrscheinlichkeit <u>abschätzen</u>? Versuchen wir, diese Frage zu beantworten. ($p_i := \text{Prob}(X = x_i)$)

$$(|\text{Prob}(X - E(X))| \geqslant \varepsilon) \Longleftrightarrow \sum_{|x_i - E(X)| \geqslant \varepsilon} p_i$$ ist die Äquivalenz,

von der wir ausgehen müssen. Betrachten wir zunächst die Summationsgröße:

$$(|x_i - E(X)| \geqslant \varepsilon) \longleftrightarrow \left(\frac{1}{\varepsilon}|x_i - E(X)| \geqslant 1\right) \longleftrightarrow \left(\frac{1}{\varepsilon^2}(|x_i - E(X)|)^2 = \right.$$

$$\left. = \frac{1}{\varepsilon^2}(x_i - E(X))^2 \geqslant 1\right).$$

Da diese Ausdrücke für alle i größer gleich 1 sind, so führt eine Summation über alle

$$\frac{(x_i - E(X))^2}{\varepsilon^2} p_i$$ zu dem Abschätzungsergebnis, daß

hinter dem Summenzeichen mindestens ebenso große Werte stehen wie in der Ausgangsäquivalenz.

Somit:

$$\sum_i \frac{(x_i - E(X))^2}{\varepsilon^2} p_i \geqslant \sum_{|x_i - E(X)| \geqslant \varepsilon} p_i \quad .$$

Berücksichtigen wir noch die Def. der Varianz s_X^2 :

$s_X^2 := \sum_i (x_i - E(X))^2 p_i$, so gilt:

$$|\text{Prob}(X - E(X))| \geqslant \varepsilon \leq \frac{s_X^2}{\varepsilon^2}$$. Diese Ungleichung wird Tschebyscheff-Ungleichung genannt.

Nun Ihre Aufgaben: (a) Einige Betragsstriche wurden hier

der Vollständigkeit halber eingesetzt, die aber im Prinzip weggelassen werden können. Welche?

(b) Welche Regeln aus dem Kap. (8.), die Sie bisher kennengelernt haben, wurden hier verwendet? Zählen Sie mindestens vier auf!

(8.6.) Der Beweis durch vollständige Induktion

Die in (7.) gegebene axiomatische Charakterisierung der natürlichen Zahlen enthält ein Axiom, das sich hervorragend zur Beweistechnik eignet: Enthält eine Teilmenge der natürlichen Zahlen die Null und zu jedem Element auch dessen Nachfolger, so ist diese Teilmenge schon identisch mit der Menge $\mathbb{N}$. Beweistechnisch kann dieses Prinzip nun wie folgt verwendet werden:

F(n) sei eine Aussageform, von der bewiesen werden soll, ob sie auf natürliche Zahlen zutrifft. Daher ist hier zu zeigen:

$$N := \{n / n \in \mathbb{N} \text{ und } F(n) \text{ ist wahr}\} = \mathbb{N} \quad .$$

In diesem Fall trifft F(n) für alle $n \in \mathbb{N}$ zu.

Nach dem 3. Axiom für natürliche Zahlen kann $N = \mathbb{N}$ so bewiesen werden:

(1) Man zeige: F(0) ist wahr ,

(2) " " : Gilt F(n) für $n \in \mathbb{N}$, so gilt auch F(n+1).

Als erstes ist also F(0) nachzuweisen, d.h. 0 hat die Eigenschaft F. Dieser Schritt wird auch <u>Induktionsanfang</u> genannt. Als zweites ist aus der Gültigkeit von F(n) (<u>Induktionsannahme</u>) die Gültigkeit von F(n+1) (<u>Induktionsbehauptung</u>) zu folgern. Dieser Schritt ist eine <u>Implikation</u>, er wird auch <u>Induktionsschluß</u> gennant.

<u>Beisp.</u>: Zu beweisen sei $\sum_{i=0}^{n} i = \frac{1}{2}n(n+1)$.

(1) Induktionsanfang: $\sum_{i=0}^{0} i = \frac{1}{2}\,0(0+1) = 0$

(21) Induktionsannahme: Es gilt $\sum_{i=0}^{n} i = \frac{1}{2}\,n(n+1)$

(22) Induktionsbehauptung: Es gilt $\sum_{i=0}^{n+1} i = \frac{1}{2}(n+1)(n+2)$

(23) I-Annahme $\Longrightarrow$ I-Behauptung ist zu zeigen:

Induktionsschluß:

$$\sum_{i=0}^{n+1} i = \sum_{i=0}^{n} i + n+1 \qquad [8.5]$$

$$= \frac{1}{2}\,n(n+1) + n + 1 \quad \text{nach I-annahme}$$

$$= \frac{1}{2}\,n(n+1) + \frac{2}{2}(n+1)$$

$$= \frac{1}{2}(n^2 + n + 2n + 2)$$

$$= \frac{1}{2}(n+1)(n+2) \qquad \text{q.e.d.}$$

Damit gilt die zu beweisende Aussageform für alle $n \in \mathbb{N}$.

Zwei etwas allgemeinere Formen der vollständigen Induktion seien noch erwähnt:

Es sei zu zeigen, daß F(n) für alle $n \in \mathbb{N}$ mit $n \geq m$ und $m \in \mathbb{N}$ gilt. Hier genügt es zu zeigen:

(1) daß F(m) gilt,

(2) daß aus der Gültigkeit von F(k) mit $k \geq m$ folgt, daß F(k+1) wahr ist.

Siehe dazu Aufg. w(4)!

Es sei zu zeigen, daß F(n) für alle $n \in \mathbb{N}$ gilt; hier genügt es zu zeigen:

(1) daß F(0) gilt,

(2) daß aus der Gültigkeit von F(m) für <u>alle</u> $m \in \mathbb{N}$ die Gültigkeit von F(k+1) folgt <u>für $m \leq k$</u>.

<u>Beisp.</u>: $F(n) := \sum_{i=1}^{n} i(i+1) = \frac{1}{3}\,n(n+1)(n+2)$

(1) F(n) gilt für n = 1, denn $1 \cdot 2 = \frac{1}{3} 1 \cdot 2 \cdot 3$.

(2) F(n) gilt für n = k (Annahme).

(3) Dann gilt F(n) auch für n = k+1 (Behauptung).

I-Schluß:

$$\sum_{i=1}^{k+1} i(i+1) = \sum_{i=1}^{k} i(i+1) + (k+1)(k+2)$$

$$= \frac{1}{3}\,k(k+1)(k+2) + (k+1)(k+2)$$

$$= \frac{1}{3}(k+1)(k+2)(k+3) \qquad \text{q.e.d.}$$

Aufgaben:

w(1) ($F(n) := n^2 + n - 1$ ist eine Primzahl) sei eine zu beweisende Aussageform (hier ist anzumerken, daß 1 in der neueren mathematischen Theorie nicht mehr als Primzahl angesehen wird).

w(2) Bestimmen Sie den Summenwert von $\sum_{i=1}^{n} i \cdot i!$, indem Sie die ersten k Summen (z.B. k = 3) berechnen und daraus eine induktive Hypothese für die allgemeine Summenformel ableiten! Weisen Sie sodann nach, daß diese allgemeine Summenformel für alle $n \in \mathbb{N}$ gilt !

p(3) Beschreiben Sie den Unterschied zwischen folgenden zwei Aussagen:

(a) "Die Summenformel für die Summe der ersten n natürlichen Zahlen, $F(n) := \frac{1}{2} n(n+1)$, gilt für n = 1, n=2, ... ,n=k,n=k+1 , also gilt sie für alle n".

(b) "In einer Stichprobe vom Umfang n = 1000 trifft eine bestimmte Eigenschaft F auf das Stichprobenelement (das zufällig ausgewählt wurde) n=1,n=2,..., n=200,n=201 zu, also haben alle 1000 Elemente nahezu mit Sicherheit die Eigenschaft F".

w(4) Für welche $n \in \mathbb{N}$ gilt die Ungleichung $n! \geqslant n^3$? Beweis durch vollst. Induktion!

w(5) $X := \{x_1, x_2, \ldots, x_n\}$ sei eine indizierte Menge von Zahlen. Beweisen Sie unter Benutzung von [8.4] den Satz: Die Summe der x_i, i = 1,2,...,n aus X ist unter Beibehaltung der Reihenfolge unabhängig von der Klammersetzung zwischen den x_i. Verwenden Sie das Prinzip der vollst. Induktion !

w(6) Bestimmen Sie den Wert von $S_n := \sum_{k=1}^{n} k/2^k$ und führen Sie den Beweis durch vollst. Induktion !

w(7) Für jede natürliche Zahl n gilt: $(1 + 2 + \ldots + n)^2 = 1^3 + 2^3 + \ldots + n^3$. Beweis!

w(8) Was halten Sie von folgendem Beweis durch vollst. Induktion:

Behauptung: Alle Zahlen sind gleich!

Bew.: (1) I-anfang: x sei eine Zahl, dann gilt x = x.

(2) I-annahme: je n Zahlen $x_1, \ldots, x_n$ sind gleich.

I-Behauptung: Je n+1 Zahlen $y_1,\dots,y_{n+1}$ sind gleich.

I-schluß: $y_1,y_2,\dots,y_{n+1}$ seien n+1 Zahlen. Wir betrachten $y_1,y_2,\dots,y_n$, das sind n Zahlen, die nach I-annahme gleich sind, also

(*) $y_1 = y_2 = \dots = y_n$.

Betrachten wir nun $y_2,y_3,\dots,y_{n+1}$, auch dies sind n Zahlen, die somit nach I-annahme gleich sind, also

(**) $y_2 = y_3 = \dots\ y_{n+1}$.

Nach (*) gilt aber $y_1 = y_2$, somit gilt insgesamt:

$y_1 = y_2 = \dots\ y_{n+1}$.

Damit sind alle Zahlen gleich.

p(9) (Nur für KNOBLER!!)

Eine Schätzung $\hat{\theta}$ von θ wird dann und nur dann als unverzerrt bezeichnet, wenn gilt:

$E(\hat{\theta}) = \hat{\theta}$.

(a) Zeigen Sie, daß $\bar{x} := \frac{1}{n}\sum_{i=1}^{n} x_i := \hat{\mu}$ eine unverzerrte Schätzung des Mittelwertes μ ist!

(b) Zeigen Sie, daß $s_X^2 := \frac{1}{n}\sum_{i=1}^{n}(x_i - \bar{x})^2 := \hat{\sigma}_X^2$ eine verzerrte Schätzung der Varianz σ_X^2 ist! Geben Sie eine unverzerrte Schätzung von σ_X^2 an !

p(10) n Statements, Personen, Berufe etc. seien in eine Rangordnung von 1 bis n gebracht, wobei jedes Statement etc. genau einen Rangordnungsplatz erhält. Zwei Personen stellen nun eine derartige Rangordnung auf, wobei die Rangzahlen 1,2,...,n der ersten Person als Zufallsvariable X, die der zweiten als Zufallsvariable Y aufgefaßt seien (genauer: Ausprägungen der Zufallsvar. X bzw. Y). Will man nun den Zusammenhang zwischen beiden Rangordnungen bestimmen, so bietet sich u.a. der Korrelationskoeffizient r_{XY} an. Dieser ist def. als

$$r_{XY} := \frac{\frac{1}{n}\sum_{i=1}^{n}(x_i - \bar{x})(y_i - \bar{y})}{X \quad Y}$$

mit x_i bzw. y_i sind Ausprägungen von X bzw. Y .

Zeigen Sie, daß für den Spezielafall: X und Y nehmen als Ausprägungen die ersten n natürlichen Zahlen an, und n ist hinreichend groß gilt:

$$r_{XY} = 1 - \frac{6\sum_{i=1}^{n} d_i}{n(n^2 - 1)} \quad \text{mit } d_i := x_i - y_i \ .$$

<u>Hinweis</u>: Führen Sie Z:= X - Y ein und berücksichtigen Sie in σ_Z^2 obige Formel r_{XY}; Sie können dann r_{XY} nur durch Varianzen $\sigma_X^2, \sigma_Y^2, \sigma_{X-Y}^2$ ausdrücken.

(9.) Kombinatorik

Bei unserer bisherigen Analyse von Mengen haben wir den zugrundeliegenden Individuenbereich nicht verlassen. Wir wollen die dabei auftretenden Relationen, die auf dem zu untersuchenden Individuenbereich definiert sind, <u>immanente</u> Relationen nennen. Insbesondere bei Problemen der Operationalisierung und Quantifizierung von Mengen eines bestimmten Individuenbereichs und den auf ihm definierten Relationen sind weitere Betrachtungsweisen und zusätzliche Analyseinstrumente notwendig.
Betrachten wir zunächst die Kombinatorik als eine der elementaren Quantifizierungsansätze. Hierzu gehen wir von endlichen Mengen, ihren Teilmengen und den zugehörigen Potenzmengen aus.
Mit Hilfe der Kombinatorik lassen sich u.a. folgende Probleme lösen:

(1) Wieviele Elemente hat die Potenzmenge einer Menge?

(2) Wieviele Möglichkeiten gibt es, die Elemente einer vorgegebenen Menge in bestimmte Reihenfolgen zu bringen?

(3) Wieviele geordnete n-Tupel der Elemente einer vorgegebenen Menge gibt es unter bestimmten Fragestellungen?

(4) Wieviele Teilmengen mit fester Elementanzahl gibt es bei einer vorgegebenen Menge? (Dies ist z.B. relevant in der Stichprobentheorie.)

Alle 4 Probleme führen zu Spezialfällen, wenn aus zusätzlichen Fragestellungen Nebenbedingungen entstehen. (2) beschreibt das Auswahlproblem, (3) das Variationsproblem und (4) das Anordnungsproblem.

<u>Beispiele</u>:

zu(1) siehe P-Aufgaben im Anschluß an (3.4.) und (3.5.).

zu(2) Erstellung und Analyse von Rangordnungen, Hierarchien etc., und zwar in zwei Formen:

(a) Anzahl aller Rangordnungen,

(b) Anzahl der möglichen Rangordnungen, wenn bestimmte Plätze bereits besetzt sind.

zu(3) siehe Wahrheitswertmatrizen in (2.1.) und (2.2.). (a)

(b) Politikevaluierung in der Theorie der Metagames von N. Howard (siehe Nigel Howard: The Theory of Meta-Games, in: General Systems 11,1966): Zwei Parteien A,B stehen in Konflikt miteinander. A hat die Handlungsmöglichkeiten a_1, a_2 , B hat die Handlungsmöglichkeiten b_1, b_2. Nun kalkuliert A die Verhaltensprinzipien(Politikmöglichkeiten) von B:

(a) B macht stets b_1,

(b) B " " b_2,

(c) B macht stets das'Umgekehrte'von A, d.h. auf a_1 reagiert B mit b_2, auf a_2 mit b_1,

(d) B macht stets'dasselbe' wie A, d.h. auf a_1 reagiert B mit b_1, auf a_2 mit b_2.

Somit gibt es hier vier Politikvariationen.

(c) Ein weiteres Beisp. tritt in der Informationstheorie auf: Das lateinische Alphabet hat 26 Zeichen. Problem: Darstellung aller 26 Buchstaben durch ein Alphabet aus 2 Zeichen (0,1). Wieviel Stellen muß das n-Tupel aus 0,1- Elementen mindestens haben, um dieses Problem zu lösen?

(d) Eng mit informationstheoretischen Problemen hängen Suchprobleme und Erstellung effizenter Suchstrategien zusammen. Hier stellen sich die Fragen:Wieviele Suchschritte sind mindestens notwendig? Wie muß ein Raum, in dem ein Objekt zu suchen ist, in Teilräume aufgeteilt werden?

zu(4)

(a) Lotto: 6 aus 49

(b) Für ein Slum-Sanierungsprojekt mögen 4 kombinierfähige Möglichkeiten zur Auswahl stehen. Um nun Kosten mit Nutzen vergleichen zu können, sind die Kombinationen auf Kompatibilität hin zu untersuchen und die verbleibenden Möglichkeiten in einer Kosten-Nutzen-Analyse gegenüberzustellen und abzuwägen.

(c) Stichprobenprobleme

Auf die Potenzmenge einer vorgegebenen Menge braucht hier nicht noch einmal eingegangen zu werden, siehe dazu(3.4.). Daher sei sofort zu (2) übergegangen.
Alle kombinatorischen Probleme lassen sich grob danach unterscheiden, ob Wiederholungen bei den Zusammenstellungen von Elementen zugelassen werden oder nicht, und ob die Reihenfolge der Auflistungen von Bedeutung ist.

(9.1.) Permutationen ohne Wiederholung

Eine vorgegebene endliche Menge M sei von der Mächtigkeit $|M| = m$. Jede Auflistung aller m (verschiedenen) Elemente bei beliebiger Reihenfolge heißt <u>Permutation</u>. Somit unterscheiden sich verschiedene Permutationen von M nur durch die unterschiedliche Anordnung der Elemente.

<u>Beisp.</u>: $M := \{a,b,c\}$ Dann sind drei Permutationen aus der Menge der möglichen Permutationen z.B.

a,b,c
b,a,c
b,c,a .

Bezeichnet man die Anzahl aller möglichen Permutationen der Menge M, wobei $|M| = m$ ist, mit P(m), so leuchtet unmittelbar ein:

$$P(1) = 1 .$$

Ist $|M| = 2$, so gilt:

$$P(2) = 2 .$$

Man kann dies leicht durch Aufschreiben zeigen:

Sei $M := \{a,b\}$, dann existieren als Permutationen

a,b und b,a .

Analog erkennt man:

$P(3) = 6$.

<u>Annahme</u>: $P(m) = m!$

<u>Beweis</u>: Vollständige Induktion.

(1) Ann.: $P(m) = m!$

(2) Beh.: $P(m+1) = (m+1)!$

(3) Schluß: Die unterschiedlichen Anordnungen der Auflistungen der m+1 Elemente entstehen dadurch, daß das m+1 - te Element wie folgt in die gegebenen m Elemente eingeordnet wird:

m+1 - te Element vor das 1. der gegebenen Elemente,

m+1 - te " " " 2. " gegebenen Elemente,

⋮

m+1 - te " " " m-te der gegebenen Elemente,

m+1 - te " hinter das m - te der gegebenen Elemente .

Da man dies bei jeder der m! vorliegenden Permutationen vornehmen muß, entstehen insgesamt $P(m)\cdot(m+1)$ Permutationen aus m+1 Elementen. Somit

[9.1] $P(m) = m!$ q.e.d.

(9.2.) Permutationen mit Wiederholung

Betrachten wir nun den Fall, daß nicht alle Elemente verschieden sind, z.B. 111133 (dies kann nur in einer indizierten Menge berücksichtigt werden, wir wollen darauf aber hier nicht weiter eingehen).

Wären alle Elemente verschieden, so würde nach [9.1] gelten: $P(6) = 6!$. Auf Grund der vier Eins-Elemente und der zwei Drei-Elemente sind jedoch $4!\cdot 2!$ Permutationen der P(6) Permutationen nicht unterscheidbar. Somit enthält P(6) ein um ein 4!2! Vielfaches mehr an Permutationen als aus den vorgegebenen Elementen zu bilden sind. Bezeichnen wir die Anzahl der 4 gleichen Eins-

Elemente mit m (hier m = 4), die der 2 Drei-Elemente mit n (hier n = 2), so muß also gelten:

$$P(m,n) := P(4,2) = \frac{P(6!)}{4!2!} \quad .$$

Allgemein: Seien m Elemente gegeben mit g Blöcken jeweils gleicher Elemente, wobei m_i die Anzahl gleicher Elemente in Block i (i = 1,2,...,g) sei, so gilt für die Anzahl der Permutationen:

$$[9.2] \quad P(m_1, m_2, \ldots, m_g) = \frac{m!}{m_1!m_2! \ldots m_g!} = \frac{m!}{\prod_{i=1}^{g} m_i!}$$

$$\text{mit } m := \sum_{i=1}^{g} m_i \quad .$$

<u>Beisp.</u>: Wieviele Permutationen lassen sich aus den Elementen aa bb c d eee bilden?

Antwort: $m_1 := 2$, $m_2 := 2$, $m_3 := 1 =: m_4$, $m_5 := 3$

$$\sum_{i=1}^{5} m_i = 9 =: m$$

Nach [9.2] ist dann $P(m_1, \ldots, m_5) = \frac{9!}{2!2!3!}$

(9.3.) Variationen ohne Wiederholung

M sei eine Menge mit $|M| = m$. Gesucht sei die Anzahl der n-Tupel ($1 \leq n \leq m$), die sich ergibt, wenn in diesen n-Tupeln jedes Element aus M mit jedem <u>anderen</u> (Wiederholung verboten) zusammengestellt wird (verschiedene Reihenfolgen zählen aber trotz evtl. gleicher Elemente als unterschiedliche Variationen). Die Stellenanzahl n der geordneten Tupel bezeichnen wir als <u>Basis</u>.

<u>Beisp.</u>: $M := \{a,b,c\}$ m = 3. Die Basis sei n:= 2

Betrachten wir zunächst M×M:

$$\begin{array}{c} \\ a \\ b \\ c \end{array} \begin{array}{c} \begin{array}{ccc} a & b & c \end{array} \\ \begin{pmatrix} aa & ab & ac \\ ba & bb & bc \\ ca & cb & cc \end{pmatrix} \end{array}$$

Wir sehen, daß Wiederholungen nur auf der Hauptdiagonalen auftreten. Entfernen wir diese Fälle, so verbleiben $V(m,n) := V(3,2) = m(m-1) = 6$ Variationen aus drei Elementen ohne Wiederholung zur Basis 2.

Es leuchtet unmittelbar ein:

$$V(m,1) = m \quad .$$

Betrachten wir nun die Basis 3 in unserem Beispiel. Zunächst haben wir wieder $M \times M$ ohne Hauptdiagonale, also $m(m-1)$ Variationen. An jedes dieser Paare läßt sich nun genau dasjenige Element hängen, das darin noch nicht vertreten ist, z.B. an ab das Element c. Da dies bei jedem der $m(m-1)$ Paare nur einmal gelingt ohne Wiederholung, gilt:

$V(3,3) = 3 \cdot 2 \cdot 1 = 6$ Variationen von drei Elementen ohne Wiederholung zur Basis 3.

Hypothese: Allg. gilt:

$$V(m,n) = \prod_{i=1}^{n} (m - i + 1) \quad .$$

Bew. (vollst. Ind.):

(1) Ann. : $V(m,k) = \prod_{i=1}^{k} (m - i + 1) \quad .$

(2) Beh.: $V(m,k+1) = \prod_{i=1}^{k+1} (m - i + 1)$

(3) Schluß: In einer Variation ohne Wiederholung der m Elemente zur Basis k sind k verschiedene Elemente aus M aufgelistet. $m - k$ weitere Elemente aus M lassen sich also an diese Variationen anfügen, um zu $(k+1)$-Tupeln zu gelangen, indem man die ursprüngliche Variation $(m - k)$-mal untereinanderschreibt und die $m - k$ restlichen Elemente an die so enstandenen Zeilen anhängt. Zwar unterscheiden sich diese $m - k$ Zeilen in ihren ersten k Stellen nicht, da sie sich aber im $(k+1)$-ten Element unterscheiden, liegen $m - k$ Variationen ohne Wiederholung zur Basis k+1 vor. Bisher haben wir nur eine Variation betrachtet. Wiederholen wir die Prozedur mit allen $V(m,k)$ Variationen, so entstehen $V(m,k) \cdot (m - k)$ Variationen von m Elementen ohne Wiederholung zur Basis k+1.

Somit: $V(m,k+1) = V(m,k)\cdot(m-k) = \prod_{i=1}^{k+1}(m - i + 1)$

/9.3/ $V(m,n) = \prod_{i=1}^{n}(m - i + 1) = \frac{m!}{(m - n)!}$.

Beisp.: In einem Betrieb gibt es 10 Abteilungen. Wieviele unmittelbare Informationsbeziehungen können maximal existieren, wenn diese Beziehungen nur auf die Abteilungen bezogen sein sollen und nicht auf die in ihnen arbeitenden Personen?
$m:= 10$, $n:= 2$, $V(10,2) = m(m - 1) = 90$.

(9.4.) Variationen mit Wiederholung

Bezeichnen wir Variationen mit Wiederholung von m Elementen zur Basis n mit $V^*(m,n)$. Man erkennt leicht, daß im Fall $n = 1$ sich gegenüber der Variation ohne Wiederholung nichts ändert: $V^*(m,1) = m$.
Für $n = 2$ kommt nun im kartesischen Produkt die Hauptdiagonale hinzu: $V^*(m,2) = m^2$. Analog ist bei $n = k$ das k-fache kartesische Produkt zu betrachten. Also $V^*(m,k) = m^k$. Der Beweis durch vollst. Ind. sei dem Leser überlassen.

/9.4/ $V^*(m,n) = m^n$.

Beisp.: Wieviele Variationen lassen sich mit zwei Würfeln realisieren?
$m:= 6$, $n:= 2$, $V^*(6,2) = 6^2 = 36$.

(9.5.) Kombinationen ohne Wiederholung

Gegeben sei eine Menge M mit $|M| = m$. Greift man n Elemente ($0\leq n\leq m$) aus M heraus, so läßt sich fragen, wieviele verschiedene Auflistungen der Länge n aus den m Elementen der Menge M möglich sind, wenn man Auflistungen, die sich nur in der Reihenfolge der Elemente unterscheiden, als identisch auffaßt.

Beisp.: $M:=\{a,b,c\}$, $|M| = 3$, $n:= 2$.
Es existieren folgende Variationen ohne Wiederholung zur Basis 2: ab,ba,ac,ca,bc,cb .

Oder nach [9.3]: $V(3,2) = 6$.

Unter diesen Variationen werden nun aber ab und ba, ac und ca sowie bc und bc als Kombinationen identifiziert. Bezeichnen wir die Kombinationen von m Elementen ohne Wiederholung zur Basis n mit K(m,n), so gilt hier also: $K(m,n) := K(3,2) = 3$.

Man erkennt: Aus jeder Kombination ohne Wiederholung mit n Elementen entstehen durch Permutation n! Variationen zur Basis n. Da dies insgesamt K(m,n) mal vorgenommen wird, entstehen so $K(m,n) \cdot n!$ Variationen ohne Wiederholung zur Basis n. Somit gilt:

$$K(m,n) = \frac{V(m,n)}{n!} \quad .$$

Mit [9.3] und [8.16] entsteht:

[9.5] $$K(m,n) = \prod_{i=1}^{n} \frac{m - i + 1}{i} = \frac{m!}{n!(m-n)!} := \binom{m}{n} \quad \text{('m über n')}$$

Beisp.: Aus einer Grundgesamtheit von 100 Elementen soll eine Stichprobe von 10 Elementen gezogen werden. Wieviele derartige Stichproben sind möglich?

$m := 100$, $n := 10$

$$K(100,10) = \binom{100}{10} = \frac{100 \cdot 99 \cdot 98 \cdot 97 \cdot 96 \cdot 95 \cdot 94 \cdot 93 \cdot 92 \cdot 91}{1 \cdot 2 \cdot 3 \cdot 4 \cdot 5 \cdot 6 \cdot 7 \cdot 8 \cdot 9 \cdot 10}$$

$$= 17310309456440 \quad .$$

(9.6.) Kombinationen mit Wiederholung

Hier ist zweierlei zu beachten:

(a) Ein Element aus M kann mehrmals in einer Kombination auftreten,

(b) die Reihenfolge der Elemente in den Kombinationen wird nicht beachtet, d.h. bzgl. der Reihenfolge gilt dasselbe wie in (9.5.), da es sich ja auch hier um Kombinationen handelt.

Bezeichnen wir die Anzahl der Kombinationen mit Wiederholung von m Elementen zur Basis n mit $K^*(m,n)$. Unmittelbar einsichtig ist:

$$K^*(m,1) = \binom{m}{1} = m \quad .$$

Für n = 2 betrachten wir folgende Menge als Beisp.:

M:={1,2,3} und bilden zunächst M×M:

$$\begin{array}{c|ccc} & 1 & 2 & 3 \\ \hline 1 & 11 & 12 & 13 \\ 2 & 21 & 22 & 23 \\ 3 & 31 & 32 & 33 \end{array}$$

Nach (a) sind Wiederholungen zulässig, somit bleibt die Hauptdiagonale erhalten.
Nach (b) aber sind alle Paare unterhalb oder oberhalb der Hauptdiagonalen zu entfernen. Somit bleiben, bezogen auf den allgemeinen Fall:

	Anzahl der Kombinationen
11 12 ... 1m	m
22 ... 2m	m-1
⋱ ⋮	⋮
mm	1

Somit gilt hier: $K^*(m,2) = \sum_{i=1}^{m} i = \frac{1}{2}m(m + 1)$.

Verwendet man nun hierin, daß gilt: $\frac{1}{2}$ m (m+1) $=\binom{m+1}{2}$, so entsteht:
$K^*(m,2) = \binom{m+1}{2}$.

Hypothese: $K^*(m,n) = \binom{m + n - 1}{n}$.

<u>Bew</u>.(vollst. Ind.):

(1) Ann.: $K^*(m,k) = \binom{m + k - 1}{k}$.

(2) Beh.: $K^*(m,k+1) = \binom{m + k}{k + 1}$.

(3) Schluß: Wir denken uns die Elemente aus M numeriert (indizierte Menge) und gehen analog zum Verfahren, das zu K*(m,2) führte, vor: Wir listen aus der Menge der Kombinationen zur Basis k+1 alle diejenigen auf, die mit 1 anfangen. Im Anschluß an 1 treten k Elemente auf, die sich wiederholen dürfen bei Nichtbeachtung der Reihenfolge. Dies ist aber gerade der Fall der Ann..

Somit gibt es hier $\binom{m+k-1}{k}$ Kombinationen mit 1 am Anfang.

Machen wir uns das noch einmal an einem einfachen Beisp. klar: $M:=\{1,2,3,4\}$ $k+1:=3$. Gesucht sind die Kombinationen mit 1 am Anfang. Es sind dies:

111,112,113,114,122,123,124,133,134,144 ,

also $\binom{4+2-1}{2} = 10$.

Als nächstes listen wir nun alle Kombinationen auf, die mit 2 beginnen und die 1 nicht enthalten. Hier sind nur noch m-1 Elemente zu kombinieren, somit gilt: (m-1 statt m)

Es existieren $\binom{m+k-2}{k}$ Kombinationen mit 2 am Anfang und ohne das Element 1.

Auf diese Weise läßt sich nach und nach jedes der m Elemente an den Anfang von Kombinationen stellen. Das führt schließlich zu der Gesamtsumme:

$$K^*(m,k+1) = \sum_{i=1}^{m} \binom{m+k-i}{k} \quad .$$

Um nun diesen Ausdruck so umzuformen, daß eine vom Summenzeichen befreite Summenformel entsteht, benötigen wir einige Regeln:

(a) <u>Symmetrieregel</u>: $\binom{m}{n} = \binom{m}{m-n}$. Dies weist man leicht nach mit Hilfe der Fakultäten-Formulierung von [9.5].

(b) $$\sum_{i=0}^{n} \binom{x+i}{i} = \binom{x+n+1}{n} \quad .$$

Hierbei definieren wir:

$$\binom{x}{n} := \prod_{i=1}^{n} \frac{x-i+1}{i}$$ mit $x \in \mathbb{R}$, $n \in \mathbb{N}$ als <u>Binomialkoeffizient</u>.

Für $x := m \in \mathbb{N}$ stimmt diese Def. mit [9.5] überein.

Der Bew.durch vollst. Ind. sei dem Leser überlassen.

Schreiben wir $n+1 := m$ und wenden (a) auf beiden Seiten von (b) an, so erhalten wir:

$$\sum_{i=0}^{m-1} \binom{x+i}{x} = \binom{x+m}{m-1} = \binom{x+m}{x+1} \quad .$$

Mit Hilfe der Umkehrregel [8.7] entsteht:

$$\sum_{i=0}^{m-1} \binom{x+m-1-i}{x} = \binom{x+m}{x+1} \quad .$$

Um nun bei i = 1 mit der Summation beginnen zu können, transformieren wir den Summationsindex nach [8.8]:

$$\sum_{i=1}^{m} \binom{x+m-i}{x} = \binom{x+m}{x+1} \quad .$$

Mit x:= k transformieren wir K*(m,k+1) zu

$$K^*(m,k+1) = \binom{m+k}{k+1} \qquad \text{q.e.d.}$$

Somit gilt:

[9.6] $$K^*(m,n) = \binom{m+n-1}{n} \quad .$$

<u>Beisp.</u>: Wieviele sich prinzipiell unterscheidende Korrelationen existieren bei 10 Zufallsvariablen $X_1, X_2, \ldots, X_{10}$?

Hier ist zu beachten: $Korr(X_i,X_i) := r_{X_iX_i} = 1$,

$Korr(X_i,X_j) = Korr(X_j,X_i)$,

also $r_{X_iX_j} = r_{X_jX_i}$.

Damit ist hier nach K*(10,2) - 10 gefragt.(-10,da sich die 10 Korrelationen der Variablen mit sich selbst nicht unterscheiden).

Also: Es existieren $\binom{m+1}{2} - 10 = 45$ derartige Korrelationen.

Eine spezielle Anwendung von (9.5.) stellt der <u>binomische Satz</u> dar. Betrachten wir dazu das Problem, $(x + y)^n$ mit $x,y \in \mathbb{R}$, $n \in \mathbb{N}$ explizit zu berechnen.

<u>n = 1</u>

$(x + y)^1 = x + y$.

<u>n = 2</u> $(x + y)^2 = x^2 + 2xy + y^2$.

<u>n = 3</u> $(x + y)^3 = x^3 + 3x^2y + 3xy^2 + y^3$.

Betrachten wir nun das Koeffizientenschema der x,y-Ausdrücke:

1 1

1 2 1

1 3 3 1

etc. (Pascalsches Dreieck), und das Potenzenschema

$1 \quad 1$

$2 \quad 11 \quad 2$

$3 \quad 21 \quad 12 \quad 3$, so fallen sofort gewisse Regelmäßigkeiten auf.

Verallgemeinert man diese, so gelangt man zu:

[9.7] (**Binomialsatz**) $(x + y)^n = \sum_{i=0}^{n} \binom{n}{i} x^{n-i} y^i$.

Der Bew. durch vollst. Ind. sei dem Leser überlassen.

Da $x, y \in \mathbb{R}$, läßt sich für $y := -z$ unmittelbar folgern:

[9.7'] $(x - z)^n = \sum_{i=0}^{n} (-1)^i \binom{n}{i} x^{n-i} z^i$.

Beisp.: Bei der Erörterung der Potenzmenge einer Menge M mit $|M| = n$ tauchte die Feststellung auf, daß die Anzahl der Elemente von $\mathfrak{P}(M)$ gleich der Summe aller Kombinationen ohne Wiederholung von n Elementen zur Basis 0,1,2,...,n sei. Also:
$|\mathfrak{P}(M)| = \sum_{i=0}^{n} \binom{n}{i}$. Betrachtet man [9.7], so erkennt man, daß hier $x = y := 1$ ist . Damit folgt sofort:
$|\mathfrak{P}(M)| = 2^n$.

[9.7] läßt sich auch auf den multiplen Fall ausdehnen, wenn also k Variablen $x_1, x_2, \ldots, x_k$ vorliegen, und das 'Polynom' $(x_1 + x_2 + \ldots + x_k)^n$ explizit berechnet werden soll. Um diese Aufgabe zu lösen, sei von der Formulierung $\binom{n}{m} = \frac{n!}{m!(n - m)!}$ ausgegangen. Dann wird nämlich aus [9.7]:

[9.7''] $(x + y)^n = \sum_{n_1 + n_2 = n} \frac{n!}{n_1! n_2!} x^{n_1} y^{n_2}$ mit $n_1 n_2 \in \{0, 1, 2, \ldots, n\}$.

Denn für $n_1 + n_2 = n$ gilt: $\binom{n}{n_2} = \frac{n!}{n_2!(n - n_2)!} = \frac{n!}{n_2! n_1!}$

Ohne Bew. sei dies von 2 auf k Fälle ausgedehnt:

/9.8/ (**Polynomialsatz**) $x_1, x_2, \ldots, x_k \in \mathbb{R}$, $n \in \mathbb{N}$, dann gilt:

$$(x_1 + x_2 + \ldots + x_k)^n = \sum_{\sum_{i=1}^{n} n_i = n} \frac{n!}{n_1! n_2! \ldots n_k!} x_1^{n_1} x_2^{n_2} \ldots x_k^{n_k}$$

mit $n_i \in \mathbb{N}$ $(i=1,2,\ldots,k)$

Beisp.: $(x_1 + x_2 + x_3)^3$ sei zu berechnen:

Zunächst sind die Summenvariablen n_1, n_2, n_3 zu bestimmen:

n_1	0	0	0	0	3	1	1	1	2	2
n_2	0	1	2	3	0	1	0	2	0	1
n_3	3	2	1	0	0	1	2	0	1	0
$\sum_{i=1}^{3} n_i \overset{!}{=} 3$	3	3	3	3	3	3	3	3	3	3

Dies ist nun in /9.8/ für $k := 3$ einzusetzen. Es entstehen dann 10 Summanden. Deren Auflistung sei dem Leser überlassen.

(9.7.) Anleitung zur Lösung kombinatorischer Probleme

Bei der Lösung kombinatorischer Probleme geht man in folgenden Schritten vor:

(1) Frage: Welche Menge liegt vor; Mächtigkeit der Menge?

(2) " : Aus wievielen Elementen bestehen die in Frage stehenden Auflistungen?

(31) " : Sind Wiederholungen zugelassen?

(32) " : Wie werden nur durch die Reihenfolge der Elemente unterschiedene Auflistungen behandelt?

Beisp.: Ein Student kann in einer integrierten Gesamthochschule drei Fächer aus insgesamt fünf Hauptfächern studieren. Wieviele Studiengangsmöglichkeiten hat er, wenn es keine sachlich gebotene oder sonstwie vorgeschriebene Aufeinanderfolge des Studiums der einzelnen Fächer gibt?

zu(1) $M := \{1,2,3,4,5\}$, $|M| = 5$.

zu(2) Jede Auflistung enthält drei Elemente aus M.

zu(31) Da ein Fach nicht zweimal studiert wird, sind Wiederholungen ausgeschlossen.

zu(32) Verschiedene Reihenfolgen von gleichen Fächerkombinationen sind spezielle Studiengänge und zählen daher als solche.

Somit handelt es sich hier um eine Variation ohne Wiederholung zur Basis 3 von 5 Elementen. $V(5,3) = 5 \cdot 4 \cdot 3 = 60$.

Kommen wir abschließend zu den Problemen, die eingangs auf S.-155- aufgeführt waren:

zu(1) Hat eine Menge M n Elemente, so hat die Potenzmenge von M 2^n Elemente.

zu(2) ----

zu(3)(c) Offensichtlich ist hier nach der Anzahl von Variationen mit Wiederholung zur Basis 2 gefragt, und zwar in Form der Suche nach dem 'n' eines n-Tupels, so daß $V^*(n,2) \geq 26$. Also $2^n \geq 26$. 26 wird sicherlich für n = 4 überschritten. Somit reichen 4-Tupel aus 0,1-Elementen aus, um das lateinische Alphabet darzustellen.

zu(3)(d) Ein Zahlenbeisp.: Man denke sich eine Zahl zwischen 0 und 10 incl.. Nur solche Fragen seien zulässig, die mit ja oder nein zu beantworten sind. Die Aufgabe besteht nun darin, mit möglichst wenig Fragen diese Zahl zu erkundschaften.

Somit tauchen hier zwei Probleme auf:

(1) Wie lautet die optimale Fragestellung(optimale Suchraumstrukturierung)?

(2) Wieviele Fragen sind notwendig?

zu (1) Strukturiere den Suchraum so, daß beide Antwortmöglichkeiten (ja, nein) in jedem Stadium des Suchprozesses möglichst gleichviel Information enthalten.D.h. die Chance ein ja bzw. ein nein als Antwort zu erhalten, muß bei jeder Frage gleich groß sein. Daher ist der Suchraum bei jeder Frage möglichst zu halbieren. Z.B. bei der ersten Frage: Ist die Zahl größer als 5? Ja: Ist sie größer als 7, Nein: Ist sie größer als 3, etc.

zu (2) Hier ist analog zu (c) $V^*(n,2) \geqslant 11$ gesucht, also $2^n \geqslant 11$. Die Ungleichung ist erfüllt von n = 4 ab. Da das minimale n gesucht ist, heißt die Lösung n = 4.

Das vorliegende äußerst einfache Beispiel sollte den Zweck haben, die Problemsituation von Bemühungen aufzuzeigen, Informationstheorie, Suchtheorie und Ansätze aus der mathematischen Statistik zu verknüpfen, Bemühungen, deren Relevanz für sozialwissenschaftliche Fragestellungen insbesondere unter praxeologischem Aspekt in steigendem Maße gesehen wird.

zu(4)(a) Bei 6 aus 49 gibt es $\binom{49}{6}$ Möglichkeiten, d.h. die Wahrscheinlichkeit, 6 'Richtige' zu haben, ist 1/13983816 .

(b) Bei der Kompatibilitätsprüfung sind folgende Ergebnisse denkbar:

Keine Kompatibilität, dann gibt es 4 Einzelmöglichkeiten.

$\binom{4}{2}$ kompatible Paare, $\binom{4}{3}$ kompatible Tripel, $\binom{4}{4}$ kompatible Quadrupel an Projekten. Bezieht man noch die Inaktivität mit ein (0 Projekte), so ist also zunächst nach der Summe aller Kombinationen von 4 Elementen zur Basis i, i = 0,1,2,3,4(o.Wied.) gefragt. Also gibt es hier 2^4 Möglichkeiten. Diese 16 Projektmöglichkeiten können nun in $\binom{16}{2}$ Paarvergleichen gegeneinander abgewogen werden. Hier sind somit 120 Paarvergleiche zur Erreichung einer vollständigen Ordnung(Transitivität, Asymmetrie und Konsistenz(keine Zyklen) einmal unterstellt) notwendig.

(c) ----

Aufgaben:

w(1) Eine Nachricht soll aus zwei Buchstaben bestehen. Zur Verfügung stehen die Buchstaben A,X und Z. Wieviele verschiedene solcher Nachrichten gibt es, wenn

(a) die Buchstaben nicht wiederholt werden dürfen,

(b) " " wiederholt werden dürfen?

w(2) Zur'Bekämpfung' des Numerus Clausus wird an einer Fakultät für eine Zwischenprüfung die Durchfallquote von 1/3 festgelegt. Neun Kandidaten haben sich zur Zwischenprüfung gemeldet. Wieviele verschiedene Gruppen von Kandidaten kann es geben, die die Prüfung bestehen?

p(3) In einer Organisation gebe es 6 Abteilungen. Wieviele verschiedene 'Bahnen' von Aufgabenerledigungen, bei denen alle 6 Abteilungen berührt werden, gibt es, wenn die Abteilungen 1 und 2 Aufgaben stets hintereinander ausführen, während ein Erledigungsablauf bei den übrigen Abteilungen nicht vorgeschrieben ist?

w(4) Vereinfachen Sie den Ausdruck:

$$q = 2 - \frac{(m + n - 1)!n!2}{(n - 1)!(m + n)!} - \frac{1}{2^m}\sum_{n=0}^{m}\binom{m}{n} \quad !$$

w(5) Schreiben Sie den Ausdruck:

$Q := (1 - x + x^2)^3$ explizit auf ! (Hinweis: $-x = +(-x)$)

p(6) Häufig werden z.B. in der Marktforschung Individuen zu bestimmten Konsumartikeln Kaufgesichtspunkte vorgelegt. Entwickeln Sie für einen PKW-Kauf eine Liste von Gesichtspunkten, schreiben Sie alle möglichen Paarkombinationen dieser Gesichtspunkte untereinander und entscheiden Sie spontan(ohne lange nachzudenken), welche der beiden Gesichtspunkte je Paar Sie vorziehen würden (1 oder 2 je Zeile). Notieren Sie diese Präferenzen und prüfen Sie anschließend die Konsistenz(Zirkelpräferenzen, auch Zyklen genannt) dieser Urteile.

p(7) Der Entwicklungsstand einer Technologie bestimmt sich unter anderem nach der Anzahl von Designmöglichkeiten technischer Systeme. Nach Ellis A. Johnson: Operations Research in the World Crisis in Science and Technology in: C.D.Flagle, W.H. Huggins, R.H. Roy(eds.):

Operations Research and Systems Engineering, Baltimore, Johns Hopkins Press 1960

gab es bzgl. eines Bomberwaffensystems 1953 2 Designgrundbestandteile, 1950 gab es 4, 1965 etwa 8. Diese Designgrundbestandteile können vom Designer in der

Wahl des Waffensystems kombiniert werden.

(a) Entwickeln Sie eine Zeitreihe $x_t := f(t)$ mit

$x_t :=$ Anzahl der Designgrundbestandteile zum Zeitpunkt t,

t:= Zeitpunkt (Jahre), 1935:= 1, 1950:= 2, 1965:= 3, die Form von f ist zu ermitteln unter der Annahme, daß die in den drei Datenpaaren enthaltene Gesetzmäßigkeit unverändert bestehen bleibt.

(b) Unter wieviel verschiedenen Bomberwaffensystemen könnte ein Designer 1995 wählen, wenn sich das unter (a) entwickelte Gesetz nicht ändert und keine Veraltung auftritt?

(c) Angenommen, 99% der Wahlmöglichkeiten in 1995 schieden von vornherein aus, wieviele Wahlmöglichkeiten verbleiben?

Diskutieren Sie die Ergebnisse unter (b) und (c) unter den Aspekten

- gesellschaftlich zu bewältigender technologischer Komplexität,
- Rüstungswettlauf.

Hinweis:

$$n! \approx \sqrt{2\pi n}\left(\frac{n}{e}\right)^n$$ für große n (n>10) (Stirling-Formel)

'≈':= 'ungefähr gleich' ; für n>10 ist der Unterschied zur Gleichheit vernachlässigbar.

(10.) Meßtheorie

(10.1.) Grundlagen

Das Ziel dieses Kapitels ist es, den intuitiven Begriff des Messens irgendwelcher Objekte - hier insbesondere sozialwissenschaftlicher Gegenstände - zu präzisieren. Hierzu verwenden wir das in (1.) bis (6.) Aufgezeigte und benutzen die reellen Zahlen. Im Verlauf der Erörterungen werden insbesondere die wichtigsten Skalentypen definiert und Voraussetzungen für die Existenz derartiger Skalen angegeben.

Die fundamentale Idee der Meßtheorie besteht darin, bestimmten Systemen derart Zahlen zuordnen zu wollen, daß dabei die Struktur des Systems möglichst vollständig erhalten bleibt. Ziel dieser Zuordnung ist es, klarere und leichter weiter zu verarbeitende Beziehungen zu bekommen.

Bei der Zuordnung verwendet man meist Zahlen aus dem reellen Zahlenbereich, weil damit ein möglichst umfassender Bereich zur Verfügung steht.

Diese Ausführungen führen zu dem Definitionsversuch:

$\mathfrak{A}:=\langle A,(r_i)_{i\in I}\rangle$ mit I als Indexmenge sei ein empirisches Relationensystem, wobei die Relation r_i m_i-stellig sei. $\mathfrak{R}:=\langle \mathbb{R},(s_i)_{i\in I}\rangle$ sei ein numerisches Relationensystem vom gleichen Typ. $f\colon A\longrightarrow\mathbb{R}$ sei ein Morphismus (bzgl. aller auf A definierten Relationen). Dann heißt das Tripel $(\mathfrak{A},\mathfrak{R},f)$ eine Skala. Die Elemente von $f[A]$ heißten Skalenwerte.

Die Aussagekraft einer derartigen Skala ist jedoch dadurch beeinträchtigt, daß es in A viele gleichartige Elemente (die unter einer Kongruenzrelation in Beziehung stehen) gibt, die aber gleichwohl auf unterschiedliche Skalenwerte abgebildet werden können, was zu einem verzerrten Bild führen kann. Wir werden daher zunächst alle unter einer Kongruenzrelation in Beziehung stehenden Elemente identifizieren.

<u>Def. 1</u>: $\mathfrak{A}:=\langle A,(r_i)_{i\in I}\rangle$ sei ein Relationensystem. heißt <u>irreduzibel</u>, wenn die Gleichheit die gröbste Kongruenzrelation auf A ist.

Zur Erläuterung sei das Beisp. auf S.-105f- betrachtet:

$\langle\mathbb{R},r_1\rangle$ ist hier ein reduzibles Relationensystem, da die Relation s, welche die Gleichheitsrelation echt umfaßt, noch Kongruenzrelation für $\langle\mathbb{R},r_1\rangle$ ist. Das zugehörige irreduzible System wäre hier $\langle \mathbb{R}^+, r_1 \rangle$ mit $(a,b) \in R_1 :\Longleftrightarrow (a^2 < b^2)$ für $a, b \in \mathbb{R}$, $a, b \geqslant 0$.

Zu jedem $\mathfrak{A} = \langle A, (r_i)_{i \in I} \rangle$ bilden wir also zunächst $\mathfrak{A}^* := \langle A/\pi, (\hat{r}_i)_{i \in I} \rangle$ mit π als gröbster Kongruenzrelation auf A. Dann ist $\mathfrak{A}^*$ irreduzibel, und für dieses irreduzible Relationensystem kann nun das Konzept der Skala zweckmäßig entwickelt werden:

Def. 2: Sei $\mathfrak{A}$ ein empirisches Relationensystem, das irreduzibel ist, $\mathfrak{R}$ sei ein numerisches Relationensystem vom gleichen Typ. $f: A \longrightarrow \mathbb{R}$ sei ein Morphismus; dann heißt das Tripel $(\mathfrak{A}, \mathfrak{R}, f)$ eine Skala.

Es erhebt sich nun die Frage, ob Skalen für Relationensysteme $\mathfrak{A}, \mathfrak{R}$ eindeutig sind. In dieser Schärfe jedoch ist die Frage nicht zu beantworten, wir müssen vielmehr zunächst hier einen weiteren Begriff einführen:

Def. 3: Sei A eine strukturierte Menge, $f: A \longrightarrow A$ sei ein Morphismus, f heißt dann Endomorphismus. Ist $B \subseteq A$ und B gleichartig strukturiert wie A, so heißt jeder Morphismus $g: B \longrightarrow A$ partieller Endomorphismus.

Für Skalen gilt nun der folgende Satz, der hier ohne Beweis angegeben werden soll:

Satz : Ist $(\mathfrak{A}, \mathfrak{R}, f)$ eine Skala, und ist $g: f[A] \longrightarrow \mathbb{R}$ ein partieller Endomorphismus, so ist auch $(\mathfrak{A}, \mathfrak{R}, g \circ f)$ eine Skala.

Wir müssen somit zu jedem Skalentyp die entsprechenden partiellen Endomorphismen angeben, um sagen zu können, welche Transformationen wir durchführen dürfen, ohne den Skalentyp (unkontrolliert) zu verlassen.

Um also ein empirisches Relationensystem strukturerhaltend in ein numerisches Relationensystem abzubilden, d.h. eine Skala zu konstruieren mit den oben genannten Eigenschaften, ist es gleichgültig, ob wir eine Skala mit f oder eine mit $g \circ f$, wobei g partieller Endomorphismus ist, konstruieren: Beide sind 'gleichwertig'. Oft wird aus praktischen Überlegungen heraus zu entscheiden sein, welches Konstruktionsverfahren und welche Skala man wählt.

(10.2.) Nominalskalen

Anschaulich gesprochen werden bei nominaler Skalierung irgendwelchen Objekten 'Namen', in unserem Fall Nummern, zugeordnet, die aber nur der Klassifizierung, nicht jedoch der Anordnung etc. dienen.

Beisp.: In einer New Yorker Vorortschule wird eine zufällige Stichprobe von Schulkindern gezogen. In dieser Stichprobe befinden sich 12 weiße und 27 schwarze Schulkinder. Diese sollen getrennt untersucht werden.
M:= Menge von 39 Elementen. $r = (M,M,R)$ mit $(a,b) \in R :\Longleftrightarrow$ 'a und b sind gleichfarbig' sei eine Relation. Das Relationensystem $\langle M,r \rangle$ ist reduzibel, da gilt: (GL:= Gleichheitsrelation)

(1) $GL \subset R$

und

(2) r ist Kongruenzrelation.

Zuerst ist somit $M/_r$ zu bilden. Damit erhalten wir das neue Relationensystem $\langle M/_r, GL \rangle$. Dieses ist nun irreduzibel. $M/_r$ hat zwei Elemente:

(1) $[s] :=$ Menge aller schwarzen Elemente,

(2) $[w] :=$ " " weißen Elemente.

Nun soll auf diesem Relationensystem eine Skala konstruiert (also definiert) werden. Hier sei folgende Wahl getroffen:

$[s] \longmapsto 0$,

$[w] \longmapsto 1$.

Hier dient die Konstruktion einer Nominalskala also lediglich zur Unterscheidung zwischen schwarzen und weißen Schulkindern.

Übersetzen wir dieses Beispiel in die mathematische Sprache:

Def.: $\mathfrak{A} := \langle A, \pi \rangle$ sei ein Relationensystem mit π Kongruenzrelation. Das irreduzible Relationensystem $\mathfrak{A}^* := \langle A/_\pi, GL \rangle$ habe nicht mehr Elemente als es reelle Zahlen gibt.
Dann heißt jede injektive Abb. $f: A/_\pi \longrightarrow \mathbb{R}$ Nominalskala.

Da in den für uns relevanten Problemen keine Mengen auftreten, deren Mächtigkeit größer ist als die der Menge der reellen Zahlen, und selbstverständlich auch für diese Mengen injektive Abb. gemäß der Def. existieren, lassen sich stets Nominalskalen konstruieren.

<u>Beisp.</u>: $f: \{0,1\} \longrightarrow \mathbb{R}$ mit $f(0) := 15$ und $f(1) := -35$ ist injektiv. Wir hätten somit die Schulkinder auch dadurch nach ihrer Hautfarbe differenzieren können, daß wir alle schwarzen Schulkinder mit 15 und alle weißen mit -35 bezeichnet hätten.

Weitere <u>Beispiele</u> für Nominalskalen:

(1) Man numeriere in beliebiger Reihenfolge alle Vornamen durch und betrachte die Menge aller Menschen. Man fasse alle mit gleichem Vornamen zusammen und ordne ihnen dann die entsprechenden Nummern zu.

(2) Differenzierung nach Geschlechtern.

(3) Berufsgruppensystematiken.

etc.

Allgemein: Jede Menge mit Äquivalenzrelation läßt sich nominal skalieren, indem man das Relationensystem, bestehend aus der Quotientenmenge und der Gleichheitsrelation, injektiv auf die Menge der reellen Zahlen abbildet.
Dabei sind quantitative Operationen (z.B. Häufigkeitsauszählungen, etwa die Summe über alle 1 - Realisationen im obigen Beispiel) erlaubt, solange sie nicht die Ordnung $(0<1)$ und die algebraischen Operationen (z.B. $1 \cdot 0 = 0$) der Skalenwerte benutzen.

Zum letzten Gesichtspunkt ein gerade in den Sozialwissenschaften relevantes <u>Beispiel</u>: Kontingenztabellen.

$A :=$ Menge der Einwohner von München

$\Pi_1 \subseteq A$ mit $x \in \Pi_1 :\Longleftrightarrow x$ ist Slum-Bewohner, $x \in A$.

(Beachte: π_1 ist einstellig!)

$\Pi_2 \subseteq A$ mit $x \in \Pi_2 :\Longleftrightarrow x$ ist vorbestraft, $x \in A$.

(Auch π_2 ist einstellig.)

$A/_{\pi_1} := \{a, \bar{a}\}$ mit $a := \{x / x \in \Pi_1\}$ und $\bar{a} := \{x / x \notin \Pi_1\}$.

$A/_{\pi_2} := \{b, \bar{b}\}$ mit $b := \{x / x \in \Pi_2\}$ und $\bar{b} := \{x / x \notin \Pi_2\}$.

$f: A/_{\pi_1} \times A/_{\pi_2} \longrightarrow \mathbb{N}$ heißt dann Kontingenztabelle.

Man schreibt f i.A. in Form einer Matrix:

$$\begin{array}{c c} & a \quad \bar{a} \\ \begin{array}{c} b \\ \bar{b} \end{array} & \begin{pmatrix} n_{ba} & n_{b\bar{a}} \\ n_{\bar{b}a} & n_{\bar{b}\bar{a}} \end{pmatrix} \end{array}$$

mit den Matrixelementen aus $\mathbb{N}$ als Häufigkeiten. Man hat verschiedene Maße auf der Menge dieser Häufigkeiten definiert um die Kontingenz (den Zusammenhang) zwischen den nominal skalierten Variablen zu bestimmen. Selbstverständlich gibt es auch Kontingenztabellen mit einer größeren Anzahl von Zeilen und Spalten, wir haben hier nur den einfachsten Typ vorgestellt.

(10.3.) Ordinalskala

Anschaulich bedeutet die ordinale Skalierung, daß einer Menge mit Ordnungsstruktur Zahlen so zugeordnet werden, daß die Ordnungsbeziehungen erhalten bleiben.

__Beisp.__: M sei eine Stichprobe von Individuen. $\precsim \subseteq M \times M$ sei eine Ordnungsrelation, def. durch:
$(a,b) \in \precsim :\Longleftrightarrow$ a hat einen geringeren I.Q. (Intelligenzquotienten) als b mit $a,b \in M$. $\approx \subseteq M \times M$ sei eine Äquivalenzrelation mit
$(a,b) \in \approx :\Longleftrightarrow$ a hat den gleichen I.Q. wie b , $a,b \in M$.
Es werden alle Individuen aus M mit gleichem I.Q. zusammengefaßt. Ihnen wird die Zahl ihres I.Q. zugeordnet.

Versuchen wir diesen Sachverhalt mathematisch zu beschreiben: Zunächst stellt sich die Frage nach dem zu $\mathfrak{A} := \langle M, \approx, \precsim \rangle$ gehörenden irreduziblen Relationensystem.

__Satz 1__: $\mathfrak{A} := \langle A, \approx, \precsim \rangle$ sei ein Relationensystem mit $\precsim$ als vollständiger Quasiordnung ($\precsim$ ist reflexiv und transitiv) und $\approx := \precsim \cap \precsim^{-1}$. Dann ist $\approx$ Kongruenzrelation, und das Quotientensystem $\mathfrak{A}^* = \langle A/_{\approx}, GL, \precsim^* \rangle$ ist irreduzibel.

Um nun Ordinalskalen eindeutig definieren zu können, benötigen wir noch:

__Def. 1__: $(A, \leq)$ sei eine vollständig geordnete Menge.
$(a, \longrightarrow) := \{b / b \in A \text{ und } a < b\}$ heißt __linksoffene Halbgerade__ $> a$,

$(\leftarrow\!\!-\!\!-, c) := \{b / b \in A \text{ und } b < c\}$ <u>rechtsoffene Halbgerade</u> $< c$. Hierin geht man von einer vollst. geordneten Menge aus, da man sonst keine Halbgerade für alle $b \in A$ erhält. Man verwendet offene Halbgeraden ('echt kleiner' bzw. 'echt größer'), um Grenzprozesse durchführen zu können(näheres siehe (11.)). Bei diesen Grenzprozessen kommt es nämlich darauf an, daß keine Umgebung eines Elementes direkt begrenzt ist, sondern zu jedem Element noch ein größeres bzw. kleineres in derselben Umgebung liegt.

Wir bezeichnen $\{(a, \longrightarrow) / a \in A\} =: \mathcal{S}_1$ und $\{(\longleftarrow, c) / c \in A\} =: \mathcal{S}_2$.

<u>Def. 2</u>: $\mathfrak{A} := \langle A, \approx, \lesssim \rangle$ sei ein geordnetes System wie in Satz 1. Jede Abb. $f: \langle A_{/\approx}, GL, \lesssim^* \rangle \longrightarrow \langle \mathbb{R}, =, \leq \rangle$ heißt <u>Ordinalskala</u>, wenn folgende Bedingungen erfüllt sind:

(1) f ist injektiv,

(2) f ist Ordnungsmorphismus (isoton),

(3) $(f^{-1}[I] \in \mathcal{S}_1) \vee (f^{-1}[I] \in \mathcal{S}_2)$, wobei $I := J \cap f[A]$ mit J ist offene Halbgerade in $\mathbb{R}$

<u>Bemerkung</u>: Während (1) und (2) unmittelbar einsichtig sein dürften, sichert die etwas 'technische' Bedingung (3) die Eindeutigkeit von Ordinalskalen bis auf partielle Endomorphismen. Dies soll aber hier nicht bewiesen werden.

Die Frage, wann zu einem geordneten System $\mathfrak{A} := \langle A, \approx, \lesssim \rangle$ eine Ordinalskala existiert, kann nun vollständig beantwortet werden:

<u>Satz 2</u>: Sei $\mathfrak{A} := \langle A, \approx, \lesssim \rangle$ ein geordnetes System. Ist $A_{/\approx}$ abzählbar, so existiert auf $\mathfrak{A}^* = \langle A_{/\approx}, GL, \lesssim^* \rangle$ eine Ordinalskala.

Eine derartige Ordinalskala ist dann eindeutig bis auf partielle Endomorphismen, d.h. hier: bis auf Abb. mit den Eigenschaften (1),(2),(3) aus Def.2.

<u>Beispiele</u>:

(1) Windstärke,

(2) Präferenzenskala in der Nutzentheorie,

(3) Guttman-Skala,

(4) Schulzensuren, etc. .

Allgemein: Jedes Relationensystem $\mathfrak{A} := \langle A, \approx, \precsim \rangle$ mit reflexiver, transitiver und vollständig geordneter Relation $\precsim$ und mit $\approx := \precsim \cap \precsim^{-1}$ läßt sich, sofern $A/_{\approx}$ abzählbar ist, ordinal skalieren, indem $A/_{\approx}$ gebildet und $\mathfrak{A}^* = \langle A/_{\approx}, GL, \precsim^* \rangle$ injektiv und isoton in $\langle \mathbb{R}, =, \leqslant \rangle$ abgebildet wird, wobei noch die Bedingung (3) aus Def. 2 zu erfüllen ist, was aber fast immer automatisch der Fall ist.

Abschließend sei das Beisp. Schulzensuren ausführlicher dargestellt, da hier meist vernachlässigt wird, daß es sich lediglich um eine Ordinalskala handelt.

Häufig ist die Methode der Berechnung von Durchschnittszensuren, d.h. eines arithmetischen Mittels bei Schulzensuren, zu beobachten(z.B. bestimmte Durchschnittszensuren des Abitur-Zeugnisses zur Überwindung des Numerus Clausus). Diese Methode setzt jedoch die Zulässigkeit bestimmter algebraischer Rechenoperationen mit Schulzensuren voraus, oder in skalentheoretischer Formulierung: Es muß mindestens eine Intervallskala(siehe (10.5.)) vorliegen. Hier erheben sich allerdings schwerwiegende Bedenken, bei denen noch nicht einmal auf die Kriterienproblematik eingegangen wird:

(1) Die Leistungs- und Anforderungsniveaus verschiedener Schulklassen und Arbeiten müssen übereinstimmen.

(2) Es müssen zutreffende Aussagen über die Differenzen von Arbeitenbewertungen gemacht werden können wie z.B.: Der Abstand von '2' nach '3' ist ebenso groß wie der von '5' nach '6'.

(3) Ein Schüler mit einer '1' und einer '5' muß ebenso 'gut' sein wie ein Schüler mit zwei 'Dreien'.

Dem Gesagten zufolge stellen Schulzensuren höchstens eine Ordinalskala dar, sofern die Bewertungsprinzipien nicht schwanken oder wechseln. Damit ist aber die Berechnung von Mittelwerten, Summen etc. unzulässig.(Dies dürfte mindestens den Mathematiklehrern bekannt sein!) Formalisieren wir nun den Vorgang der Leistungsmessung durch Zensurenvergabe:

Sei $M := \{x/x$ ist Schüler einer bestimmten Schulklasse$\}$. Bei einer Klassenarbeit stellt der Lehrer, der diese Schulklasse unterrichtet und die Klassenarbeit hat schreiben lassen, eine Ordnung auf der Menge der Schüler dadurch auf, daß er feststellt:

x hat eine mindestens so gute Arbeit geschrieben wie y, $x,y \in M$. D.h.:

$r = (M,M,R)$ mit $xry :\Longleftrightarrow x$ hat eine mindestens so gute Arbeit geschrieben wie y

ist eine Ordnungsrelation. $\langle M,(r)\rangle$ ist das Relationensystem mit r ist 2-stellig. Nach Satz 1 existiert eine Kongruenzrelation $\approx := R \cap R^{-1}$, die hier interpretiert werden kann als

$x \approx y :\Longleftrightarrow x$ hat eine genauso gute Arbeit geschrieben wie y , $x,y \in M$.

Das zugehörige irreduzible Quotientensystem hat die Form: $\langle M_{/\approx}, GL, r^* \rangle$ wobei $M_{/\approx} = \{ [x] / x \in M \}$ mit $[x]$:= Menge aller Schüler mit gleichguter Arbeit wie x . Nach Satz 2 existiert eine Ordinalskala, die das verwendete Benotungsverfahren festlegt. Für die BRD gilt:

$$f : \langle M_{/\approx}, GL, r^* \rangle \longrightarrow \langle \{1,2,3,4,5,6\}, =, \leq \rangle .$$

empir. Rel. system — numerisches Rel.system

Hierin muß f die Bedingungen von Def. 2 erfüllen.

Aufgabe:

w Formalisieren Sie die Ihnen bekannten Benotungsverfahren anderer Länder und vergleichen Sie diese mit dem der BRD!

(10.4.) Bemerkungen zu Nominalskalen und Ordinalskalen

Empirische Relationensysteme, die nominal oder ordinal skalierbar sind, sind durch das Vorhandensein von Äquivalenz- und Ordnungsrelationen charakterisiert. Eine algebraische Relation existiert i.A.nicht. Dies ist der weitaus häufigste Fall in den Sozialwissenschaften(evtl.mit Ausnahme der Wirtschaftswissenschaften). Da somit hier keine sinnvollen Mittelwerte, Varianzen etc. berechnet werden können, damit aber auch bestimmte Wahrscheinlichkeitsverteilungen(z.B. die Normalverteilung), deren Parameter durch derartige Berechnungen festgelegt werden,*) nicht benutzt werden können, obwohl sie im Prinzip äußerst zweckmäßig sind, bemüht man sich häufig, empirische Relationensysteme aufzufinden, die auch algebraische Relationen enthalten. Denn diese erlauben dann präzisere (meist quantitative) Aussagen. Deshalb werden im Folgenden noch einige weitere Skalentypen erörtert, die auf diesen Fall zugeschnitten sind.

Zuvor jedoch noch einige Bemerkungen zur Verwendung statistischer Methoden bei Vorliegen nominaler oder ordinaler Skalen:

(1) Mittelwerte, Varianzen:
Betrachten wir noch einmal das Beispiel der Differenzierung von Schulkindern nach ihrer Hautfarbe, allerdings jetzt mit den Häufigkeiten: Es existieren 13 weiße und 13 schwarze Schulkinder. Schreibt man nun die Namen der Kinder auf Karten und zieht zufällig eine Karte, notiert die Hautfarbe, legt die Karte zurück, zieht zufällig eine nächste, notiert wieder die Hautfarbe etc., was soll dann hier die Aussage bedeuten, wenn man schwarz mit 0, weiß mit 1 bezeichnet hat:
Im Durchschnitt wird 0.5 gezogen? Kinder, denen 0.5 zugeordnet wird, existieren nämlich nicht. Sinnvoll sind daher hier nur Aussagen über relative Häufigkeiten.

(2) Bei diesen Meßniveaus können stets nur diskrete Häufigkeitsverteilungen (bei relativen Häufigkeiten angenähert: diskrete Wahrscheinlichkeitsverteilungen) vorliegen. Denn bei einem endlichen empirischen Relationensystem können im zugehörigen numerischen Relationensystem immer nur endlich viele Bildelemente vorkommen.

(3) Das zur Behandlung von Relationensystemen auf diesen Meßebenen adäquate statistische Werkzeug ist die nicht'parametrische' Statistik. Diese kommt ohne die algebraischen Operationen mit

---

*) Ein Parameter ist eine unter bestimmten Bedingungen(hier z.B. einer Stichprobe) konstante Variablenausprägung, die die für diese Bedingungen geltende Form einer Gesetzmäßigkeit festlegt.

den Elementen des numerischen Relationensystems aus.

(4) Zur Konstruktion von Ordinalskalen:
Bisher wurde der Fall diskutiert, daß ein empirisches Relationensystem vorliegt und eine Ordinalskala gesucht ist. Besteht jedoch umgekehrt eine Vorstellung davon, wie man ein empirisches Relationensystem skalieren könnte, d.h. geht man von einer gegebenen Skala aus und sucht nun eine entsprechende Ordnung im empirischen Relationensystem nachzuweisen, so sind bestimmte Analyseverfahren, z.B. Paarvergleich oder Guttman-Analyse, zu verwenden. Diese sollen die Existenz einer geeigneten Ordnung auf einer betrachteten Menge nachweisen.

(10.5.) Intervall- und davon abgeleitete Skalen

Im Folgenden werden wir Skalen diskutieren, denen neben Äquivalenz- und Ordnungs- auch noch algebraische Relationen zugrunde liegen. Wir werden hier im Unterschied zu den vorangegangenen Kap. keine Existenzsätze mehr aufführen, da diese einen zu großen mathematischen Hintergrund zu ihrem Verständnis erfordern.
Erinnern wir uns, daß wir in (10.1.) festgestellt haben, daß jedem Skalentyp eine Menge partieller Endomorphismen entspricht, und diese Menge den Typ der Skala exakt festlegt. Haben wir nun ein empirisches Relationensystem mit algebraischer Struktur in ein numerisches Relationensystem(das hier zusätzlich Addition, Multiplikation etc. enthält) abgebildet, so bleiben als partielle Endomorphismen lediglich lineare Abbildungen. Wir werden also im Folgenden als Menge der Endomorphismen die affine Abb. $g: \mathbb{R} \longrightarrow \mathbb{R}$ mit $g(x) := ax + b$, $a \in \mathbb{R}^+$, $b \in \mathbb{R}$, betrachten.

(1) Intervallskala
Sei $\mathcal{E} := \langle E, \circ \rangle$ ein empirisches Relationensystem mit $\circ$ als algebraischer Operation. $f: E \longrightarrow \mathbb{R}$ sei ein Morphismus. Sind in E Meßeinheit und Bezugspunkt (Nullpunkt) für die Messung willkürlich(d.h. frei wählbar), so ist die Skala f

eindeutig bis auf affine Abbildungen, d.h. jedes $g \circ f$ mit g affine Abb. ist wieder eine Intervallskala. Denn freie Wahl der Meßeinheit ist gleichbedeutend mit der Multiplikation einer beliebigen Konstanten, die freie Wahl des Nullpunktes bedeutet die Addition einer beliebigen Konstanten.

<u>Beispiele</u>:

(a) Temperaturmessung in °Celsius und ° Fahrenheit.

(b) v.Neumann-Morgensternsche Nutzenmessung:

X sei eine endliche indizierte Menge,
$X := \{x_i / i = 1,2,\dots,n\}$. $(X,\propto)$ sei eine geordnete Menge. O.B.d.A. gelte:

$x_1 \propto x_2 \propto \dots \propto x_n$.

u sei eine Abb. mit:

$u: x_1 \longmapsto 0 := u(x_1)$

$u: x_n \longmapsto 1 := u(x_n)$.

Einem Individuum werde nun eine Wahlmöglichkeit eröffnet: Für $x_i \in X$ mit $i \neq 1$, $i \neq n$ gelte:

Du erhälst entweder x_1 mit einer Wahrscheinlichkeit $Prob(x_1) := 1 - p$,

oder Du erhälst x_n mit einer Wahrscheinlichkeit $Prob(x_n) := p$,

ODER

x_i mit Sicherheit.

Bzgl. x_1 und x_n entsteht so für das Individuum der Erwartungswert

$u(x_1)(1 - p) + u(x_n)p = 0 + p = p$.

Nun ist durch 'Einschachtelung' dasjenige p zu finden, für das gilt:

$x_i \; I \; (u(x_1)Prob(x_1) + u(x_n)Prob(x_n) = p)$ mit

I als Indifferenzrelation. D.h. x_i ist indifferent zu p. Ist durch Einschachtelung eine derartige Indifferenzrelation realisiert, dann wird definiert:

$$u(x_i) := p$$

Für die so entstandene Skala gilt:

$r,q,s \in \{1,2,\dots,n\}$ mit

$$\frac{u(x_r) - u(x_{r+s})}{u(x_q) - u(x_{q+s})} = a$$

. a ist konstant und wird Skalierungsfaktor der Intervallskala genannt. Diese Formel bringt zum Ausdruck, daß bei Intervallskalen Nullpunkt und Meßeinheit frei wählbar sind, da lediglich das Verhältnis äquidistanter Differenzen von Skalenwerten konstant sein muß.

(2) Ratioskala

Sei $\mathcal{E} := \langle E, \circ \rangle$ ein empirisches Relationensystem mit $\circ$ als algebraischer Operation. Sei f: $E \rightarrow \mathbb{R}$ ein Morphismus. Ist in E der Nullpunkt der Messung fixiert, die Meßeinheit aber frei wählbar, so ist die Skala f eindeutig bis auf lineare Abbildungen $g(x) := ax$ (d.h. Morphismen von $(\mathbb{R},+)$ in $(\mathbb{R},+)$, da ja der Nullpunkt festgelegt ist). Diese Skala wird Ratioskala genannt. Hier unterscheiden sich also verschiedene Skalen lediglich durch die Multiplikation mit einer Konstanten.

In den Sozialwissenschaften sind Ratioskalen relativ selten anzutreffen, ein Beisp. ist das Einkommen. Es kann z.B. als Skala zur Messung von Arbeitsleistungen verwendet werden (allerdings wird damit u.U. nur ein Aspekt der Arbeitsleistung auf ein numerisches Relationensystem abgebildet).

(3) Differenzskala

Ist in einem empirischen Relationensystem $\langle E, \circ \rangle$ zwar die Meßeinheit fixiert, nicht jedoch der Nullpunkt, so ist jede Skala eindeutig bis auf Abbildungen $g(x) := x + b$, d.h. eine Verschiebung des Nullpunktes. Man erkennt unmittelbar an $g(x) = ax + b$ mit $a := 1$, daß hier eine spezielle Intervallskala vorliegt.

(4) Gemischte Skalen

Neben den aufgezeigten Skalen gibt es einige, die sich formal'zwischen' den hier genannten Skalen einordnen lassen und die in den Sozialwissenschaften hier und da verwendet werden. Dazu zwei Beispiele:

(a) Geordnete, metrische Skala

Diese Skala liegt zwischen Ordinal- und Intervallskala und basiert darauf, daß Abstände zwischen je zwei Gegenständen in der Bewertung erfaßt werden können und diese Abstände sodann von einem Individuum geordnet werden können. Diese Skala wurde z.B. von Coombs benutzt, um Studenten über die von ihnen erwarteten Prüfungsergebnisse quantitativ zu befragen.

(b) Logarithmische Skalen

Hier werden als partielle Endomorphismen nicht lineare, sondern exponentiale Abb. verwendet, d.h. $g(x) := cx^n$ mit $c, n \in \mathbb{R}^+$. Diese Skalen sind somit logarithmische Ratioskalen, deren Brauchbarkeit insbesondere für die Psychophysik behauptet wird.

Abschließend ein wichtiger Hinweis:
Die Frage, welche Skalentypen zu gegebenen Problemstellungen konstruiert werden, bzw. die Überprüfung, welcher Skalentyp angemessen ist, läßt sich nicht mathematisch beantworten. Vielmehr ist dies eine empirische Frage. Z.B. ist bei Intervallskalen nachzuweisen, daß die Konstanz des Skalierungsfaktors <u>empirisch</u> gegeben ist.

Einige Literaturhinweise zur Entstehung sozialwissenschaftlicher Skalierungstheorie und weiterführende Literatur:

Hubert Feger: Skalierte Informationsmenge und Eindrucksurteil
Bern 1972

L. Guttman: A Basis for Scaling Quantitative Data
in: Amer. Soc. Rev. 9,1944,S. 139 - 150

Ders.: The Cornell Technique for Scale and Intensity

Analysis
in: Educ. Psychol. Measurement 7,1947,S. 247 - 279

Ders.: On Festinger's Evaluation of Scale Analysis
in: Psych. Bull. 44, 1947,S. 451 - 465

Ders. und E.A. Suchman: Intensity and Zero-Point for Attitude Analysis
in: Amer. Soc. Rev. 12, 1947, S.57 - 67

W. Gutjahr: Die Messung psyhischer Eigenschaften
Berlin: 1971

R.J. Mokken: A Theory and Procedure of Scale Analysis - With Applications in Political Research-
Paris: Mouton 1971

J. Pfanzagl: Theory of Measurement
Würzburg: Physica 1968

P. Suppes, J.L. Zinnes: Basic Measurement Theory
in: R.D. Luce, R.R. Bush, E. Galanter(eds.): Handbook of Mathematical Psychology,Bd.I,S.1 - 76
New York: Wiley 1963

W.S. Togerson: Theory and Method of Scaling
New York 1958

<u>Aufgaben</u>:

w(1) M sei die Menge der Erwerbstätigen eines Landes. Definieren Sie auf M je eine ein-,2-,3- und 4-stellige Relation, die sozialwissenschaftliche Bedeutung besitzt.
Gibt es für das von Ihnen so gefundene empirische Relationensystem eine Kongruenzrelation, die gröber ist als die Gleichheit? Falls nicht, versuchen Sie Ihr Relationensystem so zu ändern (unter Beibehaltung der n-Stelligkeit der Relationen), daß eine solche Kongruenzrelation existiert. Bilden Sie dann das zu Ihrem Relationensystem irreduzible Relationensystem !

w(2) In diesem Kap. war an einer Stelle die Rede davon, daß für eine Normalverteilung 'mindestens' eine Intervallskala notwendig sei. Versuchen Sie, eine Hierarchie notwendiger Bedingungen von Skalentypen aufzustellen!

p(3) Ein neuer Skalentyp sei dadurch definiert, daß die zu dieser Skala gehörenden partiellen Endomorphismen bijektive Abbildungen seien. Versuchen Sie, dieses in einer expliziten Def. zu fassen und äußern Sie sich zu der Relevanz einer derartigen Skala!

w(4) Versuchen Sie, für Intervallskalen, Ratioskalen und Differenzskalen Beispiele aus den Sozialwissenschaften zu finden !

w(5) Beweisen Sie folgenden Zusatz zu Satz 1 S.-176-: Unter den Bedingungen dieses Satzes gilt zusätzlich: $\precsim^*$ ist vollständige Ordnung auf $A_{/\approx}$.

w(6) M sei eine Menge von Erwerbstätigen. Betrachten Sie folgende Relationen auf M:

(1) $(a,b)\in R_1 :\Longleftrightarrow$ a und b haben das gleiche Geschlecht.

(2) $(a,b)\in R_2 :\Longleftrightarrow$ a verdient pro Monat 100.-DM mehr als b.

(3) $(a,b)\in R_3 :\Longleftrightarrow$ a und b liegen in derselben Einkommensklasse mit den Einkommensklassen: $n10^2 \leq x \; (n+1)10^2$ mit $n\in\{0,1,\ldots,10^3\}$.

(3') $(a,b)\in R_3' :\Longleftrightarrow$ a liegt in derselben oder einer niedrigeren Einkommensklasse wie b .

(4) $(a,b)\in R_4 :\Longleftrightarrow$ a und b arbeiten in derselben Branche.

(5) $(a,b)\in R_5 :\Longleftrightarrow$ a ist mittelbarer oder unmittelbarer Vorgesetzter von b.

(6) $(a,b)\in R_6 :\Longleftrightarrow$ a kommuniziert unmittelbar oder über Zwischenpersonen mit b.(Wobei a auch stets mit sich selbst kommuniziere.)

Versuchen Sie, zu M und jeder der Relationen (1) bis (6) eine Skala zu finden, die den entsprechenden Relationen angemessen ist(z.B.: Ordnungen sollten nicht nur nominal skaliert sein.)

Falls es zu bestimmten Relationen keine Skalen gibt, wo liegen die Gründe?

p(7) (Dichotomisierung von Merkmalen, siehe: Theodor Harder: Werkzeug der Sozialforschung, Bielefeld: Uni-Skript 1970)
Gegeben seien die vier wahlrelevanten Merkmale

Schichtenzugehörigkeit, Konfession, Geschlecht, Alter.

Konstruieren Sie eine sinnvolle <u>dichotome</u> Skala(d.h. je Merkmal nur zwei Ausprägungen 1 (z.B. für 'hoch') und 0 (z.B. für 'niedrig').

(a) Wenn die Merkmale in einer Matrix in den Spalten stehen, wieviele Zeilen (mit 1,0-Elementen) gibt es?

(b) Interpretieren Sie verbal die Zeilen:

1 1 1 1

0 0 0 0

1 0 0 1

0 1 1 0

(c) Interprtieren Sie folgende Parteipräferenzen:
Von den befragten Personen sprachen sich aus für die Parteien in % :

Schicht	Konf.	Geschl.	Alter	SPD	CDU	FDP	NPD
1	1	1	1	20	74	3	3
0	0	0	0	70	20	8	2

1:= Oberschicht

1:= katholisch

1:= weiblich

1:= unter 40 Jahre

p(8) Bestimmten Individuen i, i = 1,2, ... ,n werden einzeln 20 Statements zur Bewertung vorgelegt, und zwar mittels folgender Skala:

0 - stark abgelehnt

1 - abgelehnt

2 - unsicher

3 - akzeptiert

4 - sehr dafür

Jedes Individuum hat pro Statement j genau einen Skalenwert x_{ij} anzugeben($i = 1,2,\ldots,n$; $j = 1,2,\ldots,20$).
Somit liegen 20 Skalenwerte pro Individuum vor. Nun werden folgende Rechnungen vorgenommen:

(k) $s_i := \sum_{j=1}^{20} x_{ij}$ heißt Skalensummenwert pro Person i.

(kk) $\bar{s} := \frac{1}{n}\sum_{i=1}^{n} s_i$ ist das arithmetische Mittel der s_i-Werte.

(kkk) $\hat{\sigma}_s := \sqrt{\frac{1}{n-1}\sum_{i=1}^{n}(s_i - \bar{s})^2}$ ist die geschätzte Standardabweichung der s_i-Werte.

(kkkk) $l_i := 50 + 10\frac{s_i - \bar{s}}{\hat{\sigma}_s}$ ist der normalverteilungsstandardisierte Skalenwert für Person i

mit $\hat{\mu}_l := \bar{l} := 50$ und $\hat{\sigma}_l := 10$ (<u>Likert</u>-Skala).

(a) Entsteht durch Standardisierung von Skalenwerten automatisch eine Intervallskala?

(b) Von welchem Rechenschritt an wird die Existenz mindestens einer Intervallskala vorausgesetzt?

(c) Läßt sich die Existenz einer Intervallskala dadurch sichern, daß man die Zuordnung von Skalenwerten zu Statements von Experten vornehmen läßt(und einige Rechnungen ähnlich wie in der vorliegenden Aufgabe anschließt: <u>Thurstone</u>-Skala)?

(d) Zeigen Sie in (kkkk), daß das arithmetische Mittel von$(s_i - \bar{s})/\hat{\sigma}_s$ gleich Null ist und die Varianz gleich Eins ist!

(e) Ist die Transformation von s_i nach l_i
- linear,
- nicht linear ?

Zeigen Sie, daß bei $l_i := a + bs_i$ gilt: $\bar{l} = a + b\bar{s}$; betrachten Sie nun $l_i' := a' + b's_i + cs_i^2$ und bilden Sie das arithmetische Mittel (Erwartungswert) auf beiden Seiten!

Worin liegt der Unterschied zwischen l_i und l_i' hinsichtlich der Erwartungswertbildung?

(Hinweis: Versuchen Sie $\bar{s}$ aus gegebenem $\bar{l}$ zu berechnen!)

p(9)(vgl. Harder:... S.194)

In einer industriesoziologischen Umfrage wurde u.a. folgende Frage gestellt:

"Würden Sie die Beziehungen zu Ihren Berufs- oder Arbeitskollegen im allgemeinen als sehr gut, gut, normal, weniger gut oder ziemlich schlecht bezeichnen?"

Sehr gut
gut
normal
weniger gut
ziemlich schlecht.

Nun legt man anstelle der verbalen Intensitätsgrade die Skala 2 1 0 -1 -2 vor.

Welcher Skalentyp liegt hier vor?

(11.) Grenzwertprozesse ($\mathbb{R}$)

(11.1.) Grundlegendes zu Grenzwertprozessen

Bei der bisherigen Betrachtung von numerischen Relationensystemen, d.h. Relationensystemen über Zahlbereichen, sind wir stets davon ausgegangen, daß in diesen Zahlbereichen $\mathbb{N}$, $\mathbb{Z}$, $\mathbb{Q}$ eine unmittelbare Berechnung gewünschter Lösungen möglich ist. Unmittelbare Berechnung soll hier heißen, daß Algorithmen zur Verfügung stehen, die diese Berechnung direkt erlauben. Bei einer großen Anzahl mathematisch auch für den sozialwissenschaftlichen Bereich interessanter Probleme ist ein direktes Vorgehen jedoch nicht möglich oder nicht zweckmäßig. Hier müssen approximative Verfahren verwendet werden. Einige Beispiele:

(1) Zu berechnen sei die Lösungsmenge von $x^2 = 2$.

(2) Die Nullstellen von $x^5 + 27x^4 - 3x^3 - x^2 + 19x - 5 = 0$ sind zu berechnen.

(3) Funktionen sind lokal durch einfachere zu beschreiben.

(4) Flächen zwischen beliebigen geschlossenen Kurven sind zu berechnen.

(5) Ein Planungsmodell enthält eine Zielfunktion und Nebenbedingungen; es ist der optimale Plan zu berechnen für den Fall, daß Zielfunktion und/oder Nebenbedingungen nichtlinear sind.

Alle diese Probleme sind direkt nicht berechenbar:

zu(1): Hier ist uns der Zahlbereich der Lösungen noch nicht bekannt.

zu(2): Die Unmöglichkeit der direkten Berechnung zeigte die Galois-Theorie *).

zu(3): Dies führt auf die Differentialrechnung(LuM II).

zu(4): Dies führt auf die Integralrechnung(LuM II).

zu(5): Dies führt auf Differentialrechnung in Vektorräumen (siehe LuM II) mehrerer Dimensionen.

Mit dem Aufzeigen dieser Probleme wird auch der Weg zur Lösung deutlich:

---

*) Galois (1811 bis 1832) entwickelte eine Theorie im Rahmen der Algebra, mit der man die (nicht-approximative) Berechenbarkeit von Polynomen höherer Ordnung, Konstruktionen mit Zirkel und Lineal etc. beurteilen kann.

(1) Es ist eine Theorie 'vernünftiger' Approximation zu entwickeln.

(2) Es ist ein Zahlbereich anzugeben, in dem diese Approximationen durchführbar sind.

(3) Es sind die Morphismen zu untersuchen, die zu derartigen Approximationsprozessen gehören.

(4) Es ist der 'Raum' dieser Morphismen auf Strukturen hin zu untersuchen.

(5) Es sind konkrete Beispiele einer Approximation anzugeben und auf ihre Relevanz hin zu analysieren.

Ansätze zu diesen Punkten werden im Folgenden behandelt werden, die Hauptanwendungsgebiete jedoch erst in LuM II.

(11.2.) Grundbegriffe der Approximation

Betrachten wir das Beisp. 1 aus (11.1.): Zu berechnen sei x in $x^2 = 2$. Approximative Berechnung bedeutet sukzessive Annäherung. Daher werden wir eine Folge von Zahlen aus $\mathbb{Q}$ bilden, die das gesuchte x möglichst genau angeben sollen. Dies führt zu der

<u>Def. 1</u>: Eine Abb. $a: \mathbb{N} \longrightarrow \mathbb{Q}$ heißt <u>Folge</u>, a(n) wird auch a_n, das n-te <u>Folgenglied</u>, genannt. Man schreibt für die Folge auch $(a_n)_{n \in \mathbb{N}}$.

<u>Bemerkungen</u>:

(1) Es ist zu unterscheiden zwischen der Folge (a_n) und der Menge $\{a_n\}$, z.B.:
$a: \mathbb{N} \longrightarrow \mathbb{Q}$ mit $a(n) := 1$ für alle $n \in \mathbb{N}$ führt zu der Menge $\{a_n / n \in \mathbb{N}\} := \{1\}$, die einelementig ist, während die Folge (a_n) stets so viele Glieder wie $\mathbb{N}$ Elemente hat.

(2) Um die Glieder einer Folge konkret anzugeben, benutzt man zwei Methoden:

(21) Man def. die Glieder von (a_n) allein in Abhängigkeit von n, z.B. $a_n := 1/n$ für $n \in \mathbb{N} \setminus \{0\}$.

(22) Man def. die Glieder von (a_n) in Abhängigkeit der vorhergehenden Folgenglieder, z.B. $x_{n+1} := \frac{1}{3}(x_n + x_{n-1} + x_{n-2})$, dann aber müssen, wenn x_n durch die vorhergehenden k Glieder def. wird, auch k Anfangsglieder vorgegeben sein, in unserem Beisp. etwa $x_0 := 2$, $x_1 := 4$,

$x_2 := 10.$

Die zweite Formulierung erweist sich für sozialwissenschaftliche Zwecke als relevanter, da in ihr bereits gewisse Abhängigkeiten (Gesetzmäßigkeiten) z.B. zeitlich (n:= Zeitindex) aufeinanderfolgender Glieder zum Ausdruck kommen. Dies wird in LuM II jedoch noch genauer zu behandeln sein (Differenzengleichungen).

Wir werden nun nach (22) eine Folge angeben, mit der sich das gesuchte x rasch annähern läßt: $x_{n+1} := \frac{1}{2}(x_n + \frac{2}{x_n})$ mit $x_0 := 2$. Wir wählen diese Form, da sie es erlaubt, x mit größerer Annäherungsgeschwindigkeit (bei genügender Nähe je Schritt zwei Dezimalstellen) zu berechnen, als übliche Verfahren dies erlauben.

Unser nächster Schritt muß nun darin bestehen, Kriterien für die Güte der Approximation einer Zahl y durch eine Folge (a_n) anzugeben, denn unser Ziel ist ja, y so genau wie möglich anzunähern. Dies führt zu der

Def. 2: Eine Folge (a_n) approximiert einen Wert y mit der Güte ε, wenn gilt:

$$\varepsilon \in \mathbb{Q}^+, \bigvee_{N \in \mathbb{N}} \bigwedge_{n \geq N} |a_n - y| < \varepsilon .$$

Dies wird anschaulich beschrieben durch den Begriff der Umgebung:

Def. 3: Sei $y \in \mathbb{Q}, \varepsilon \in \mathbb{Q}^+$, $\{z / z \in \mathbb{Q}, |y - z| < \varepsilon\}$ heißt ε- Umgebung von y, geschrieben $U(y, \varepsilon)$.

Damit ergibt sich äquivalent zu Def.2:

Lemma : Eine Folge (a_n) approximiert einen Wert y mit der Güte ε genau dann, wenn gilt:

$$\bigvee_{N \in \mathbb{N}} \bigwedge_{n \geq N} a_n \in U(y, \varepsilon) .$$

Damit sind wir nun in der Lage anzugeben, wann (a_n) einen Wert y approximiert, nämlich genau dann, wenn die Güte der Approximation bestmöglich, d.h. besser als jedes $\varepsilon \in \mathbb{Q}^+$, ist. Daher die

Def. 4: Eine Folge (a_n) heißt Approximationsfolge zu y, wenn gilt:

$$\bigwedge_{\varepsilon \in \mathbb{Q}^+} \bigvee_{N \in \mathbb{N}} \bigwedge_{n \geq N} a_n \in U(y, \varepsilon).$$ (a_n) heißt dann auch konvergente Folge, y heißt Grenzwert von (a_n).

An dieser Stelle ist nun folgendes Problem von entscheidender Bedeutung:

Wie viele Grenzwerte besitzt eine Approximationsfolge: hätte sie mehr als nur einen, so wäre es schwierig, unser Ziel, die Beschreibung <u>bestimmter</u> Größen durch derartige Folgen, zu erreichen. Daher werden wir versuchen, folgenden Satz zu beweisen:

<u>Satz 1</u>: Eine konvergente Folge (a_n) besitzt einen und nur einen Grenzwert.

<u>Bew.</u>: (indirekt)

Annahme: Es existieren x,y mit $\bigwedge_{\varepsilon\in\mathbb{Q}^+} \bigwedge_{N_x\in\mathbb{N}} \bigwedge_{n\geq N_x} a_n\in U(x,\varepsilon)$ und $\bigwedge_{\varepsilon\in\mathbb{Q}^+} \bigwedge_{N_y\in\mathbb{N}} \bigwedge_{n\geq N_y} a_n\in U(y,\varepsilon)$.

$x \neq y$, denn sonst wären die Grenzwerte x und y nicht verschieden.

$(x \neq y) \Longrightarrow (|x - y| =: \delta > 0)$, sei $\delta := 2\gamma$, dann gilt

(*) $U(x,\gamma) \cap U(y,\gamma) = \emptyset$. Dieser Bew. dem Leser.

Nun sei $N := \max\{N_x, N_y\}$ für γ . Daraus folgt:

$\bigwedge_{n>N} a_n \in U(x,\gamma)$ <u>und</u> $a_n\in U(y,\gamma)$.

Daraus aber folgt: $\bigwedge_{n>N} a_n \in U(x,\gamma) \cap U(y,\gamma)$.

Dies aber ist ein Widerspruch zu (*). Damit ist der Satz bewiesen.

Jede konvergente Folge hat also nur einen Grenzwert, wir können also von <u>dem</u> Grenzwert einer konvergenten Folge sprechen.

Wollen wir nun für Folgen mit Gliedern aus $\mathbb{Q}$ die Konvergenz nachweisen, so stehen uns prinzipiell zwei Methoden zur Verfügung:

(1) Ein Grenzwert $a\in\mathbb{Q}$ wird vermutet. Sodann wird Def.4 zum Nachweis herangezogen.

(2) Der gesuchte Grenzwert kann nicht vermutet werden, oder es ist bekannt, daß eine Folge keinen Grenzwert in $\mathbb{Q}$ hat. Dann müssen zusätzliche Methoden herangezogen werden. Sie gehen auf Cauchy zurück:

<u>Def. 5</u>: Eine Folge (x_n) heißt <u>Cauchy-Folge</u>, wenn gilt:

$\bigwedge_{\varepsilon\in\mathbb{Q}^+} \bigwedge_{N\in\mathbb{N}} \bigwedge_{m\in\mathbb{N}} |x_N - x_{N+m}| < \varepsilon$.

Damit kann nun der folgende Satz gezeigt werden:

Satz 2: Eine Folge (x_n) ist genau dann konvergent, wenn sie Cauchy-Folge ist.

Damit verfügen wir über eine Methode, die Konvergenz auch von denjenigen Folgen zu beweisen, die keinen Grenzwert ('Limes') in $\mathbb{Q}$ besitzen.

Diese Methode müßte z.B. sicherlich auf unsere Beisp.folge $x_{n+1} := \frac{1}{2}(x_n + 2/x_n)$ mit $x_0 := 2$ angewendet werden, da ja die Lösung (nämlich $\sqrt{2}$) nicht aus $\mathbb{Q}$ ist.

Betrachten wir nun den Raum der konvergenten Folgen in $\mathbb{Q}$, bezeichnet mit $KF(\mathbb{Q}) : \{(x_n)/(x_n)$ ist Cauchy-Folge in $\mathbb{Q}\}$

Def. 6: Zwei Folgen $(a_n),(b_n) \in KF(\mathbb{Q})$ heißen gleich:

$$\Longleftrightarrow \bigwedge_{n\in\mathbb{N}} a_n = b_n .$$

Def. 7: Seien $(a_n),(b_n) \in KF(\mathbb{Q})$. $(a_n) \leq (b_n) :\Longleftrightarrow \bigwedge_{n\in\mathbb{N}} a_n \leq b_n$.

Def. 8: (a_n) heißt Nullfolge, wenn ihr Grenzwert, geschrieben $\lim (a_n) = 0$, $(a_n) \in KF(\mathbb{Q})$.

Def. 9: $(a_n) \in KF(\mathbb{Q})$ heißt konstante Folge, wenn gilt:

$$\bigwedge_{n,m\in\mathbb{N}} a_n = a_m .$$

Es kann nun gezeigt werden, daß $KF(\mathbb{Q})$ einen (nicht vollst.) geordneten Ring darstellt, wenn man die Definitionen

$(a_n) + (b_n) := (a_n + b_n)$

$(a_n)(b_n) := (a_n b_n)$ mit $(a_n),(b_n) \in KF(\mathbb{Q})$ heranzieht.

Bemerkung:

Wir haben hier einige Grundbegriffe der Approximation erörtert, allerdings ohne dabei den Aspekt der Konstruktion von Approximationsfolgen zu einem vorgegebenen Wert, insbesondere den Aspekt der Konvergenzgeschwindigkeit, zu berücksichtigen. Weiterhin wurde nicht näher auf die optimale Gestaltung von Anfangswerten bei Folgen vom Typ (22) S.-190f- eingegangen. Dies sind Probleme der praktischen Mathematik, die an dieser Stelle noch nicht dargelegt werden sollten, bevor nicht grundlegende Eindeutigkeits- und Existenzsätze bekannt sind.

Kehren wir nun zu unserem Beispiel der Approximation der Lösung von $x^2 = 2$ zurück. Hier müßten wir $\lim (x_n)$ berechnen. Das aber ist in $\mathbb{Q}$ nicht möglich. Daher haben wir zunächst einen Zahlbereich zu konstruieren, in dem jede Cauchy-Folge einen Grenzwert besitzt. Anders formuliert: Ein Zahlbereich, in dem für jede Approxiamtionsfolge diejenige Zahl vorhanden ist, die zu approximieren ist.

(11.3.) Die reellen Zahlen ($\mathbb{R}$)

In (7.) haben wir unter algebraischen Gesichtspunkten $\mathbb{N}$ zu $\mathbb{Z}$ und $\mathbb{Z}$ zu $\mathbb{Q}$ vervollständigt. Nun werden wir unter dem Aspekt der Grenzwertprozesse ('topologischen' Aspekten) $\mathbb{Q}$ zu den reellen Zahlen $\mathbb{R}$ vervollständigen, d.h. wir konstruieren einen Zahlbereich, in dem jede Cauchy-Folge einen Grenzwert besitzt. Der Weg dieser Konstruktion sei kurz angedeutet:

Auf KF($\mathbb{Q}$) wird eine Äquivalenzrelation definiert durch:

$$(x_n)\tau(y_n) :\longleftrightarrow \lim(x_n - y_n) = 0 .$$

Dadurch werden alle Folgen mit gleichem Limes identifiziert. Wir definieren:

$$KF(\mathbb{Q})_{/\tau} =: \mathbb{R}, \text{ die Menge der reellen Zahlen.}$$

$KF(\mathbb{Q})_{/\tau}$ ist ein Körper, der nun sogar vollst. geordnet ist, wenn man die Def.:

$$(a_n),(b_n)\in KF(\mathbb{Q}) \quad ; \ \lfloor\lceil a_n\rfloor\rceil \leq \lfloor\lceil b_n\rfloor\rceil :\longleftrightarrow \bigvee_{N\in\mathbb{N}} \bigwedge_{n>N} (a_n - b_n) \leq 0$$

mit 0 als konstanter Folge (x_n), $\bigwedge_{n\in\mathbb{N}} x_n := 0$.

Man beachte, daß diese '$\leq$'-Relation durch Repräsentanten aus $\lfloor\lceil a_n\rfloor\rceil$ und $\lfloor\lceil b_n\rfloor\rceil$ definiert wird.

Wir werden im Folgenden $\mathbb{R}$ nicht mehr als Menge von Äquivalenzklassen konvergenter Folgen in $\mathbb{Q}$ betrachten, sondern als Menge von Zahlen, indem wir jedes $\lfloor\lceil a_n\rfloor\rceil\in\mathbb{R}$ mit dem Limes $\lim (a_n)$ identifizieren. Dabei gilt:

$$r: \mathbb{Q} \longrightarrow KF(\mathbb{Q})$$

$$q \longmapsto (a_n) \text{ mit } a_n := q \text{ für alle } n\in\mathbb{N} .$$

r ist ein injektiver Morphismus. $\mathbb{Q}$ ist in $\mathbb{R}$ echt enthalten.

Wir müssen nun überprüfen, ob $\mathbb{R}$ das leistet, wozu $\mathbb{R}$ konstruiert wurde: Jede $(a_n)\in KF(\mathbb{Q})$ hat ihren Grenzwert in $\mathbb{R}$. Dazu übertragen wir zunächst alle Definitionen aus (11.2.) auf die reellen Zahlen. Die damit bewiesenen Sätze gelten dann ebenso für KF($\mathbb{R}$), insbesondere ist dann KF($\mathbb{R}$) ein geordneter Ring. Nun kann (ohne den zu umfangreichen Bew.)

folgender Satz aufgezeigt werden:

Satz 1: Es gilt: Sei $(a_n) \in KF(\mathbb{R}) \Longrightarrow \lim(a_n) \in \mathbb{R}$.

Bemerkung:

$\mathbb{R}$ ist nicht nur in algebraischer Hinsicht, sondern auch topologisch vollständig, d.h. jede Approximationsfolge hat in $\mathbb{R}$ ihren Grenzwert. Damit ist $\mathbb{R}$ bzgl. aller drei mathematischen Grundstrukturen (algebraische, Ordnungs- und topologische Strukturen) vollständig. Das begründet die Relevanz dieses Zahlbereichs und die der 'Analysis', die gerade diese multiple Struktur untersucht.

(11.4.) Konvergenzkriterien für Folgen

Auf S.-192- wurde zwei Methoden für den Nachweis der Konvergenz von Folgen genannt. Für viele Fälle wird dieses Instrumentarium aber noch zu schwerfällig sein. Daher wollen wir aus einigen Sätzen über konvergente Folgen effizientere Kriterien ableiten.

Satz 1: Sei $(a_n) \in KF(\mathbb{R}) \Longrightarrow (a_n)$ ist beschränkt.*)

Gelänge es uns, diesen Satz umzukehren, so hätten wir ein sehr einfaches Kriterium gefunden. Leider gilt die Umkehrung nur abgeschwächt. Hierfür sei zunächst folgende Def. gegeben:

Def. 1: Sei $(a_n) \in F(\mathbb{R})$, ('F' steht für Folgen), h heißt Häufungspunkt von (a_n), wenn gilt:

$$\bigwedge_{\varepsilon \in \mathbb{R}^+} \bigvee_{N \subseteq \mathbb{N}} |N| = |\mathbb{N}| \text{ und } \bigwedge_{n \in N} a_n \in U(h, \varepsilon) .$$

'Häufungspunkt' bedeutet also einen 'schwächeren' Begriff als Limes: In jeder ε-Umgebung von h gibt es mindestens ein Folgenglied, aber in der Restfolge können durchaus noch entferntere Glieder vorkommen. Zumindest für Teilfolgen (a_m) von (a_n) gilt aber: $h = \lim(a_m)$.

Satz 2: (Bolzano-Weierstraß)

Eine beschränkte Folge reeller Zahlen besitzt mindestens einen Häufungspunkt.

Die Frage liegt nun nahe, ob es nicht durch zusätzliche Anforderungen außer der Beschränktheit an die Folge $(a_n) \in F(\mathbb{R})$ gelingen kann, die schärfere Aussage $(a_n) \in KF(\mathbb{R})$ zu erhalten.

*) Siehe(5.4.)

Dies ist mit dem Konzept der Monotonie möglich:

Def. 3: $(a_n) \in F(\mathbb{R})$, (a_n) heißt monoton:$\Longleftrightarrow$ $\Big(\bigwedge_{n\in\mathbb{N}} a_n \le a_{n+1}$ (monoton wachsend)

oder $\bigwedge_{n\in\mathbb{N}} a_{n+1} \le a_n$ (monoton fallend)$\Big)$.

Gilt anstatt '$\le$' sogar '$<$', so heißt (a_n) streng monoton.

Satz 3: $(a_n) \in F(\mathbb{R})$ sei monoton wachsend (fallend) und nach oben (unten) beschränkt, dann gilt $(a_n) \in KF(\mathbb{R})$.

Dieser Satz erlaubt nun für eine überschaubare Klasse von Folgen ein leicht handhabbares Kriterium. Für den Bew. ist folgende nützliche Eigenschaft gegeben:

Korollar: Erfüllt (a_n) die Bedingungen von Satz 3, so gilt:

$\sup\{a_n / n = 0,1,2,\ldots\} = \lim (a_n)$,

$\inf\{a_n / n = 0,1,2,\ldots\} = \lim (a_n)$ bei entsprechender Fragestellung.

Somit ist hier der Limes sofort angebbar.

Wir wollen nun ein weiteres Kriterium angeben, das es erlaubt, die Konvergenz einer Folge in Abhängigkeit von einer schon als konvergent bekannten Folge nachzuweisen.

Satz 4: (Majoranten, Minorantenkriterium)

Seien $(a_n) \in KF(\mathbb{R})$ und $(b_n) \in F(\mathbb{R})$, dann gilt:

Wenn ein $N \in \mathbb{N}$ existiert mit $\bigwedge_{n \ge N} |b_n| \le |a_n|$, so folgt:

(b_n) ist beschränkt.

Zusätze:

(1) Ist $\lim(a_n) = 0$, so ist $(b_n) \in KF(\mathbb{R})$ und $\lim(b_n) = 0$.

(2) Ist (b_n) monoton, so ist $(b_n) \in KF(\mathbb{R})$.

Dieses Kriterium liefert also im Fall von Nullfolgen ebenfalls sofort die Grenzwerte mit. Hat die Folge (b_n) nur negative Glieder, so liegt das Minorantenkriterium vor, hat sie nur positive Glieder, so liegt das Majorantenkriterium vor.

Stellen wir nun noch einmal alle Kriterien mit ihren Eigenschaften zusammen:

Krit. 1: Def. der Approximationsfolge nach Def.4 S.-191-.
" 2: " " Cauchy-Folge nach Def.5 S.-191-.
" 3: Beschränkte und monotone Folgen, Satz 3 S.-196-.
" 4: Majoranten- bzw. Minorantenkriterium, Satz 4 S.-196-.

Eigenschaften:

zu(1): Hier muß der Grenzwert , der i.A. aus Q stammt, bekannt sein, beim praktischen Herangehen wird er vermutet.

zu(2): Krit. 2 ist universell auf alle konvergenten Folgen anwendbar, es ist aber manchmal kompliziert in seiner Anwendung (u.a. Abschätzung von Differenzen).

zu(3): Krit. 3 ist für den Spezialfall, den Satz 3 darstellt, ein sehr starkes Krit..

zu(4): Krit. 4 führt für Nullfolgen i.A. rasch zum Ergebnis.

Kehren wir nun zu unserem Beisp. zurück und versuchen, hier ein geeignetes Kriterium für den Nachweis der Konvergenz zu finden:

$$x_{n+1} := \frac{1}{2}(x_n + 2/x_n) \text{ mit } x_0 := 2.$$

Krit. 1 ist hier nicht anwendbar, da kein Grenzwert aus Q angegeben werden kann.

Krit. 2 ist prinzipiell anwendbar, führt aber auf die Berechnung von $|x_n - x_{N+m}|$, wobei diese Differenz auf Grund der Addition in der'Rekursionsformel' (Formel von n auf n+1) schwierig abzuschätzen sein wird.

Krit. 4 ist ebenfalls schwierig, da zumindest auf den ersten Blick wohl keine Majorante zu erkennen ist.

Bleibt Krit. 3: (1) Beschränktheit nach unten: $x_0 > 0$, damit weist die Rekursionsformel nur Zahlen größer als Null auf. 0 ist also untere Schranke. (Genauere Abschätzung zeigt: $x_n^2 > 2$)

(2) Monotonie (nach unten, also monoton fallend):

(a) $x_1 < x_0$, denn $x_1 = 1.5$.

(b) Wir verwenden nun das Induktionsprinzip und setzen voraus:

$x_n < x_{n-1} < \ldots < x_1 < x_0$.

Zu zeigen ist nun: $x_{n+1} < x_n$.

$$x_{n+1} = \frac{1}{2}(x_n + 2/x_n) \Longrightarrow \frac{x_{n+1}}{x_n} = \frac{1}{2} + 1/x_n^2 =$$

$$= \frac{1}{2} + q \text{ mit } q < 1/2, \text{ da } x_n^2 > 2.$$ Setzt man nun aber q:= 2 so folgt, daß $1/2 + q =$

$$= \frac{x_{n+1}}{x_n} < 1 \Longrightarrow x_{n+1} < x_n \qquad \text{q.e.d.}$$

Mit Krit. 3 ist die Konvergenz von (x_n) gezeigt. Es bleibt die Berechnung von $\lim(x_n)$:

$\lim(x_n) = \lim(x_{n+1}) = \frac{1}{2}(\lim(x_n) + \frac{2}{\lim(x_n)})$. Nun ist aber $\lim(x_{n+1}) = \lim(x_n) > 0$. Weiterhin gilt $\lim(x_n)$ ist ein bestimmter fester Wert aus $\mathbb{R}$. Da sich somit in der Grenze kein Unterschied mehr von n auf n+1 feststellen läßt, gilt: $(\lim^2(x_n) := (\lim(x_n))^2)$

$$\lim(x_n) = \frac{1}{2}(\frac{\lim^2(x_n) + 2}{\lim(x_n)}) \Longrightarrow \lim^2(x_n) = \frac{1}{2}\lim^2(x_n) + 1$$

$$\Longrightarrow \lim^2(x_n) = 2 \Longrightarrow \lim(x_n) = 2^{1/2} := \sqrt{2} \;.$$

Damit ist das Ausgangsbeispiel vollständig gelöst.

Bemerkung:

Das angegebene Verfahren ist effizient zur Berechnung aller $a^{1/2}$ mit $a \in \mathbb{R}$ mit Hilfe des folgenden Ansatzes:

$$x_{n+1} := \frac{1}{2}(x_n + \frac{a}{x_n}) \quad \text{mit } x_0 := a.$$

Wir werden jetzt einige weitere Beispiele für die Kriterien 1 bis 4 durchrechnen:

zu Krit. 2:
==========

$x_{n+1} := (1 + x_n)^{-1}$ mit $x_0 := 1$ $\qquad /a^{-1} := 1/a \,,\; a \in \mathbb{R} \setminus \{0\}$

Beh.: (x_n) ist konvergent.

Bew.: $x_n > 0$ für alle $n \in \mathbb{N}$. Wir nehmen uns ein beliebiges $k \in \mathbb{N}$. Dann gilt für ein beliebiges $n \in \mathbb{N}$ (d.h. für alle $n \in \mathbb{N}$):

$$x_{n+1+k} - x_{n+1} = (1 + x_{n+k})^{-1} - (1 + x_n)^{-1} =$$

$$= \frac{x_{n+k} - x_n}{(1 + x_{n+k})(1 + x_n)} \,.$$

Nun verwenden wir, daß wegen $x_0 := 1$ gilt:
$1/2 \leq x_n \leq 1$.

Somit können wir nach Cauchy abschätzen:

$$|x_{n+1+k} - x_{n+1}| = \frac{|x_{n+k} - x_n|}{(1 + x_{n+k})(1 + x_n)}$$

;der Nenner bedarf keiner Betragsstriche, da er ohnehin größer als Null ist für alle $n \in \mathbb{N}$.

Dieser Quotient ist nun kleiner gleich

$\frac{|x_{n+k} - x_n|}{(1 + 1/2)^2}$, wenn man 1/2 für x_n und x_{n+k} einsetzt.

Dieser Quotient ist nun gleich $\frac{4}{9}|x_{n+k} - x_n|$.

Wiederholt man diesen Prozeß n-mal (vollst. Ind. dem Leser), so entsteht schließlich:

$|x_{n+k} - x_n| \leq (\frac{4}{9})^n |x_k - x_0| \leq 2(4/9)^n$, da 2 auf jeden Fall größer ist als $|x_k - x_0|$.

Da nun aber $2(4/9)^n$ eine Nullfolge ist, kann dieser Ausdruck kleiner als jedes vorgegebene $\varepsilon \in \mathbb{R}^+$ gemacht werden. Damit ist die Konvergenz bewiesen.

Berechnung des Grenzwertes:

In der Grenze muß gelten: $x_{n+1} = x_n$ für ein bestimmtes $\hat{x}$, $\hat{x}$ ist der Grenzwert von (x_n). Somit:

$\hat{x} = (1 + \hat{x})^{-1} \Longrightarrow \hat{x}^2 + \hat{x} = 1$. Daraus läßt sich $\hat{x}$ elementar berechnen. Dabei kommt nur die positive Lösung in Betracht, da wegen $x_0 := 1$ alle $x_n > 0$ für alle n.

zu Krit. 1:

$(x_n) := ((-1)^n \frac{1}{n})$

Beh.: (x_n) ist eine Nullfolge.

Bew.: Der Beweis sei dem Leser überlassen, nachdem folgendes Lemma angegeben ist:

Lemma: Eine oszillierende Folge (dies ist eine Folge der Art (x_n)) konvergiert, wenn die Folge aus den Beträgen der Folgenglieder konvergiert. (Siehe(11.6.))

Nun ist offensichtlich $|(-1)^n \frac{1}{n}| = 1/n$. Damit ist hier nur noch zu beweisen, daß $(1/n)$ eine Nullfolge ist.

Hinweis:

Zu jedem $\varepsilon \in \mathbb{R}^+$ wähle man ein n_0 so, daß $\frac{1}{n_0} < \varepsilon$, dann gilt für $n > n_0$: $\bigwedge_{n \in \mathbb{N}, n > n_0} x_n \in U(0, \varepsilon)$.

zu Krit. 3:

$(x_n) := (q^n)$ mit $q \in (-1, +1]$, also linksoffenes, rechtsgeschlossenes Intervall.

Beh.: (x_n) konvergiert gegen 0 für $q \neq 1$, gegen 1 für $q = 1$.

<u>Bew.</u>: Der Bew. ist für $q = 1$ trivial, daher sei er hier nur für $q \neq 1$ geführt. Betrachten wir den Betrag von q und untersuchen $0 \leq r < 1$ mit $r := |q|$.

Es gilt:

$r^k \geq r^{k+1} \geq 0$, d.h. (x_n) ist für $q \neq 1$ beschränkt, zugleich geht aus dieser Ungleichung hervor, daß (x_n) monoton fallend ist.

Berechnung des <u>Grenzwertes</u>:

Betrachten wir dazu die Folge $(y_n) = (q^{n+1})$ mit q wie oben. Auch (y_n) ist beschränkt und monoton fallend, somit:

$\lim(x_n) = \lim(y_n) = \hat{x}$.

Mit $r^{n+1} = rr^n$ und Regel (5) der folgenden Seite gilt:

$\lim(rr^n) = r \lim(r^n)$, somit $\hat{x} = r\hat{x}$. Da $q \neq 1$, ist auch sein Betrag $r \neq 1$, damit folgt aber sofort $\hat{x} = 0$.

<u>zu Krit. 4</u>:

$(x_n) := (1/n!)$

<u>Beh.</u>: (x_n) ist konvergent mit $\lim(x_n) = 0$.

<u>Bew.</u>: Wir suchen eine Majorante: Im Beisp. zu Krit. 1 wurde gezeigt, daß $(y_n) := (1/n)$ konvergiert mit $\lim(y_n) = 0$.

Es gilt :

$$1 \leq n/n \leq \frac{n(n-1)!}{n} = (n-1)! = n!/n$$

Dreht man nun diesen letzten Quotienten um, so verändert sich (siehe (8.4.)) das '$\leq$' in ein '$\geq$' .

Damit ist sofort einsichtig:

$\bigwedge_{n \in \mathbb{N} \setminus \{0\}} 1/n! \leq 1/n$.

Da nun (y_n) Majorante zu (x_n) ist, gilt: $(x_n) \in KF(\mathbb{R})$. Da $(1/n!)$ für alle $n \in \mathbb{N}$ nur positive Werte annimmt, und die Majorante bereits als Grenzwert die Null hat, gilt dies a fortiori für (x_n).

Nun einige Regeln für das Umgehen mit Grenzwerten: $(x_n), (y_n) \in KF(\mathbb{R})$, somit $\lim(x_n)$ und $\lim(y_n)$ aus $\mathbb{R}$. Weiterhin sei $k \in \mathbb{R}$. Dann gelten die Regeln:

(1) $\lim[(x_n) + (y_n)] = \lim(x_n) + \lim(y_n)$.

(2) Es sei $\lim(x_n) \neq 0$, und für $x_n \neq 0$ gelte: $z_n := 1/x_n$, für

$x_n = 0$ sei $z_n \in \mathbb{R}$. Dann gilt: $\lim(z_n) = \frac{1}{\lim(x_n)}$.

(3) $\lim[(x_n)(y_n)] = \lim(x_n)\lim(y_n)$.

(4) $\lim(x_n + k) = k + \lim(x_n)$.

(5) $\lim(kx_n) = k \lim(x_n)$.

(6) $\lim[(x_n) - (y_n)] = \lim(x_n) - \lim(y_n)$.

(7) Es sei $\lim(y_n) \neq 0$. Dann gilt:

$$\lim[(x_n)(y_n)^{-1}] = \frac{\lim(x_n)}{\lim(y_n)} .$$

(11.5.) Der Limes als Lineare Abbildung

In (11.3.) wurde festgestellt, daß KF($\mathbb{R}$) ein (kommutativer Rind ist; KF($\mathbb{R}$) besitzt darüberhinaus eine Vektorraumstruktur. Dies ist eine Begriffsbildung, die in LuM II noch näher erörtert werden soll. Daher hier nur einige kurze Bemerkungen:

Auf KF($\mathbb{R}$) kann eine 'äußere Verknüpfung' mit $\mathbb{R}$ definiert werden: $\cdot : \mathbb{R} \times KF(\mathbb{R}) \longrightarrow KF(\mathbb{R})$

$$(\alpha,(a_n)) \longmapsto (\alpha \cdot a_n) .$$

Diese ist mit der Addition und der Multiplikation auf KF($\mathbb{R}$) verträglich(siehe(6.   )). Weitere Beispiele für Vektorräume: $\mathbb{R}$ selbst, $Abb(\mathbb{R},\mathbb{R}) = \{f/f:\mathbb{R} \longrightarrow \mathbb{R}\}$. Adäquate Morphismen zwischen Vektorräumen sind Abbildungen, die die innere Verknüpfung (Addition) und die äußere Verknüpfung (Multiplikation,s.o.) berücksichtigen. Sind $(\mathcal{V},+,\cdot)$, $(\mathcal{V}', \oplus, \odot)$ Vektorräume, dann heißt $f: \mathcal{V} \longrightarrow \mathcal{V}'$ lineare Abb., wenn gilt:

(1) $f(a+b) = f(a) \oplus f(b)$,

(2) $f(\alpha \cdot a) = \alpha \odot f(a)$ für $a,b \in \mathcal{V}$, $\alpha \in \mathbb{R}$.

<u>Satz:</u> Die Abb. $\lim: KF(\mathbb{R}) \longrightarrow \mathbb{R}$

$(a_n) \longrightarrow \lim(a_n)$ ist eine lineare Abb..

Bew.: Regeln (1 - 7) des Abschnittes (11.4.) .

(11.6.) Typen von Folgen

Es lassen sich folgende 8 Typen von Folgen bilden:

(F1) Konstante Folgen

Beisp.: $(x_n) := (2,2,\ldots)$.

(F2) Beschränkte und monoton wachsende Folgen

Beisp.: $(x_n) := (5 - 1/2^n) = (4,4.5,4.75,\ldots)$.

(F3) Beschränkte und monoton fallende Folgen

Beisp.: $(x_n) := \left(\frac{500}{n+1}\right) = (500, 500/2, 500/3, \ldots)$.

(F3') Nullfolge

Beisp.: $(x_n) := (5 + 2/n) = (6, 5.5, 5.25, \ldots)$, $\lim(x_n) = 5$.

(F4) Gedämpft oszillierende Folgen

Beisp.: $(x_n) := (1 + (-2)^{-n}) = (2, 1/2, 5/4, 7/8, \ldots)$,

$\lim(x_n) = 1$.

Beisp.: $(x_n) := (1000(-5)^{-n}) = (1000, -200, 40, \ldots)$,

$\lim(x_n) = 0$ (Nullfolge) .

(F5) Endlich oszillierende Folgen

Beisp.: $(x_n) := (-1)^n = (1, -1, 1, \ldots)$.

(F6) Unendlich oszilliernde Folgen

Beisp.: $(x_n) := (1 + (-2)^n) = (2, -1, 5, \ldots)$.

(F7) Divergente Folgen gegen $+\infty$ ("unendlich")

Beisp.: $(x_n) := (3^n) = (1,3,9,\ldots)$.

(F8) Divergente Folgen gegen $-\infty$

Beisp.: $(x_n) := (1 - 2^n) = (0,-1,-3,\ldots)$.

(11.7.) Reihen mit Gliedern in $\mathbb{R}$

Bei den Hilfsmitteln zur Approximation, die wir bisher erörtert haben, also den Folgen, ist es i.A. schwierig, den Approximationsprozeß im einzelnen zu verfolgen. D.h. es ist i.A. schwierig aufzuzeigen, wie sich eine Folge dem Limes nähert, wie groß der Schritt von n auf n+1 ist. Eine Klasse spezieller Folgen, der Reihen, machen diesen Annäherungsprozeß jedoch sichtbar. Damit erlauben sie eine bessere Abschätzung des Fehlers der Approximation und ermöglichen zudem durch ihre Struktur, einige zusätzliche Konvergenzkriterien zu gewinnen. Daher ist es nicht verwunderlich, daß viele wichtige Abb. von $\mathbb{R}$ nach $\mathbb{R}$ in der Analysis durch Reihen def. werden(sinus, exp, etc.).

<u>Def. 1</u>: Sei $(a_n) \in F(\mathbb{R})$, $\sum_{n=0}^{\infty} a_n$ heißt <u>unendliche Reihe</u>, die a_n heißen <u>Summanden</u> der Reihe, $\sum_{n=0}^{m} a_n$ heißt m-te

<u>Partialsumme</u> der Reihe, $(S_m) := \left(\sum_{n=0}^{m} a_n\right)$ heißt <u>Summenfolge</u>.

Es ist damit zugleich klar, daß jede Reihe eine spezielle Folge ist, die Ergebnisse über Folgen können damit unmittelbar auf Reihen übertragen werden.

<u>Def. 2</u>: $\sum_{n=0}^{\infty} a_n$ heißt <u>konvergent</u> genau dann, wenn $\lim(S_m)$ existiert. Also $\lim(\sum_{n=0}^{\infty} a_n) = \lim(S_m)$. $\lim(\sum_n a_n)$ heißt auch <u>Summe</u> der Reihe.

Wir wollen nun die Konvergenzeigenschaften unendlicher Reihen untersuchen und zitieren zunächst ein Ergebnis über die Folge der Summanden einer Reihe:

<u>Satz 1</u>: Sei $\sum_n a_n$ konvergent, dann gilt (a_n) ist Nullfolge.

Die Umkehrung des Satzes gilt nicht, was sofort folgendes Gegenbeisp. zeigt: $(a_n) := (1/n)$. (Bew. dem Leser)

Sehen wir uns nun die Konvergenzkriterien für Reihen an:

Krit. 1: (Cauchy-Krit. analog dem zu Folgen)

$\sum_{n=0}^{\infty} x_n$ konvergiert genau dann, wenn zu jedem $\varepsilon \in \mathbb{R}^+$ ein n_0 existiert, so daß gilt: $\bigwedge_{k \in \mathbb{N}} \left| \sum_{n=n_0+1}^{n_0+k} x_n \right| < \varepsilon$.

<u>Bemerkung</u>:

$\sum_{n \in \mathbb{N}} x_n$ sei eine konvergente Reihe, ebenso $\sum_{n=m+1}^{\infty} x_n$ mit $m \in \mathbb{N}$, dann gilt:

$$\sum_{n=0}^{\infty} x_n = \sum_{n=0}^{m} x_n + \sum_{n=m+1}^{\infty} x_n \quad .$$

Somit genügt es für die Konvergenz einer Reihe, ihre Konvergenz von einem bestimmten Glied m an nachzuweisen.

<u>Def. 3</u>: Eine Reihe $\sum_{n \in \mathbb{N}} a_n$ heißt <u>absolut</u> konvergent, wenn gilt: $\sum_{n \in \mathbb{N}} a_n$ ist konvergent.

<u>Satz 2</u>: Existiert $\lim(\sum_{n \in \mathbb{N}} a_n)$, so existiert $\lim(\sum_{n \in \mathbb{N}} a_n)$.

Haben wir also Aussagen über die absolute Konvergenz einer Reihe, so können wir davon sofort auf die Konvergenz schließen. Wir werden daher nun einige Konvergenzkriterien für Reihen mit positiven Gliedern, d.h. vom Typ $\sum_n |a_n|$, angeben.

Krit. 2: Majoranten-, Minorantenkriterium

Seien $\sum_{n\in\mathbb{N}} x_n$ und $\sum_{n\in\mathbb{N}} y_n$ unendliche Reihen, es existiere $M\subseteq\mathbb{N}$ mit $\mathbb{N}\setminus M$ sei endlich. Weiterhin gelte: $\bigwedge_{n\in M} x_n \leq y_n$, dann heißt $\sum_{n\in\mathbb{N}} x_n$ eine Minorante von

$\sum_{n\in\mathbb{N}} y_n$ und $\sum_{n\in\mathbb{N}} y_n$ eine Majorante von $\sum_{n\in\mathbb{N}} x_n$.

Jede Minorante einer konvergenten Reihe konvergiert, jede Majorante einer divergenten Reihe divergiert.

Krit. 3: $\sum_{n\in\mathbb{N}} x_n$ sei eine unendliche Reihe mit $x_n \geq 0$ für alle $n\in\mathbb{N}$. Die Reihe konvergiert genau dann, wenn (S_n) nach oben beschränkt ist.

Krit. 4: Quotientenkriterium

$\sum_{n\in\mathbb{N}} x_n$ sei eine unendliche Reihe mit $x_n \geq 0$ für alle $n\in\mathbb{N}$. Wenn ein q existiert mit $0<q<1$ und ein $M\subseteq\mathbb{N}$ mit $\mathbb{N}\setminus M$ endlich und gilt: $\bigwedge_{m\in M} x_{m+1}/x_m \leq q$, dann konvergiert $\sum_{n\in\mathbb{N}} x_n$. Ist umgekehrt $x_{m+1}/x_m \geq 1$ für alle $m\in M$, so divergiert die Reihe.

Krit. 5: Wurzelkriterium

$\sum_{n\in\mathbb{N}} x_n$ sei eine unendliche Reihe mit $x_n \geq 0$ für alle $n\in\mathbb{N}$. Wenn ein q mit $0<q<1$ existiert und ein $M\subseteq\mathbb{N}$ mit $\mathbb{N}\setminus M$ endlich, und gilt:

$\bigwedge_{m\in M} x_m^{1/m} \leq q$, dann konvergiert $\sum_{n\in\mathbb{N}} x_n$. Ist umgekehrt $x_m^{1/m} \geq 1$ für alle $m\in M$, so divergiert die Reihe.

Krit. 6: Leibnitz-Kriterium für alternierende Reihen.

<u>Def. 4</u>: Eine Reihe der Form

$\sum_{n\in\mathbb{N}} (-1)^n x_n$ heißt <u>alternierend</u>.

Ist (x_n) mit $x_n \in \mathbb{R}^+$ für alle $n\in\mathbb{N}$ monoton fallend, so konvergiert die Reihe.

Wir wollen den Beweis hier nicht führen und statt dessen lieber einige Beispiele durchrechnen:

Beisp. 1: (Harmonische Reihe)

Beh.: Die 'harmonische Reihe' $\sum_{n=1}^{\infty} 1/n$ divergiert.

Bew.:

Versuchen wir zunächst, das Quotientenkriterium anzuwenden:

Hier läßt sich stets ein $M \subseteq \mathbb{N}$ mit $\mathbb{N} \setminus M$ endlich finden, so daß gilt:

$$\bigwedge_{n \in M} \frac{1/(n+1)}{1/n} = n/(n+1) < 1 .$$

Ein $q \in \mathbb{R}$ mit $q<1$ und: $\bigvee_{M \subseteq \mathbb{N}}$ mit $\mathbb{N} \setminus M$ endlich und $\bigwedge_{n \in M} n/(n+1) < q < 1$ existiert aber nicht, da $\lim (n/(n+1)) = 1$. Mit dem Quotientenkriterium ist also die Konvergenz nicht nachweisbar! Da dieses Kriterium und das folgende, das Wurzelkriterium, lediglich hinreichende Bedingungen für die Konvergenz sind, folgt daraus noch nicht die Divergenz. Versuchen wir nun, das Wurzelkriterium anzuwenden: Auch hier läßt sich kein $q<1$ mit der geforderten Eigenschaft finden. Daher wenden wir nun das Cauchy-Kriterium an: Zu jedem $\varepsilon \in \mathbb{R}^+$ muß sich ein n_0 finden lassen mit den unter Krit. 1 geforderten Eigenschaften, also auch speziell für $\varepsilon := 1/2$. Es gilt für $n_0 \in \mathbb{N}$:

$$\sum_{n=n_0+1}^{2n_0} 1/n \geq \sum_{n=n_0+1}^{2n_0} (2n_0)^{-1} = n_0(2n_0)^{-1} = 1/2 \quad \text{(siehe(8.1.1))}.$$

Damit ist mindestens ein $\varepsilon \in \mathbb{R}^+$ gefunden, für das die Bedingungen nicht gelten. Mit diesem Kriterium ist nun die Divergenz nachweisbar, da das Cauchy-Krit. äquivalent zur Def. der Konvergenz ist.

Beisp. 2: Beh.: $\sum_{n=0}^{\infty} q^n$ konvergiert für $|q|<1$.

Bew.: Fallunterscheidung:

(1) $q = 0$ ist trivial,

(2) $-1<q<0$: Leibnitzkriterium ist erfüllt,

(3) $0<q<1$: Quotientenkriterium ist erfüllt.

Weiterführende Literatur, insbesondere zur Analysis:

Friedhelm Erwe: Differential- und Integralrechnung 1
Mannheim: BI-Hochschultb. 30/30a 1964

Hans Grauert, Ingo Lieb: Differential- und Integralrechnung
2. verb. Aufl.
Berlin: Springer(Heidelberger Tb.) 1970

Arnold Oberschelp: Aufbau des Zahlensystems
Göttingen: Vandenhoek & Ruprecht 1968

Michael Spivak: Calculus , Teil I, II
New York: Benjamin 1967

Aufgaben:

w(1) Zeigen Sie, daß der Grenzwert der geometrischen Reihe $\sum_{n=0}^{\infty} q^n$ mit $|q|<1$ gleich $1/(1-q)$ ist!

w(2) Im Beisp. zu Krit. 2 auf S.-198f- wurde nicht nur das Cauchy-Krit. zur Abschätzung verwendet. Welches weitere Krit. wurde verwendet und wo wurde es verwendet?

w(3) Zeigen Sie, daß $\sum_{n=0}^{\infty} \frac{x^n}{x!}$ konvergiert!

w(4) Beweisen Sie, daß $KF(\mathbb{Q})$ nicht vollständig geordnet ist!

w(5) Beweisen Sie Lemma auf S.-191- !

w(6) Beweisen Sie, daß die Relation $\mathbb{T} \subseteq KF(\mathbb{Q}) \times KF(\mathbb{Q})$ mit $x \mathbb{T} y :\Longleftrightarrow \lim(x_n - y_n) = 0$ mit $x,y \in KF(\mathbb{Q})$ eine Äquivalenzrelation ist !

w(7) $MKF(\mathbb{R})$ sei die Menge der monoton steigenden konvergenten Folgen in $\mathbb{R}$. Auf $MKF(\mathbb{R})$ sei eine Relation def. mit: $(a_n) \leq (b_n) :\Longleftrightarrow \bigwedge_{n\in\mathbb{N}} a_n \leq b_n$. Ist '$\leq$' vollst. Ordnungsrelation auf $MKF(\mathbb{R})$?

w(8) Beweisen Sie: Ist (a_n) eine Nullfolge, so ist auch $(\frac{1}{n}(a_1 + a_2 + \ldots + a_n))_{n\in\mathbb{N}}$ eine Nullfolge !

w(9) Berechnen Sie den Grenzwert von (na^n) für $a \in \mathbb{R}$ mit $|a|<1$!

w(10) Für $(a_n) \in KF(\mathbb{R})$ gelte: $\bigwedge_{n\in\mathbb{N}} a_n < b$.

Gilt dann:

a) $\lim(a_n)<b$,

b) $\lim(a_n)\leq b$,

c) $\lim(a_n)>b$,

d) $\lim(a_n)\geq b$,

e) oder kann keine generelle Aussage getroffen werden?

w(11) Von 1 Liter Wein gießt man 1/4 Liter weg und ersetzt diesen Anteil durch Wasser. Nach gründlicher Mischung gießt man wieder 1/4 Liter weg und ersetzt dies durch Wein, danach wiederholt man den Austauschprozeß, diesmal aber mit Wasser, dann wieder mit Wein, etc. Welches Mischungsverhältnis entstände, würde man diesen Austauschprozeß beliebig oft wiederholen?

w(12) Untersuchen Sie die Folge (a_n) mit $(a_n) := (-1)^n(2 + 1/n)$ auf Konvergenz!

w(13) Zeigen Sie die Konvergenz der Folge $(a_n) := \sum_{i=1}^{n}((i+1)i)^{-1}$ und berechnen Sie den Grenzwert!

w(14) Beweisen Sie, daß die Reihe $\sum_{n=0}^{\infty} n/(n+1)!$ konvergiert und berechnen Sie den Grenzwert!

wp(15) (Konvergenz der Systeme oder: Wir werden die USA überholen ohne sie einzuholen (Chrustschew))

Das Bruttosozialprodukt eines kapitalistischen Landes K betrage zum Zeitpunkt t_0 100 RE ('Rechnungseinheiten'), das eines sozialistischen Landes S 10 RE. Das Bruttosozialprodukt von S wächst 10-mal so schnell wie das von K. D.h. zu einem Zeitpunkt t_1 ist das Bruttosozialprodukt von K auf 110 RE gestiegen, das von S auf 100 RE. Zu einem Zeitpunkt t_2 ist das Bruttosozialprodukt von K auf 111 RE gestiegen, das von S auf 110 RE , etc.. Jeder Versuch des Einholens von K durch S hinsichtlich des Bruttosozialproduktes 'muß' demnach scheitern, da K einen -wenn auch stets schmilzenden - Vorsprung behaupten kann. Diskutieren Sie diese Argumentation!

(12.1.) Abbildungen von $\mathbb{R}$ nach $\mathbb{R}$

Nachdem wir soeben die Menge der reellen Zahlen kennen gelernt haben und mit ihr einen neuen Strukturtyp ('topologische'Struktur), werden wir nun einige Abbildungen von $\mathbb{R}$ nach $\mathbb{R}$ untersuchen, um

(1) einen Abb.typ zu finden, den man bzgl. topologischer Strukturen auf $\mathbb{R}$ als strukturerhaltend bezeichnen kann,

(2) die Frage zu beantworten, ob der Raum der Abb. von $\mathbb{R}$ nach $\mathbb{R}$ ebenfalls eine topologische Struktur trägt,

(3) zu untersuchen, ob es gelingt, 'strukturverträgliche' Abb. leicht darzustellen und

(4) weitere für uns wichtige Abb.typen zu skizzieren.

Daher seien zunächst einige grundlegende Definitionen und Sätze über Abb. von $\mathbb{R}$ nach $\mathbb{R}$ zitiert:

<u>Def. 1</u>: Seien $a,b\in\mathbb{R}$, $a<b$, die Menge $\{x/x\in\mathbb{R},\ a<x<b\} =: (a,b)$ heißt <u>offenes Intervall</u> in $\mathbb{R}$; die Menge $\{x/x\in\mathbb{R},\ a\leq x\leq b\} =: [a,b]$ heißt <u>abgeschlossenes Intervall</u> in $\mathbb{R}$. Analog werden halboffene Intervalle $(a,b]$ und $[a,b)$ definiert.

Die Unterscheidung dieser beiden Intervalltypen wird bei späteren Überlegungen eine Rolle spielen.

Eine Abb. $f:\mathbb{R}\longrightarrow\mathbb{R}$ wird (reellwertige) <u>Funktion</u> genannt.

Betrachten wir nun die Menge der reellwertigen Funktionen $\{f/f:\mathbb{R}\longrightarrow\mathbb{R} \text{ ist Abb.}\} =: \text{Abb.}(\mathbb{R},\mathbb{R})$:

<u>Def. 2</u>: D_f sei der Definitionsbereich von f, D_g derjenige von g. Zwei Funktionen heißen <u>gleich</u>, wenn gilt:

(1) $D_f = D_g$,

(2) $\bigwedge_{x\in D_f} f(x) = g(x)$.

<u>Bemerkung</u>: Hier und da findet man den Brauch, zwei Funktionen mit unterschiedlichen Definitionsbereichen als gleich zu bezeichnen, wenn die'Abb.vorschrift' dieselbe ist, insbesondere dann, wenn die eine auf einer Teilmenge des Def.bereichs der anderen def. ist.

Ließen sich nun die Rechenoperationen + und · aus $\mathbb{R}$ auch auf Funktionen übertragen, dann könnten wir die von dort bekannten Methoden und Sätze sofort auf Funktionen anwenden.

Satz 1: Sei $(f \oplus g)(x) := f(x) + g(x)$ mit $f,g \in Abb.(\mathbb{R},\mathbb{R})$. Dann ist $(Abb.(\mathbb{R},\mathbb{R}), \oplus)$ eine kommutative Gruppe.

Man beachte, daß $\oplus$ in $Abb.(\mathbb{R},\mathbb{R})$ abläuft, dagegen + in $\mathbb{R}$.

Satz 2: Sei $(f \odot g)(x) := f(x) \cdot g(x)$ mit $f,g \in Abb.(\mathbb{R},\mathbb{R})$. Dann ist $\odot$ in $Abb.(\mathbb{R},\mathbb{R})$ eine kommutative Multiplikation mit Assoziativgesetz und neutralem Element (die konstante Abb. $f(x) = 1$).

Man beachte, daß $\odot$ in $Abb.(\mathbb{R},\mathbb{R})$ abläuft, dagegen $\cdot$ in $\mathbb{R}$.

Satz 3: Durch die Def. $(c \circ f)(x) := c \cdot f(x)$ mit $f \in Abb.(\mathbb{R},\mathbb{R})$ wird auf $Abb.(\mathbb{R},\mathbb{R})$ eine Multiplikation mit Konstanten aus $\mathbb{R}$ definiert, die den folgenden Bedingungen genügt:

(1) $((c + d) \circ f)(x) = cf(x) + df(x)$,

(2) $(c \circ (f \oplus g))(x) = cf(x) + cg(x)$ für $f,g \in Abb.(\mathbb{R},\mathbb{R})$ und $c,d \in \mathbb{R}$.

Bemerkung: Ein durch die Bedingungen von Satz 1 bis 3 festgelegtes mathematisches Objekt $(A,+,\cdot,\circ\mathbb{R})$ nennt man eine (kommutative) $\mathbb{R}$-Algebra.

Betrachten wir noch einmal, wie wir die algebraische Struktur auf $Abb.(\mathbb{R},\mathbb{R})$ definieren konnten:

Summe und Produkt zweier Funktionen wurden definiert druch Summe und Produkt aller Bilder unter diesen Funktionen, d.h. wir führten die Operationen auf Funktionen, d.h. wir führten die Operationen auf schon bekannte Operationen in $\mathbb{R}$ zurück. Diese Methode des Definierens, die 'argumentweise' Def., wird uns noch häufiger begegnen, z.B. in

Satz 4: Durch die Def. $f \leq g :\Longleftrightarrow f(x) \leq g(x)$ für alle $x \in \mathbb{R}$, $f,g \in Abb.(\mathbb{R},\mathbb{R})$, wird auf $Abb.(\mathbb{R},\mathbb{R})$ eine (nicht vollst.) Ordnung definiert.

Betrachten wir hierzu die drei Funktionen:

$f: \mathbb{R} \longrightarrow \mathbb{R}$ mit $f(x) := 2x$,

$g: \mathbb{R} \longrightarrow \mathbb{R}$ " $g(x) := -4x + 2$,

$h: \mathbb{R} \longrightarrow \mathbb{R}$ " $h(x) := 2x + 1$.

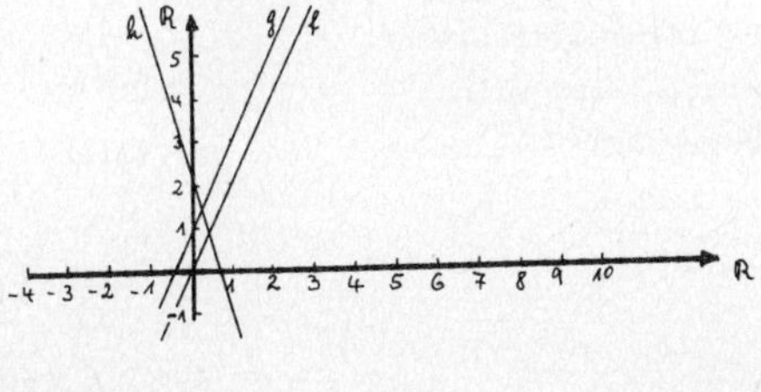

Man sieht sofort: (1) $f(x)>g(x)$ für $x>1/3$,

(2) $f(x)\leq g(x)$ " $x\leq 1/3$,

(3) $g(x)\leq f(x)$ " $x\leq 1/6$,

(4) $g(x)>f(x)$ " $x>1/6$,

(5) $h(x)\geq f(x)$ " alle $x\in\mathbb{R}$.

Es gilt also in Abb.($\mathbb{R}$,$\mathbb{R}$): $f\leq h$. Dies gilt aber nicht für $f\leq g$ oder $g\leq f$, da die Bedingung nicht für alle $x\in\mathbb{R}$ erfüllt ist.

(12.2.) Stetige Funktionen

Wir wollen unseren üblichen Weg der Diskussion, durch sozialwissenschaftliche Beisp. oder Probleme zu mathematischen Konzepten zu gelangen, an dieser Stelle einmal bewußt verlassen und versuchen, durch rein innermathematische Überlegungen einen Abb.typ zu finden, der als strukturverträglich für die topologische Struktur von $\mathbb{R}$ gelten kann. Anschließend werden wir uns um eine Interpretation dieses Abb.typs aus anwendungsorientierter Sicht bemühen. Der Zweck dieses Vorgehens liegt insbesondere darin, einige Einsichten in die mathematische Betrachtungsweise zu vermitteln.
Erinnern wir uns an das für uns Entscheidende der Approximationsbetrachtungen:
Bestimmte Folgen(Approximationsfolgen) besitzen einen Grenzwert, der eindeutig ist. Wir hatten dies so bezeichnet:

$$\lim(x_n) = \hat{x} .$$

Betrachten wir nun das allgemeine Def.prinzip für strukturerhaltende Abb. aus (6.2.), so müßte die Def. hier analog lauten:

Def. 1: Eine Abb. $f:\mathbb{R}\rightarrow\mathbb{R}$ heißt topologisch strukturerhaltend in $\hat{x}\in\mathbb{R}$, wenn gilt: $\lim(x_n) = \hat{x} \Rightarrow \lim(f(x_n)) = f(\hat{x})$. Dies gelte für alle Folgen mit Grenzwert $\hat{x}$. Eine derartige Abb. wird auch stetig genannt.

Für strukturerhaltende Abb. haben wir zweierlei gefordert:

(1) $id_{\mathbb{R}}$ muß strukturerhaltend sein,

(2) sind f und g strukturerhaltend, so muß auch $g\circ f$ strukturerhaltend sein.

Untersuchen wir diese Bedingungen bei unserer Def. der strukturerhaltenden Abb. von $\mathbb{R}$ nach $\mathbb{R}$.

zu(1): Sei $f := id_{\mathbb{R}}$. Gilt dann $\lim(x_n) = \hat{x} \Longrightarrow$ (wegen $x = id_{\mathbb{R}}(x)$ für alle $x \in \mathbb{R}$) $\hat{x} = \lim(x_n) = \lim id_{\mathbb{R}}(x_n) = id_{\mathbb{R}}(\hat{x})$.

Somit gilt (1).

zu(2): Seien $f, g: \mathbb{R} \longrightarrow \mathbb{R}$ Funktionen mit f stetig in $\hat{x}$, g stetig in $f(\hat{x}) := \hat{y}$. Dann gelte $\lim(x_n) = \hat{x}$. Daraus folgt: $\lim(f(x_n)) = f(\hat{x})$ wegen f stetig in $\hat{x}$, $(x_n) \in D_f$.
Es sei $\lim(y_n) = \hat{y}$. Daraus folgt: $\lim(g(y_n)) = g(\hat{y})$ wegen g stetig in $\hat{y}$, $(y_n) \in D_g$.
Wegen $D_g \subseteq W_f$ gilt: Jedes $f(x_n)$ ist als ein (y_n) darstellbar, also:

$$\lim(y_n) = \lim(f(x_n)) = \hat{y} = f(\hat{x}) \Longrightarrow \lim(g(y_n)) = \lim(g(f(x_n))) = g(\hat{y}) = g(f(\hat{x})).$$

Dies aber ist gerade die Stetigkeit von $g \circ f$ in $\hat{x}$.

Da für sozialwissenschaftliche Problemstellungen häufig einseitig halbstetige Funktionen relevant sind, hier gleich

<u>Def. 2</u>: Eine Abb. $f: \mathbb{R} \longrightarrow \mathbb{R}$ heißt <u>nach oben halbstetig</u> in $x^* \in \mathbb{R}$, wenn gilt: $\lim(x_n) = x^* \Longrightarrow \lim(f(x_n)) = f(x^*)$ für alle monoton fallenden Folgen mit Grenzwert x^*.

Dies sei folgendermaßen veranschaulicht:

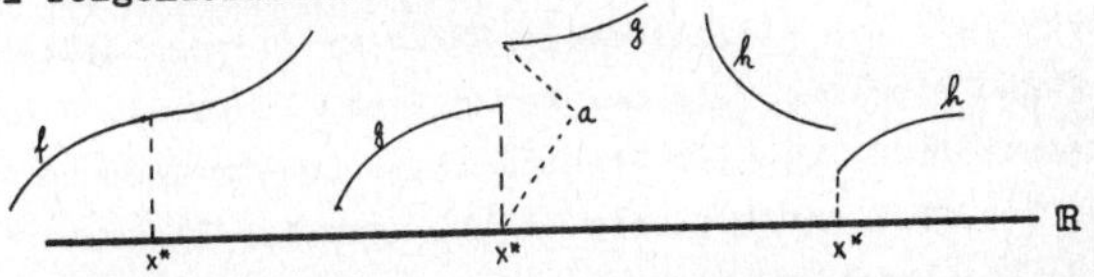

f ist stetig in x^*, da f in $f(x^*)$ keinen 'Sprung' macht. g ist nach unten halbstetig in x^*, da zwar für alle monoton wachsenden Folgen (x_n) mit Grenzwert x^* gilt: $\lim(g(x_n)) = g(x^*)$, nicht aber für gegen x^* <u>fallende</u> Folgen, denn Grenzwert ist a.
h ist nach oben halbstetig in x^* in analoger Weise.

Der Leser kann nun leicht 'nach unten halbstetig' definieren.

<u>Def. 3</u>: Eine Abb. $f: \mathbb{R} \longrightarrow \mathbb{R}$ heißt (auf ganz $\mathbb{R}$) stetig, wenn sie in allen $x^* \in \mathbb{R}$ stetig ist.

<u>Bemerkungen</u>:

(1) Ist f in x^* stetig, so existiert $f(x^*)$, d.h. f ist in den Punkten, in denen sie stetig ist, stets endlich.

(2) Die Stetigkeit einer Funktion ist eine <u>lokale</u>

Eigenschaft, d.h. sie hängt vom Verlauf der Funktion in einer Umgebung eines betrachteten Punktes ab, da $\lim(x_n)$ nur für Umgebungen def. ist.

Wir wollen uns nun die Grenzwertdefinition zunutze machen, um ein zweites Stetigkeitskriterium (mehr technischer Natur) angeben zu können, das uns zugleich auf eine sehr wichtige Eigenschaft stetiger Funktionen aufmerksam machen wird. Setzen wir Def. 4 aus (11.   ) in Def. 2 S.-211- ein, so erhalten wir den

<u>Satz 1</u>: Sei $f:\mathbb{R}\longrightarrow\mathbb{R}$ Abb., $x^*\in\mathbb{R}$; f ist genau dann in $x^*\in\mathbb{R}$ nach oben halbstetig, wenn gilt:

(1) $f(x^*)\in\mathbb{R}$,

(2) zu jedem $r\in\mathbb{R}$ mit $r>f(x^*)$ existiert $U(x^*,\varepsilon)$ mit: für jedes $x\in U(x^*,\varepsilon)$ gilt: $f(x)<r$.

Einen analogen Satz erhalten wir für Halbstetigkeit nach unten durch Abschätzung mit einer Konstanten s. Damit läßt sich zeigen:

<u>Satz 2</u>: $f: \mathbb{R}\longrightarrow\mathbb{R}$ ist genau dann in $x^*\in\mathbb{R}$ stetig, wenn gilt: f ist in x^* nach oben und unten halbstetig.

Versuchen wir nun einmal, diese Sätze zu veranschaulichen: f sei eine Funktion, die auf dem offenen Intervall I definiert ist(offen, um hier Grenzprozesse beschreiben zu können). Sei $x^*\in I$, f sei in x^* stetig. Liegt dann das Element $p^*=(x^*,f(x^*))$ des Grafen F der Funktion zwischen den beiden horizontalen Geraden

$$g_1(x):= r \quad \text{und} \quad g_2(x):= s \ ,$$

d.h. ist

$$r<f(x^*)<s \ ,$$

so gilt diese Ungleichung nach Def. der Stetigkeit auch noch für alle x aus einer Umgebung $U(x^*,\varepsilon)$. Mit dem Punkt $p^*\in F$ liegt also zugleich ein ganzes 'Stück' von F zwischen g_1 und g_2. Diese Eigenschaft gilt, so klein der Abstand zwischen g_1 und g_2 auch gewählt wird. Somit kann also eine Funktion in der 'Nähe' eines Punktes, in dem sie stetig ist, nicht beliebig stark schwanken. Es ist klar, daß $U(x^*,\varepsilon)$ sowohl von der Wahl von g_1 und g_2 als auch von der Wahl von x^* abhängt.

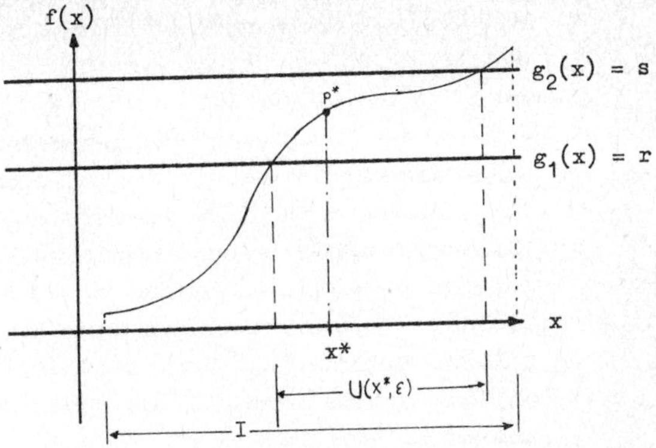

Damit haben wir anschaulich die entscheidende Eigenschaft stetiger Funktionen beschrieben: das Fehlen von 'Sprungstellen', denn eine Sprungstelle läge gerade vor, wenn gälte:

Sei $f:\mathbb{R}\longrightarrow\mathbb{R}$ Abb., $x^*\in\mathbb{R}$ heißt <u>Sprungstelle</u> nach oben, wenn gilt: Es existiert ein $a\in\mathbb{R}$ mit $a<f(x^*)$, und es existiert in jeder ε-Umgebung von x^* mindestens ein $x\in U(x^*,\varepsilon)$ mit $f(x)<a$.

Analog wird die Sprungstelle nach unten def..

Veranschaulichung:

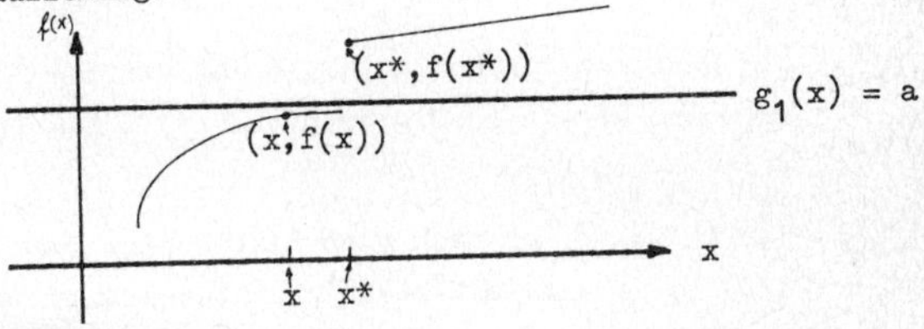

Anschaulich gesprochen besitzen also stetige Funktionen keine Sprungstellen.

<u>Bemerkungen</u>:

(1) Die Menge der Stetigen Funktionen, bezeichnet mit $C(\mathbb{R},\mathbb{R})$ ist eine (nicht vollst.) geordnete $\mathbb{R}$-Algebra.

(2) Wir haben bisher nur Abb.$(\mathbb{R},\mathbb{R})$ und $C(\mathbb{R},\mathbb{R})$ betrachtet. Die Eigenschaften dieser Mengen gelten natürlich auch dann noch, wenn wir als Def.-bereich eine Teilmenge von $\mathbb{R}$, etwa das Inervall I

wie in der Veranschaulichung zu Satz 2, betrachten. Wir schreiben dann entsprechend Abb.$(I,\mathbb{R})$ bzw. $C(I,\mathbb{R})$.

(3) Ist I ein abgeschlossenes Intervall $[a,b]$, so kann man die Stetigkeit in den Endpunkten von I nur halbseitig betrachten, denn für a existiert dann keine Folge <u>in</u> $[a,b]$, die monoton steigend ist und die als Grenzwert a besitzt (die hier triviale Folge $(a,a,a,\ldots)$ kann vernachlässigt werden), ebenso existiert in b keine monoton fallende Folge in $[a,b]$ mit b als Grenzwert. In einem offenen Intervall (a,b) kann man dagegen in jedem Punkt aus I beidseitige Stetigkeitsbetrachtungen anstellen.

(12.3.) Eigenschaften stetiger Funktionen

<u>Def. 1</u>: Das <u>Maximum</u> einer Funktion f auf $M \subseteq \mathbb{R}$, bezeichnet mit $\max_M f$ ist das Supremum der Menge $f[M]$, analog ist das <u>Minimum</u> $\min_M f$ auf $M \subseteq \mathbb{R}$ das Infimum der Menge $f[M]$.

<u>Def. 2</u>: Die Funktion f heißt auf $M \subseteq \mathbb{R}$ nach oben(unten) <u>beschränkt</u>, wenn $f[M]$ nach oben(unten) beschränkt ist.

<u>Def. 3</u>: Die Funktion f nimmt auf $M \subseteq \mathbb{R}$ das Maximum (Minimum) an, wenn es ein $x^* \in M$ gibt mit $f(x^*) = \max_M f$ (bzw. $f(x^*) = \min_M f$).

<u>Satz 1</u>: Sei $f: [a,b] \longrightarrow \mathbb{R}$ nach oben halbstetige Funktion, dann ist f auf $[a,b]$ nach oben beschränkt und nimmt ihr Maximum hier an.
Ein analoger Satz gilt für nach unten halbstetige und stetige Funktionen.

<u>Satz 2</u>:(Zwischenwertsatz)
$f: [a,b] \longrightarrow \mathbb{R}$ sei auf $[a,b]$ stetig, es existiere $c \in \mathbb{R}$ mit $\min_{[a,b]} f \leq c \leq \max_{[a,b]} f$. Dann existiert ein $x^* \in [a,b]$ mit $f(x^*) = c$.

Versuchen wir, den Gehalt dieser Sätze zu verdeutlichen: Satz 1 liefert neben der Beschränktheit stetiger Funktionen eine Abschätzung des Wertebereiches einer stetigen Funktion f dadurch, daß max f und min f auf dem Intervall angenommen werden. Satz 2 liefert die Aussage, daß zwischen min f und max f jeder Wert angenommen wird. Dies hat weitreichende Folgen für die Umkehrfunktion einer stetigen Funktion, für die Existenz von Nullstellen einer Funktion etc..

(12.4.) Folgen und Reihen von Funktionen

Nach der Untersuchung von Abb.(I,ℝ) auf algebraische Eigenschaften und Ordnung hin ist nun die Frage zu beantworten, ob sich topologische Strukturen von ℝ auf Abb.(I,ℝ) übertragen lassen. Das Prinzip der argumentweisen Def. führt uns hier zu den Überlegungen:

$f:\mathbb{N}\longrightarrow$ Abb.(I,ℝ) sei eine Abb., also eine Folge. Für jedes $x^*\in I$ bilden die $f_n(x^*)$ Glieder einer Folge in ℝ. Daher müssen wir auf Folgen in ℝ zurückgreifen:

<u>Def. 1</u>: Sei $f:\mathbb{N}\longrightarrow$ Abb.(I,ℝ) eine Folge von Funktionen. (f_n) heißt in $x^*\in I$ <u>punktweise konvergent</u>, wenn $(f_n(x^*))$ konvergiert. (f_n) heißt auf (ganz) I konvergent, wenn für jedes $x\in I$ $(f_n(x))$ konvergiert. Die Funktion $F(x):= \lim (f_n(x))$ ist dann eine auf I def. Funktion.

Diese Def. erlaubt es nun, Konvergenzkriterien aus ℝ bzgl. Folgen auch hier anzuwenden. Weiterhin können wir nun Reihen von Funktionen und deren punktweise Konvergenz definieren und unsere Ergebnisse über Reihen in ℝ anwenden.

Hier tritt nun ein Problem auf, das sich bei der Diskussion von Folgen und Reihen in ℝ nicht ergab: Ist die Grenzfunktion F einer Folge stetiger Funktionen bei punktweiser Konvergenz ebenfalls stetig?

Dies ist nicht immer der Fall, wie sich an folgendem Beispiel zeigen läßt:

Sei $I:= [0,1]$, $f_n(x) := x^n$ für $x\in I$.

Für $|x|<1$ wissen wir: $\lim (f_n(x)) = 0$,

für $x = 1$ ist $\lim (f_n(x)) = 1$.

Somit gilt:

$$F = \begin{cases} 0 & \text{für } |x| < 1 \\ 1 & \text{"} \quad x = 1 , \end{cases}$$

d.h. F hat bei 1 eine Sprungstelle nach oben.

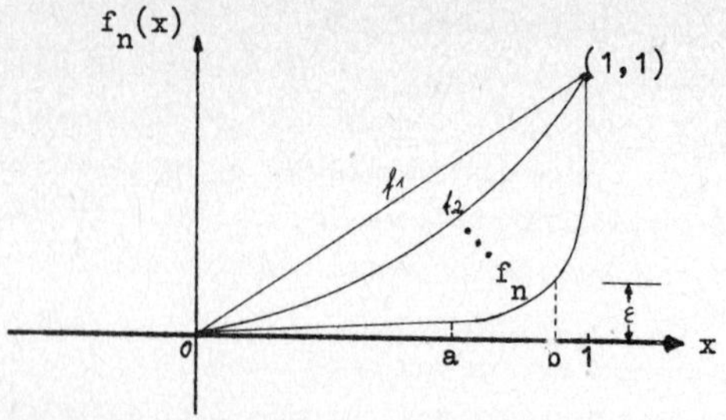

Betrachtet man diese Skizze, so liegt die Schwierigkeit offensichtlich darin, daß bei vorgegebenem Abschätzungsbereich ε bei einigen x schon eine sehr gute Annäherung bei f_n gegeben ist, bei anderen x diese Annäherung aber sehr schlecht ist.
In der Skizze: $x<a$: gute Annäherung,
$x>b$: schlechte Annäherung, obwohl a und b relativ 'nahe' beieinander liegen.
Wir müssen unser Konvergenzkriterium daher etwas verschärfen, und zwar ist es unabhängig zu machen von dem Punkt x, an dem sich unsere Betrachtung gerade befindet.

<u>Def. 2</u>: $f:\mathbb{N}\longrightarrow \text{Abb.}(I,\mathbb{R})$ heißt <u>gleichmäßig konvergent</u> auf I gegen eine Grenzfunktion F, wenn gilt: zu jedem $\varepsilon\in\mathbb{R}^+$ gibt es ein $n_0\in\mathbb{N}$, so daß für alle $n\geqslant n_0$ und <u>für alle $x\in I$</u> gilt: $|f_n(x) - F(x)|<\varepsilon$.

Mit Hilfe dieses Kriteriums schärferen Charakters müßte sich nun zeigen lassen, daß unsere Beisp.folge nicht gleichmäßig konvergent auf $[0,1)$ ist. Dies ist dann gelungen, wenn wir ein $\varepsilon\in\mathbb{R}^+$ finden, so daß für alle $n\in\mathbb{N}$ ein $x\in I$ existiert mit $|f_n(x) - F(x)|<\varepsilon$. Nehmen wir $\varepsilon:= 1/2$. Betrachten wir $x:= 1 - 1/(2n)$. Dann gilt:

$$n \neq 0, \quad (1 - 1/(2n)) \geqslant (1 - n/(2n)) \quad \text{(Bernoullische Ungleichung)}$$
$$= 1 - 1/2 = 1/2 .$$

Damit ist ein allgemeines x gefunden, für das gilt: $x^n \geqslant 1/2$.
Für dieses allgemeine x folgt nun:

$$|f_n(x) - F(x)| = |x^n - 0| = x^n \geqslant 1/2.$$

Zitieren wir nun den gewünschten

<u>Satz 1</u>: Konvergiert eine Folge (f_n) von Funktionen auf M gleichmäßig gegen F, und sind alle f_n stetig, so ist auch F stetig.

Fassen wir zusammen:

Auf Abb.(I,ℝ) ist eine punktweise Konvergenz nach Def.1 gegeben; da Abb.(I,ℝ) <u>alle</u> Funktionen von I nach ℝ enthält, ist diese Struktur die für Abb.(I,ℝ) angemessene. Denn beim Übergang von $f_n(x)$ zu $\lim(f_n(x))$ erhalten wir wieder eine Abb. von I nach ℝ.

Die für C(I,ℝ) adäquate Konvergenzdefinition ist die der gleichmäßigen Konvergenz nach Def. 2. Def. 1 wäre hier nicht angemessen, da sie aus C(I,ℝ) herausführt, indem sie auch nicht stetige Funktionen liefert, wie das Beisp. zeigt.

(12.5.) Potenzreihen, Polynome, Satz von Stone-Weierstraß

In (12.4.) haben wir die Konvergenz von Funktionenfolgen auf die von Folgen in ℝ zurückgeführt. Es liegt nun nahe, dieses Prinzip für die Def. von Funktionen beizubehalten. Dabei werden wir uns auf solche Folgen beschränken, deren Verlauf überschaubar ist, und für deren Konvergenzverhalten starke Kriterien zur Verfügung stehen: auf Reihen, und zwar hier insbesondere auf solche, die der geometrischen Reihe verwandt sind. Denn diese ermöglichen eine leichte Anwendung des Quotienten- bzw. Wurzelkriteriums. Betrachten wir daher noch einmal die geometrische Reihe $G := \sum_{n=0}^{\infty} x^n$, deren Konvergenz für $|x|<1$ bereits bekannt ist. Für $|x| \geqslant 1$ divergiert diese Reihe. Auf dem Intervall (-1,+1) def. also die geometrische Reihe eine Funktion $G:(-1,+1) \longrightarrow \mathbb{R}$.

Reihen dieses Typs seien nun allgemeiner definiert.

<u>Def. 1</u>: Eine Reihe der Form $\sum_{n\in\mathbb{N}} a_n x^{cn+b}$ heißt <u>Potenzreihe</u>, a_n kann durchaus noch von n abhängen, hier aber sei stets $a_n \in \mathbb{R}$ konstant.

Eine Teilmenge $I \subseteq \mathbb{R}$ heißt <u>Konvergenzbereich</u> einer Potenzreihe, wenn gilt:

(1) $\bigwedge_{x\in I} \sum_{n\in\mathbb{N}} a_n x^{cn+b}$ konvergiert in ℝ,

(2) $\bigwedge_{y\in\mathbb{R}\setminus I} \sum_{n\in\mathbb{N}} a_n x^{cn+b}$ divergiert in ℝ. $(c, b \in \mathbb{R})$

Eine Potenzreihe stellt also auf ihrem Konvergenzbereich eine Funktion von I nach ℝ dar.

Für unser Beisp.: $\sum_{n\in\mathbb{N}} x^n$ ist Potenzreihe mit $a_n := 1$ für alle

$n \in \mathbb{N}$, $c := 1$, $b := 0$. $M_G = (-1,+1)$ ist der Konvergenzbereich von G.
Betrachten wir einige weitere Beispiele sehr wichtiger Funktionen, die durch Potenzreihen definiert sind:

(1) $\sum_{n\in\mathbb{N}} x^n/n$ konvergiert für $|x|<1$ (Quotientenkrit.)
" " $x = -1$ (Leibnitzkrit.)
divergiert für $|x|>1$ (Quotientenkrit.)
" " $x = 1$ (Harmonische Reihe)
$M = [-1,+1)$.

(2) $\sum_{n\in\mathbb{N}} x^n/n!$

heißt Exponentialreihe, sie def. die exp-Funktion $\exp(x)$ oder e^x. $M = \mathbb{R}$.

(3) $\sum_{n\in\mathbb{N}} (-1)^n \frac{1}{2n!} x^{2n}$ heißt Cosinusreihe mit $M = \mathbb{R}$,

durch sie wird die cos-Funktion def..

(4) $\sum_{n\in\mathbb{N}} (-1)^n \frac{1}{(2n+1)!} x^{2n+1}$ heißt Sinusreihe mit $M = \mathbb{R}$,

durch sie wird die sin-Funktion def..

<u>Bemerkungen</u>:

(1) Die einfache Struktur der Potenzreihen (insbesondere leichte Differenzierbarkeit und Integrierbarkeit) führen in der Mathematik dazu, möglichst viele Funktionen zumindest in beschränkten Intervallen durch Potenzreihen auszudrücken (Taylorreihe etc.), was zur Theorie der 'analytischen' Funktionen führt.

(2) Die Def. des Konvergenzbereiches in Def.1 gibt noch keinesfalls eine Methode an, wie dieser Bereich (i.A. ein Intervall) zu berechnen ist. Da wir aber fast ausschließlich auf ganz $\mathbb{R}$ konvergente Potenzreihen behandeln werden, können wir uns den bei der Berechnung dieser Konvergenzbereiche entscheidenden Satz von Cauchy-Hadamard schenken.

Die Theorie der Potenzreihen spielt in der Analysis und bei der Entwicklung und beim Umgang mit formalisierten Modellen in den Sozialwissenschaften eine wichtige Rolle. Oft genügt es hierbei, als Näherung nur die ersten Glieder einer Potenzreihe zu betrachten. Wir werden uns daher jetzt mit 'endlichen Potenzreihen' beschäftigen.

Def. 2: Eine Abb. $f:\mathbb{R}\longrightarrow\mathbb{R}$ der Form $f(x) = \sum_{i=0}^{n} a_i x^i$ mit $a_i \in \mathbb{R}$ heißt (reelles) Polynom.

Def. 3: Ist $f(x) = \sum_{i=0}^{n} a_i x^i$ mit $a_n \neq 0$, so heißt f (das Polynom) vom Grad n .

Betrachten wir einmal Polynome verschiedenen Grades:

(0) Das Polynom 0-ten Grades ist $f(x) = a_0$, also eine konstante Funktion.

(1) Das Polynom ersten Grades ist $f(x) = a_0 + a_1 x$, hier liegt also der einfachste nicht konstante Funktionszusammenhang, die lineare Funktion, vor. Die Einfachheit von f, die Bijektivität und Monotonie führen dazu, daß man, sofern man bei formalisierten Modellen Funktionszusammenhänge berücksichtigen will, stets zunächst das Polynom ersten Grades als Modellansatz wählen wird. Die damit erstellten Modelle heißen lineare Modelle. Erst wenn sich diese in den weiteren Stufen des Modellbildungsprozesses als nicht angemessen erweisen, wird man zu Polynomen höheren Grades übergehen, u.U. dabei auch Potenzreihen berücksichtigen. Da man sich jedoch meist in formalisierten Modellen für sozialwissenschaftliche Problemstellungen auf lineare Modelle beschränkt, wird die Lineare Algebra in LuM II einen vorrangigen Platz einnehmen.

(2) Das Polynom 2-ten Grades ist $f(x) = a_0 + a_1 x + a_2 x^2$.

Während bei $a_0 = 0$ $f(x) = a_0 + a_1 x$ ein Morphismus bzgl. + in $\mathbb{R}$ ist, ist das Polynom 2-ten Grades für $a_0 = a_1 = 1$ ein Morphismus bzgl. $\cdot$ in $\mathbb{R}$.

Die Beschränkung auf Polynome hat neben dem Gesagten einen weiteren Vorteil, nämlich den der Überschaubarkeit und leichten Beweisbarkeit ihrer Eigenschaften, z.B.

Satz 1: Polynome sind auf ganz R stetige Funktionen.
Also: $f:\mathbb{R}\longrightarrow\mathbb{R}$ Polynom $\Longrightarrow f \in C(\mathbb{R},\mathbb{R})$.

Bew.: $f(x) = x$ ist stetig (Folgenkriterium nach (11.2.))
Mit den Regeln für Limites gilt dann sofort:
$f(x) = x^n$ ist stetig,
$f(x) = a_n x^n$ ist stetig,

$$f(x) = \sum_{i=0}^{n} a_i x^i \quad \text{ist stetig.}$$

Damit ist die hierdurch gewonnene Menge $C(\mathbb{R},\mathbb{R})$ eine $\mathbb{R}$-Algebra.

Nun wäre es interessant zu wissen, welchen Bereich von Funktionen wir mit Hilfe der Polynome approximieren können, d.h. welche Funktionen sind Limites von konvergenten Folgen von Polynomen. Die Antwort gibt der Approximationssatz von <u>Stone-Weierstraß</u>:

<u>Satz 2</u>: <u>Jede</u> stetige Funktion ist Limes einer Folge von Polynomen.

Dieser Satz sagt aus, daß sich eine umfangreiche Klasse von interessanten Funktionen, nämlich der stetigen Funktionen, durch Grenzprozesse aus den Polynomen gewinnen läßt.
Der Satz sagt zugleich, daß sich jede stetige Funktion polynomial, geht man nur hoch genug im Polynomialgrad, exakt darstellen läßt. Diese Eigenschaft von Polynomen hat zentrale Bedeutung in der Schätzung von Parametern von sozialwissenschaftlichen formalisierten Modellen mit Hilfe der 'Polynomialregression'.
Damit ist verstärkt gerechtfertigt, daß wir uns bei stetigen Funktionszusammenhängen auf Polynome beschränken.

<u>Aufgaben</u>:

w(1) Berechnen Sie diejenigen $x \in \mathbb{R}$, für die folgende Funktionen definiert und stetig sind:
(a) $f_1(x) = 2x^3$ (b) $f_2(x) = 1/x$ (c) $f_3(x) = \frac{2x^2 + 3}{- x - 7}$

w(2) Zeigen Sie, daß die Sinus- und die Cosinusreihe auf ganz $\mathbb{R}$ punktweise konvergieren!

w(3) Berechnen Sie für $x, a \in \mathbb{R}$ $\lim\limits_{n \to \infty} \frac{nx}{nx^2 + a}$! Für welche $x \in \mathbb{R}$ konvergiert also diese Folge?

w(4) $f: \mathbb{R}\setminus\{0\} \longrightarrow \mathbb{R}$ mit $f(x) = 1/x$. Zu jedem $\varepsilon \in \mathbb{Q}^+$ ist ein $\delta_\varepsilon \in \mathbb{Q}^+$ zu bestimmen, so daß aus $|x - y| < \delta_\varepsilon$ folgt: $|f(x) - f(y)| < \varepsilon$ für $x, y \in [1, 3) \subseteq \mathbb{R}$.

w(5) Für $x \in \mathbb{R}$ untersuche man die Reihe $\sum_{n=1}^{\infty} (n^3 + n^4 x^2)^{-1}$ auf gleichmäßige Konvergenz!

w(6) Beweisen Sie mit Hilfe des Zwischenwertsatzes, daß die

Sinusreihe eine Nullstelle im Intervall $[0,2]$ hat!

p(7) Auf einem Intervall $I := [a,b]$ mit $a<b$ sei eine Zerlegung in Form eines (n+1)-Tupels $\mathfrak{z} := (x_0, x_1, \ldots, x_n)$ mit x_i $(i = 0,1,2,\ldots,n)$ aus I definiert, wobei gelte: $a := x_0 < x_1 < \ldots < x_{n-1} < x_n =: b$. Das Intervall $I_i := (x_{i-1}, x_i)$ heißt offenes Teilintervall von I. Eine Funktion, die auf jedem I_i konstant ist (jeweils) heißt Treppenfunktion. Eine derartige Treppenfunktion t heißt monoton, wenn gilt: $((y_j \in I_i) \wedge (y_{j+1} \in I_{i+1})) \rightarrow (t(y_j) < t(y_{j+1}))$ für den Fall 'momoton wachsend'. Den Fall 'momoton fallend' wollen wir hier nicht betrachten.

(a) Ist damit etwas über die Werte in den x_i-Punkten ausgesagt? Wenn ja, was? Wenn nein, waraum nicht?

(b) Welche Stetigkeitseigenschaft (stetig, nach oben halbstetig, nach unten halbstetig) hat die Treppenfunktion in den Zerlegungspunkten x_i?

Definieren wir für den Fall'monoton wachsend' Funktionswerte für die Zerlegungspunkte x_i in der Form:

$$t'(x_i) := \max_{I_i \cup I_{i+1}} t \quad .$$

Betrachten Sie nun die diskrete Zufallsvariable X mit den Ausprägungen auf Grund einer Stichprobe an einer bundesdeutschen Universität (Fachbereich Soziologie) : Ein Student(eine Studentin) befindet sich im 'x-ten Semester'.

Als Verteilungsfunktion def. wir $F(y) := \sum_{x=1}^{y} \text{Prob}(X=x)$.

Die gefundenen F(y)-Werte seien:

$F(1) = 0.1$, $F(2) = 0.2$, $F(3) = 0.35$, $F(4) = 0.5$, $F(6) = 0.7$, $F(7) = 0.8$, $F(8) = 0.875$, $F(9) = 0.925$, $F(10) = 0.95$, $F(11) = 0.975$, $F(12) = 1$.

(c) Definieren Sie eine geeignete Zerlegung des Intervalls $I := [a,b]$, bestimmen Sie die Treppenfunktion auf ganz I und fertigen Sie eine Skizze der Verteilungsfunktion an!

w(8) Ist $f(x) = |x|$ stetig? Welche Monotonieeigenschaften hat f?

p(9) In LuM II wird die $\mathfrak{Z}$-Transformation bei der Betrachtung von Differenzengleichungen eine Rolle spielen. Wir haben gesehen, daß die rekursive Def. einer Folge eine spezielle Differenzengleichung ist. Sei f_n eine Folge. Dann heißt $F(z) := \mathfrak{Z}(f_n) := \sum_{n=0}^{\infty} f_n z^n$ mit $z := e^{-p}$, $p \in \mathbb{C}$ $\mathfrak{Z}$-Transformation von f_n.

<u>Beisp.</u>:

Die konstante Folge $f_n = 1$ für alle $n \in \mathbb{N}$.

$\mathfrak{Z}(f_n) = \sum_{n=0}^{\infty} f_n z^n = \sum_{n=0}^{\infty} z^n = \frac{1}{1 - z}$, denn $\mathfrak{Z}(f_n)$ ist geometrische Reihe.

(a) Wann konvergiert $\mathfrak{Z}(f(x)) := \sum_{n=0}^{\infty} f_n(x) z^n$?

(b) Versuchen Sie , $f(x) = x!$ mit $x \in \mathbb{N}$ mit Hilfe der $\mathfrak{Z}$-Transformation zu transformieren!

(13.) Wahrscheinlichkeitsrechnung

Im Folgenden soll eines der grundlegenden Modelle bei der Formalisierung sozialwissenschaftlicher Problemstellungen dargestellt werden: Das Modell der 'Wahrscheinlichkeitstheorie'. Dieses Modell geht immer dann in die Formalisierung ein, wenn die zu modellierenden Beziehungen auf deterministische Weise nicht angemessen erfaßt werden können.

(13.1.) Modellbildung- und -struktur

Das hier zu erörternde Wahrscheinlichkeitsmodell enthält folgende Komponenten:

(1) Zufallsexperimente bzw. Beobachtungen zufälliger Ereignisse unter einer bestimmten Fragestellung(z.B. die Anzahl von Streiktagen in einer bestimmten Branche pro Jahr) ergeben die Mengen E_1, E_2,... der Experimentergebnisse bzw. Beobachtungsergebnisse. Wir werden nur endlich viele Mengen dieser Art betrachten.

(2) $E := E_1 \times E_2 \times \ldots \times E_n$ heißt Beobachtungsraum. Er enthält die möglichen Beobachtungsergebnisse (wir werden im Folgenden nur noch von Beobachtungsergebnissen sprechen). Der Schritt von den Mengen E_1, E_2, ... , E_n zum kartesischen Produkt E ist bereits eine Abb., die wir aber nicht näher definieren wollen.

(3) Die Beobachtungsergebnisse lassen sich für verschiedene Problemstellungen auswerten. Grundsätzlich lassen sich hierbei zwei Problembereiche unterscheiden, bei denen der Einsatz wahrscheinlichkeitstheoretischer Konzepte zweckmäßig ist:

(a) Diejenigen, bei denen von vornherein auf Massendaten abgestellt wird (z.B. demographische Problemstellungen);

(b) diejenigen, bei denen die Beobachtungsergebnisse aus einer Vielzahl einzelner Einflüsse resultieren, wobei die Einzeleinflüsse jeweils nur einen geringen Beitrag zur Erklärung(wie sie im Modell spezifiziert ist) leisten. Da bei der Beobachtung jedes

Einzeleinflusses sowohl hinsichtlich seiner Größe als auch seines Beitrages Unschärfen vorhanden sind, ist der aggregierte Beobachtungsfehler so groß, daß die Prognosen bzw. Erklärungen des infrage stehenden Ereignisses auf Grund des Schwankungsbereichs i.A. nicht mehr aussagekräftig sind. Daher beschränkt man sich hier auf die Untersuchung von Massenphänomena, um überhaupt zu Aussagen zu gelangen, die sich für wissenschaftliche und/oder praktische Zwecke eignen.

Da es nicht immer praktikabel ist, Wahrscheinlichkeitsüberlegungen unmittelbar an Hand der Beobachtungsergebnisse durchzuführen, bilden wir den Beobachtungsraum in den $\mathbb{R}^n$ ab mit $n \in \mathbb{N}$, wobei das 'n' von der Struktur von E abhängt, d.h. ist z.B. E eine Menge geordneter Paare(z.B. mit Elementen aus E_1:= Menge der Einkommensklassen und E_2:= Menge der möglichen Schulabschlüsse), so ist n:= 2. Somit:

$$\Phi_1 : E \longrightarrow \mathbb{R}^n \text{ mit } \Phi_1[E] := A \subseteq \mathbb{R}^n .$$

$\mathbb{R}^n$ enthält die 'unaufbereiteten' Ereignisse.

Je nach Problemstellung ist ein Wahrscheinlichkeitsmodell zu erstellen, das Lösungen der Problemstellung liefert. Es sei hervorgehoben, daß hier also eine konstruktive Aufgabe vorliegt; fertige Rezepte zur Lösung derartiger Probleme existieren nicht.

Die Modellbildung erfordert nun zunächst:

$$\Phi_2 : A \longrightarrow \mathbb{R}^\nu \quad \text{mit } \nu \in \mathbb{N} .$$

Während n in Φ_1 von der Struktur von E abhing, wird ν jetzt von der spezifischen Problemstellung bestimmt.

$\Phi_2[A] := \Omega$ wird Ereignisraum genannt.

Wenn sich die beobachtungsleitende Fragestellung, die auf Φ_1 führt, nicht von der spezifischen Problemstellung unterscheidet, so ist für Φ_2 die Identität zu wählen, d.h. eine weitergehende

Aufbereitung von A ist nicht erforderlich und es gilt: $A = \Omega$.

Da wir nicht nur die Wahrscheinlichkeit von Einzelereignissen berechnen wollen, sondern uns auch für die Wahrscheinlichkeit von Mengen von Ereignissen interessieren, gehen wir in der vorliegenden Wahrscheinlichkeitskonzeption von der Potenzmenge von A bzw. Ω aus, da in ihr alle möglichen Teilmengen enthalten sind.

Kriterien des geeigneten Modellbaus lassen sich aus den Kapiteln (2.6.6) und (6.2.) gewinnen. Wir erinnern uns, daß für jede Menge M $\mathfrak{P}(M)$ eine BA ist, somit auch $\mathfrak{P}(E)$ und $\mathfrak{P}(A)$ bzw. $\mathfrak{P}(\Omega)$. Soll das Modell adäquat sein, so sollte die zu Φ_1 gehörende Abb. zwischen den Potenzmengen von E und A, $\psi: \mathfrak{P}(E) \longrightarrow \mathfrak{P}(A)$, mit

$\psi(F) := \Phi_1[F]$, wobei $F \in \mathfrak{P}(E)$, ein Morphismus sein. Untersuchen wir zunächst, ob ψ ein Morphismus ist:

Von der Abb.algebra S.-89- her wissen wir:

$F_1, F_2 \in \mathfrak{P}(E)$, dann gilt für jede Abb.:

(a) $\psi(F_1 \cup F_2) = \Phi_1[F_1 \cup F_2] = \Phi_1[F_1] \cup \Phi_1[F_2]$

$= \psi(F_1) \cup \psi(F_2)$

(b) $\psi(F_1 \cap F_2) = \Phi_1[F_1 \cap F_2] \subseteq \Phi_1[F_1] \cap \Phi_1[F_2]$

$= \psi(F_1) \cap \psi(F_2)$

(c) Da $A = \Phi_1[E]$, gilt: $\psi(E) = \Phi_1[E] = A$.

Gilt nun neben (a) und (c) speziell in (b) die Mengengleichheit, so ist nach (6.2.) ψ ein Morphismus.

Da ψ durch Φ_1 definiert ist, ist somit an Φ_1 eine zusätzliche Bedingung zu stellen, nämlich:

Φ_1 muß injektiv sein.

Damit ist ψ ein Morphismus, ψ ist daneben injektiv. Vom Aspekt adäquater Modellbildung her wäre es nun besonders wünschenswert, wenn ψ auch ein Isomorphismus wäre. Da der Bildbereich von ψ gleich der Potenzmenge des Bildbereiches von Φ_1 ist, ist ψ

surjektiv. Da ψ auch injektiv ist, ist ψ bijektiv. Damit existiert die Umkehrabb. $\psi^{-1}: \mathfrak{P}(A) \longrightarrow \mathfrak{P}(E)$. Für ψ^{-1} ist nun noch die Morphismuseigenschaft nachzuweisen. Aus der Abb.algebra wissen wir: Für ψ^{-1} ist in (a), (b) und (c) der Vorseite jeweils die Gleichheit erfüllt. Somit ist ψ Isomorphismus zwischen allen Beobachtungsergebnissen und allen Ereignissen.

(4) Jedem Element aus $\mathfrak{P}(\Omega)$, d.h. jedem Ereignis, wird nun eine bestimmte Wahrscheinlichkeit zugeordnet:

$$p: \mathfrak{P}(\Omega) \longrightarrow [0,1]$$
$$S \longmapsto p(S)\ ,\quad S \in \mathfrak{P}(\Omega).$$

p(S) ist definiert als relative Häufigkeit. Die absolute Häufigkeit von S in einer Menge von Ereignissen sei mit n(S) bezeichnet, diejenige des Komplementärereignisses aus Ω sei mit $n(\Omega \setminus S)$ bezeichnet.

Dann heißt

$$\frac{n(S)}{n(\Omega \setminus S) + n(S)} = \frac{n(S)}{n(\Omega)}$$

relative Häufigkeit von S, bezogen auf den Ereignisraum Ω.

Gilt:

$$\bigwedge_{\varepsilon \in \mathbb{R}^+} \lim_{n(\Omega) \to \infty} \left| \frac{n(S)}{n(\Omega)} - p(S) \right| < \varepsilon \text{ , so heißt}$$

$$p(S) := \frac{n(S)}{n(\Omega)} \quad \text{für hinreichend großes } n(\Omega)$$

Wahrscheinlichkeit von S.

Beisp.: Würfel

$\Omega := \{1,2,3,4,5,6\}$

S sei gleich $\{1\}$.

Liegt ein idealer Würfel vor, so gilt:

$\frac{n(S)}{n(\Omega)} = 1/6$ für hinreichend großes $n(\Omega)$.

Bei endlich vielen Versuchen wird $\frac{n(S)}{n(\Omega)}$ i.A. von 1/6 abweichen, für wachsendes $n(\Omega)$ aber immer weniger.

Man erkennt sofort, daß bei nur endlich vielen Realisationen von Ω jede Wahrscheinlichkeitsaussage problematisch wird. Insbesondere existieren bei Grundgesamtheiten endlichen Umfanges nur endlich viele Möglichkeiten, Stichproben zu ziehen. Auch die Verwendung von Irrtumswahrscheinlichkeiten in statistischen Tests von Hypothesen sind somit meist methodologisch fragwürdig, da i.A. derartige Tests nur endlich oft wiederholbar sind(auf Grund von Kosten- und Zeitaspekten etc., insbesondere aber auch wegen des gerade bei Prüfungen sozialwissenschaftlicher Hypothesen nicht hinreichend kontrollierbaren Wandels der Testbedingungen).

Die Abb. p heißt allgemein <u>Wahrscheinlichkeitsmaß</u>, wenn folgende Axiome erfüllt sind:

<u>Prob 1</u>: $0 \leq p(S) \leq 1$ mit $S \in \mathcal{P}(\Omega)$.

<u>Prob 2</u>: $p(\Omega) = 1$.

<u>Prob 3</u>: $S_1, S_2 \in \mathcal{P}(\Omega)$, $S_1 \cap S_2 = \emptyset$. Dann gilt:

$$p(S_1 \cup S_2) = p(S_1) + p(S_2) \quad .$$

Bevor wir an Hand einiger Sätze und Beispiele mit der Darstellung fortfahren, sei hier ein Beispiel dafür gegeben, daß hinsichtlich der genannten Axiome keine verwendbare Wahrscheinlichkeitskonzeption entsteht, wenn

$$\psi : \mathcal{P}(E) \longrightarrow \mathcal{P}(A)$$

kein Isomorphismus boolescher Algebren ist, d.h. wenn Φ_1 nicht injektiv ist.

Betrachten wir nochmals das Würfelbeispiel:

E:= { · , : , ·˙· , : : , :·: , ⁝ ⁝ } .

$\Phi_1 := E \longrightarrow \mathbb{R}^1$

· ⟼ 1
: ⟼ 2
·˙· ⟼ 3
: : ⟼ 1
:·: ⟼ 2
⁝ ⁝ ⟼ 3

Die Menge $A := \{1,2,3\}$ braucht hier nicht weiter aufbereitet zu werden, daher $\Omega = A$ und $p: \mathcal{P}(\{1,2,3\}) \longrightarrow [0,1]$ mit $\{1\} \longmapsto 1/3$, $\{2\} \longmapsto 1/3$ und $\{3\} \longmapsto 1/3$.

Die Wahrscheinlichkeit eines Elementes $e \in E$ ist hier

$$p(\Phi_1(e)).$$

Wie goß ist nun die Wahrscheinlichkeit von $\cdot \vee : \vee \ldots \vee ⋮⋮$?

Da $\{1\}$, $\{2\}$, $\{3\}$ paarweise disjunkt sind, gilt nach Prob 3:

$$p(\Phi_1(\cdot, :, \ldots, ⋮⋮)) = p(\Phi_1(\cdot) \cup \Phi_1(:) \cup \ldots \cup \Phi_1(⋮⋮)) =$$
$$= p(\Phi_1(\cdot)) + \ldots + p(\Phi_1(⋮⋮)) =$$
$$= p(1) + p(2) + p(3) + p(1) +$$
$$+ p(2) + p(3) =$$
$$= \sum_{i=1}^{6} 1/3 = 2 \quad .$$

Dies widerspricht jedoch Prob 1.

(13.2.) Regeln

<u>Satz 1</u>: $p(\emptyset) = 0$ Bew. dem Leser.

<u>Bezeichnung</u>:

Einelementige Mengen aus der Potenzmenge von heißen <u>Elementarereignisse</u>.

<u>Satz 2</u>: $S \subseteq \Omega$ mit $S := \{x_1, x_2, \ldots, x_n\}$, wobei die x_i Elementarereignisse seien. Dann gilt:

$$p(S) = \sum_{i=1}^{n} p(\{x_i\})$$

Bew. folgt sofort aus Prob 3 .

Dieser Satz läßt sich unmittelbar auf Ereignismengen ausdehnen, wenn diese paarweise disjunkt sind, d.h. sei $S_1, S_2, \ldots, S_m \in \wp(\Omega)$ mit $S_i \cap S_j = \emptyset$ für $i \neq j$ für alle $i, j \in \{1, 2, \ldots, m\}$.

Dann gilt:

$$p\left[\bigcup_{i=1}^{m} S_i\right] = \sum_{i=1}^{m} p(S_i) \quad .$$

<u>Satz 3</u>: $S \in \wp(\Omega)$, dann gilt: $p(\Omega \setminus S) =: p(\bar{S}) = 1 - p(S)$.

Bew. folgt sofort aus Prob 2 und Prob 3 .

<u>Satz 4</u>: (<u>Additionssatz</u>)

$S_1, S_2 \in \wp(\Omega)$, dann gilt:

$$p(S_1 \cup S_2) = p(S_1) + p(S_2) - p(S_1 \cap S_2) \quad .$$

<u>Bew.</u>: Als Beweisansatz betrachte man folgendes Venn-Diagramm:

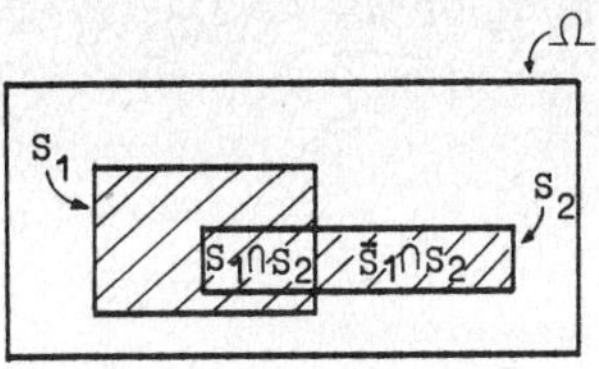

$S_1 \cup S_2$ entspricht der durch /// schraffierten Region.

Der Leser kann nun leicht den Beweis führen. $p(S_1 \cap S_2)$ muß also subtrahiert werden, um den Fehler der <u>Doppelzählung</u> zu vermeiden, denn in $p(S_1), p(S_2)$ wird der Durchschnitt von S_1 und S_2 zweimal berücksichtigt.

Überschneiden sich S_1 und S_2 nicht, so ist $S_1 \cap S_2 = \emptyset$ und mit Satz 1 folgt die Ausdehnung von Satz 2 auf Ereignismengen.

(13.3.) Stochastische Unabhängigkeit

Nachdem wir bisher Vereinigungen von Mengen untersucht haben, wollen wir uns nun den Durchschnitten von Ereignismengen zuwenden. Im Durchschnitt der Ereignismengen $S_1 \in \wp(\Omega)$ und $S_2 \in \wp(\Omega)$ liegen Ereignisse, die sowohl zu S_1 als auch zu S_2 gehören. Also muß die Wahrscheinlichkeit dieser Ereignisse 'zusammengesetzt' sein aus der Wahrscheinlichkeit, daß ein Ereignis aus S_1 stammt <u>und</u> daß es aus S_2 stammt.

<u>Def. 1</u>: $S_1, S_2 \in \wp(\Omega)$ heißen <u>stochastisch unabhängig</u> genau dann, wenn gilt:

$$p(S_1 \cap S_2) = p(S_1) \cdot p(S_2) \quad .$$

Hier hat also das Auftreten von Ereignissen aus S_1 keinen Einfluß auf die Wahrscheinlichkeit des Auftretens von Ereignissen aus S_2 (bzw. umgekehrt). Hin und wieder greift man auf diese operationale Interpretation der stochastischen Unabhängigkeit zurück, wenn es nicht gelingt (oder unmöglich ist), die Gleichung in Def.1 explizit auszurechnen.

<u>Beisp.</u>: Weiß man, daß die Entnahme von Produkten aus einem laufenden Produktionsprozeß die Gesamtheit der Produktionsbedingungen unverändert läßt, so hat diese Entnahme keinen Einfluß auf die Wahrscheinlichkeit, welche Produkte (bzw. Produkte mit spezifischen

Eigenschaften, z.B. fehlerhafte Produkte) bei einer anderen Entnahme vorliegen.
Die Prüfung der stochastischen Unabhängigkeit würde nach der Def.gleichung ein weitaus aufwendigeres Stichprobenverfahren benötigen bei gleicher Informativität des Testergebnisses.

Def. 2: Multiple stochastische Unabhängigkeit zwischen den Mengen $S_1, S_2, \dots, S_n$ besteht genau dann, wenn gilt:

(1) Die $S_1, S_2, \dots, S_n$ sind paarweise stochastisch unabhängig und

(2) $p(S_1 \cap S_2 \cap \dots \cap S_n) = \prod_{i=1}^{n} p(S_i)$.

Beisp. für stochastische Unabhängigkeit:

$E_1 := \{a_1, a_2, a_3\}$ mit a_1 - unter 30 Jahre alt,
a_2 - 30 bis unter 50 Jahre alt ,
a_3 - über 50 Jahre alt.

$E_2 := \{b_1, b_2\}$ mit b_1 - helle Augenfarbe,
b_2 - dunkle Augenfarbe.

$E = E_1 \times E_2$. Stellen wir die zugehörigen (empirisch gefundenen) Häufigkeiten in einer Matrix dar; dabei ist zu berücksichtigen:

$\Phi_1 : E \longrightarrow \mathbb{R}^2$ mit $\Phi_1[E] := \{1,2,3\} \times \{1,2\} =$
$= \{(x,y) / x \in \{1,2,3\},\ y \in \{1,2\}\}$.

x \ y	1	2	Summe
1	180	120	300
2	240	160	400
3	180	120	300
Summe	600	400	1000:= Stichprobenumfang

Wir wollen nun nachprüfen, ob zwischen Alter und Augenfarbe stochastische Unabhängigkeit besteht. Dazu müssen wir nach Def. 2 zunächst die paarweise stochastische Unabhängigkeit prüfen. Zu diesem Zweck braucht $\Phi_1[E]$ nicht weiter aufbereitet zu werden, d.h. hier gilt: $\Phi_2 = id_{\Phi_1[E]}$ und $\Phi_1[E] = \Omega$.

Demonstrieren wir den Prüfvorgang an Hand von

x = 1 und y = 1:

Def.: $S_{1.} := \{(1,1),(1,2)\}$; $S_{.1} := \{(1,1),(2,1),(3,1)\}$

$n(S_{1.})$ heißt Randsumme der 1-ten Zeile,

$n(S_{.1})$ " " " 1-ten Spalte.

Allgemein:

$n(S_{i.})$ heißt Randsumme der i-ten Zeile,

$n(S_{.j})$ " " der j-ten Spalte.

$S_{1.} \cap S_{.1} = \{(1,1)\}$ mit $p(S_{1.} \cap S_{.1}) = p\{(1,1)\} = \frac{n\{(1,1)\}}{1000}$.

Man prüft leicht nach:

$$p\{(1,1)\} = p(S_{1.})p(S_{.1}) = \frac{3\cdot 6}{10\cdot 10} = 18/100 .$$

Allgemein gilt hier:

$$p\{(x,y)\} = p(S_{x.})p(S_{.y}) .$$

Damit ist (1) aus Def. 2 gezeigt.
Nach Def. 2 muß nun jedoch noch die 'gesamte' stochastische Unabhängigkeit geprüft werden nach (2). Man macht sich sofort klar, daß wegen der Ausschließlichkeit von heller und dunkler Augenfarbe und wegen des Klasseneinteilungscharakters von 'Alter' der Gesamtdurchschnitt leer sein muß. Nach Satz 1 gilt nun $p(\emptyset) = 0$. Da aber keine der Randsummen gleich Null ist, gilt:

$$p(\emptyset) = 0 \neq \prod_{x=1}^{3} \prod_{y=1}^{2} p(S_{x.})p(S_{.y}) .$$

An diesem Beisp. wird ein allgemeineres Problem deutlich: Um überhaupt eindeutige Häufigkeiten angeben zu können und Prob 2 zu garantieren, müssen wie auch im Beisp. Klassifikationen verwendet werden. Dieses Modellerfordernis führt nun aber dazu, daß der Gesamtdurchschnitt leer wird. Sich ausschließende Zufallsvariablen - die Bilder von Φ_2 werden häufig Zufallsvariablen genannt, wenn sie im Einklang mit den Wahrscheinlichkeitsaxiomen stehen(genauer (13.5.)- sind stets stochastisch abhängig, da das Auftreten einer Variablen dasjenige der anderen ausschließt. Dies führt zu

Satz 5: $S_1, S_2 \in \mathcal{P}(\Omega)$ mit $S_1 \cap S_2 = \emptyset$ und $p(S_1)>0$, $p(S_2)>0$.

Dann gilt: S_1 und S_2 sind stochastisch abhängig.

Eine allein aus Modelleigenschaften hervorgehende stochasti-

sche Konsequenz liefert keine empirische Information. Daher sind Alter und Augenfarbe in der vorliegenden Stichprobe stochastisch unabhängig unter empirischem Aspekt, da paarweise stochastische Unabhängigkeit vorliegt.
Oft wird als 'Indikator' für die stochastische Unabhängigkeit zwischen den Zufallsvariablen X und Y Korr(X,Y) verwendet. Hier ist aber Vorsicht geboten, da dies nur die notwendige Bedingung ist, d.h.

$$X,Y \text{ stoch. unabhängig} \Longrightarrow \mathrm{Korr}(X,Y) = 0.$$

Erst im Umkehrschluß läßt sich mit Sicherheit sagen: Ist Korr(X,Y) $\neq 0$, so sind X und Y stochastisch abhängig.
Da soziale Interaktion modellmäßig mit Korrelationen $\neq 0$ korrespondiert, dürften stochastische Unabhängigkeiten in sozialwissenschaftlichen formalisierten Modellen äußerst selten sein.

(13.4.) Bedingte Wahrscheinlichkeit

Wir haben bereits gesehen, daß Ereignisse genau dann stochastisch unabhängig sind, wenn das Auftreten eines Ereignisses nicht die Auftrittswahrscheinlichkeit eines anderen Ereignisses beeinflußt. Dies führt unmittelbar auf das Konzept der bedingten Wahrscheinlichkeit:

Def. : $S_1, S_2 \in \mathcal{P}(\Omega)$, die bedingte Wahrscheinlichkeit für das Auftreten von S_1 unter der Bedingung von S_2 ist definiert als

$$p(S_1/S_2) := \frac{p(S_1 \cap S_2)}{p(S_2)} \qquad \text{mit } p(S_2) \neq 0 .$$

Satz 6: $S_1, S_2 \in \mathcal{P}(\Omega)$, seien S_1 und S_2 stochastisch unabhängig, dann gilt:

$$p(S_1/S_2) = p(S_1) \quad .$$

Satz 7: (Allg. Multiplikationssatz)

$$S_1, S_2 \in \mathcal{P}(\Omega),\ p(S_1\ S_2) = p(S_1)p(S_2/S_1) \quad .$$

Bew. dem Leser.

Hinweis: Verfügt man lediglich über bedingte Wahrscheinlichkeiten, so läßt sich Satz 6 in Satz 7 zur Berechnung der Wahrscheinlichkeiten von Durchschnitten verwenden.

(13.5.) Einige Bemerkungen

Bemerkung 1:

Das Wahrscheinlichkeitsmaß $p:\wp(\Omega) \longrightarrow [0,1]$ ist das zentrale Konzept der Wahrscheinlichkeitsrechnung. $\wp(\Omega)$ ist eine BA mit den Verknüpfungen $\cap, \cup$, $[0,1]$ ist eine Teilmenge aus $\mathbb{R}$ mit den Verknüpfungen $\cdot$ und $+$. Die Additions- und Multiplikationssätze stellen eine Verbindung zwischen den Operationen auf $\wp(\Omega)$ und denen auf $[0,1]$ her.

Prob 3, Satz 2 und Def. 1 erinnern formal an das Konzept des Morphismus. Dennoch ist p im nichttrivialen Fall: $|\Omega| > 1$, kein Morphismus von $\langle\wp(\Omega), \cup, \cap\rangle$ nach $\langle[0,1], +, \cdot\rangle$, sondern nur auf Teilmengen, da es in $\wp(\Omega)$ mindestens zwei Elemente mit nicht-leerem Schnitt gibt, und weil zu jedem Ereignis das Komplementäreignis in $\wp(\Omega)$ liegt(vgl. Problematik, die zu Satz 5 führte).

Werden jedoch bei bestimmten Problemstellungen Teilmengen von $\wp(\Omega)$ untersucht, so kann durchaus der günstige Fall eintreten, daß Morphismen auf diesen Teilmengen vorliegen.

Die 'Abweichung' vom Morphismus wird jeweils durch die zusätzlichen Größen im allg. Additionssatz und im allg. Multiplikationssatz angegeben. Sind diese Größen bekannt, so sind Berechnungen ohne Informationsverzerrung möglich. Es sei hier vor der hier und da zu beobachtenden Vorgehensweise gewarnt, aus Gründen vereinfachter Rechnung und/oder noch nicht vorhandener Information (z.B. über bedingte Wahrscheinlichkeiten) eine Fehlspezifikation des Modells in Kauf zu nehmen und stochastische Unabhängigkeit etc. ohne Test anzunehmen.

Bemerkung 2:

Es können Problemstellungen auftreten, bei denen nicht die Untersuchung der ganzen Potenzmenge von Ω notwendig ist. Auch in diesen Fällen ist jedoch zu fordern, daß die Regeln der Wahrscheinlichkeitsrechnung erfüllt werden können. Dazu ist notwendig:

Sei B eine Menge, $B \subseteq \mathfrak{P}(\Omega)$, dann sollen folgende Bedingungen erfüllt sein:

(1) Die Elementarereignisse sollen zu B gehören,

(2) aus $X,Y \in B$ soll folgen: $X \cup Y \in B$ und $X \cap Y \in B$,

(3) mit jedem $X \in B$ soll auch $\bar{X} \in B$ sein und

(4) das 'sichere' Ereignis Ω und das 'unmögliche' Ereignis $\emptyset$ sollen in B liegen.

Boolesche Algebren, die diese Bedingungen erfüllen, heißen Ereignis- oder σ-Algebren.

Auch auf ihnen läßt sich demnach die gesamte Wahrscheinlichkeitsrechnung aufbauen.

Bemerkung 3:

In unserer Konzeption wurden Wahrscheinlichkeiten auf den Elementen aus $\mathfrak{P}(\Omega)$ definiert. Insbesondere bei komplexeren Problemstellungen erweist sich diese exakte Darstellung aber häufig als unhandlich. Daher findet sich in der anwendungsorientierten Literatur über Wahrscheinlichkeitsrechnung und mathematische Statistik häufig folgende abkürzende Bezeichnung: Sei $S \in \mathfrak{P}(\Omega)$ und $S = \{x/x \text{ hat die Eigenschaft } H\}$ (z.B. $S = \{x/x \leq 27\}$). Dann schreibt man $p(H(x))$ für $p(S)$, z.B. $p(X \leq x) = p(X \leq 27)$. X wird Zufallsvariable, x Ausprägung genannt.

Da sich an Hand von Mengenalgebra und Abb.kalkül die Grundlagen der Wahrscheinlichkeitsrechnung präziser darstellen lassen als mit Hilfe der abkürzenden Schreibweise, wurde hier ersteres verwendet. Im Falle komplexerer Problemstellungen werden wir allerdings die abkürzende Schreibweise verwenden.

(13.6.) Beispiele

Beisp. 1: Würfeln und Münzwurf

$E_1 = \{\cdot\, ,\ :\, ,\ \therefore\, ,\ ::\, ,\ :\cdot:\, ,\ \vdots\,\vdots\}$

$E_2 = \{z,k\}$ mit z:= Zahl, k:= Kopf .

$E = E_1 \times E_2 = \{(\cdot,z),(\cdot,k),(:,z),(:,k),\dots,(\vdots\,\vdots,k)\}$.

$\Phi_1 : E \longrightarrow \mathbb{R}^2$

Φ_1 ordne jeder Würfelseite die Anzahl der Punkte, z die 9 und k die 10 zu, z.B. $(\colon, z) \longmapsto (2,9)$.

$\Phi_1[E] = A = \{(1,9),(1,10),\ldots,(6,10)\}$.

Problemstellung:

Wie groß ist die Wahrscheinlichkeit von $(\cdot, z)$?

Diese Problemstellung erfordert keine weitere Aufbereitung von A, d.h. $\Omega = A$, $\Phi_2 = id_A$.

$p: \mathcal{P}(\Omega) \longrightarrow [0,1]$

Um zu prüfen, ob p Morphismus ist, sind nun p und Φ_1 zu komponieren:

$p(\{(1,9)\}) = p(\Phi_1((\cdot,z))) = p(\Phi_1[\bar{f}(\cdot) \cap f(z)])$.

Mit f sei hierbei die Abb. von E_1, E_2 nach E bezeichnet, die hier nicht weiter ausgeführt werde.

$p(\Phi_1[f(\cdot) \cap f(z)]) = p(\Phi_1[\bar{f}(\cdot)] \cap \Phi_1[\bar{f}(z)])$.

Erläuterung: $f(\cdot) = \{(\cdot,z),(\cdot,k)\}$, analog f(z).

Da also hier eine Menge abgebildet wird, sind eckige Klammern zu setzen.

Ob die Ereignisse 1 und 9 stochastisch unabhängig sind, ist empirisch nicht exakt zu bestimmen, da man gezwungen ist, hierbei relative Häufigkeiten zu verwenden. Damit aber dürfte die Gleichung aus Def.1 (13.3.) kaum allgemeingültig zu erfüllen sein. Daher sind wir hier auf theoretische Erwägungen angewiesen. Man erkennt leicht, daß das Auftreten von · keinen Einfluß auf die Wahrscheinlichkeit des Auftretens von z und umgekehrt hat, wenn man davon ausgeht, daß Würfel und Münze 'frei' geworfen sind, also 'Zufallsgeneratoren' sind.

Somit gilt nach Def. 1 (13.3.):

$$p(\Phi_1[\bar{f}(\cdot)] \cap \Phi_1[\bar{f}(z)]) = p(\Phi_1[\bar{f}(\cdot)]) \cdot p(\Phi_1[\bar{f}(z)])$$
$$= (1/6) \cdot (1/2) = 1/12 = p(\{(1,9)\}).$$

<u>Beisp. 2</u>: Qualitätskontrolle

Eine Maschine produziert 3% Ausschuß. Ein defekties Stück sei mit d, ein einwandfreies Stück mit g bezeichnet.

Zwei Stücke werden zufällig der Produktion entnommen. Die Entnahme eines Stückes hat keinen Einfluß auf die Wahrscheinlichkeit des Beobachtungsergebnisses einer anderen Entnahme.

E_1 enthält die möglichen Beobachtungsergebnisse der ersten Entnahme:

$E_1=\{d,g\}$. Analog $E_2=\{d,g\}$.

Durch f:

$E = E_1 \times E_2$.

$\Phi_1: E \longrightarrow \mathbb{R}^2$ Bei diesen geordneten Paaren werde d auf 0, g auf 1 abgebildet.

$\Phi_1[E] = \{(0,0),(0,1),(1,0),(1,1)\} = A$.

Problemstellung:

Wie groß ist die Wahrscheinlichkeit, bei zwei Entnahmen bis zu einem Ausschußstück zu erhalten?

Hier ist nun Φ_1 weiter aufzubereiten:

$$\Phi_2: A \longrightarrow \mathbb{R} \text{ mit } \begin{array}{l} (0,0) \longmapsto 0+0 = 0 \\ (0,1) \longmapsto 0+1 = 1 \\ (1,0) \longmapsto 1+0 = 1 \\ (1,1) \longmapsto 1+1 = 2 \end{array} .$$

Somit ist $\Omega = \{0,1,2\}$.

Gehen wir im Folgenden von Zufallsvariablen aus:

Def.: $X \in \Omega$ heißt Zufallsvariable.

In der vorliegenden Problemstellung ist gesucht:

$p(X \leq 1) = ?$

$p(X \leq 1) = p(X = 0) + p(X = 1) - p(X = 0 \wedge X = 1)$

$(X = 0) \wedge (X = 1)$ ist aber stets falsch, somit ist $p((X = 0) \wedge (X = 1)) = P(\emptyset) = 0$. (Man erinnere sich an (3.3.): es existiert eine und nur eine $\emptyset$)

Da die stochastische Unabhängigkeit der Ereignisse gesichert ist, gilt:

$p(X = 0) = p(\Phi_2(0,0)) = 0.03^2$.

Analog:

$p(X = 1) = p(\Phi_2(0,1) \vee \Phi_2(1,0)) = p(\Phi_2(0,1)) + p(\Phi_2(1,0))$, da die geordneten Paare (1,0) und (0,1) nicht zugleich realisiert werden können.

Somit: $p(X = 1) = 0.03 \cdot 0.97 + 0.97 \cdot 0.03 = 0.0582$.

Insgesamt also:

$$p(X\leq 1) = 0.0009 + 0.0582 = 0.0591 \quad .$$

(13.7.) Bedingte Wahrscheinlichkeit im multiplen Fall

Gehen wir von dem einfachen Fall, daß ein Ereignis durch ein anderes bedingt wird, ab und wenden uns dem Fall multipler Bedingtheit bzw. Bedingung von mehreren Ereignissen durch ein oder mehrere Ereignisse zu, so lassen sich folgende Fälle unterscheiden:

(a) Mehrere Ereignisse (bzw. Zufallsvariablen) $S_1, S_2, \ldots, S_{n-1}$ sind bedingt durch ein Ereignis S_n .

(b) Ein Ereignis S_1 ist bedingt durch mehrere andere Ereignisse $S_2, \ldots, S_n$.

Der Vollständigkeit halber sei der Fall(er ist mit den Methoden zu (a) und (b) zu lösen)

(c) Mehrere Ereignisse $S_1, \ldots, S_i$ sind bedingt durch mehrere Ereignisse $S_{i+1}, \ldots, S_n$,

erwähnt.

(Die Reihenfolge der Indizes ist o.B.d.A.)

zu(a):1) $p(\bigcup_{j=1}^{n-1} S_j/S_n)$

Es genügt, den Fall n = 3 zu erörtern, da sich die Fälle n>3 ohne weiteres daraus entwickeln lassen. Nach Satz 4 aus (13.2.) in Verbindung mit der Def. der bedingten Wahrscheinlichkeit folgt:

[1] $$p(S_1 \cup S_2/S_3) = p(S_1/S_3) + p(S_2/S_3) - p(S_1 \cap S_2/S_3)$$

Für n = 4 fassen wir $S_1 \cup S_2$ zusammen zu S* und erhalten:

$$p(S_1 \cup S_2 \cup S_3/S_4) = p(S^* \cup S_3/S_4)$$

Darauf läßt sich nun sofort [1] anwenden, wobei lediglich an die Stelle von S_1 nun S* tritt. Allerdings könnte der subtrahierte (Doppelzählungs-)Ausdruck Schwierigkeiten bereiten. Er lautet $p((S_1 \cup S_2) \cap S_3/S_4)$. Mit Hilfe der mengenalgebraischen Regeln ergibt sich:

$p((S_1 \cup S_2) \cap S_3/S_4) = p((S_1 \cap S_3) \cup (S_2 \cap S_3)/S_4)$.

Auch $S_1 \cap S_3$ und $S_2 \cap S_3$ läßt sich wieder als ein Ereignis auffassen. Dann folgt mit /1/ :

$$p((S_1 \cap S_3) \cup (S_2 \cap S_3)/S_4) = p(S_1 \cap S_3/S_4) + p(S_2 \cap S_3/S_4) - - p(S_1 \cap S_3 \cap S_2 \cap S_3/S_4)$$

Der letzte Ausdruck ist gleich $p(S_1 \cap S_2 \cap S_3/S_4)$.

Da dies in einem subtrahierten Ausdruck wiederum subtrahiert wird, kehrt sich das Vorzeichen um, und es entsteht insgesamt:

/1'/ $$p(S_1 \cup S_2 \cup S_3/S_4) = p(S_1/S_4) + p(S_2/S_4) + p(S_3/S_4) - - p(S_1 \cap S_2/S_4) - p(S_2 \cap S_3/S_4) - - p(S_1 \cap S_3/S_4) + + p(S_1 \cap S_2 \cap S_3/S_4)$$.

Alle Fälle für größere n sind analog zu entwickeln.(Der Leser möge sich davon überzeugen, daß dabei gewisse kombinatorische Regelmäßigkeiten auftreten)

2) $p(\bigcap_{j=1}^{n-1} S_j/S_n)$

Betrachten wir auch hier zunächst wieder den Fall $n = 3$.

Betrachten wir Satz 7 aus (13.4.) für bedingte Wahrscheinlichkeiten mehrerer Ereignisse, wie wir sie hier spezifiziert haben, so gilt: $(p(S_1 \cap S_2) = p(S_2)p(S_1/S_2))$

/2/ $$p(S_1 \cap S_2/S_3) = p(S_2/S_3)p((S_1/S_2)/S_3)$$.

$p((S_1/S_2)/S_3)$ bedeutet aber nichts anderes, als daß S_1 durch S_2/S_3 bedingt ist, d.h. S_1 ist sowohl durch S_2 als auch durch S_3 bedingt. Somit:

/2/ $$p(S_1 \cap S_2/S_3) = p(S_2/S_3)p(S_1/S_2 \cap S_3)$$.

Da $S_1 \cap S_2 = S_2 \cap S_1$, gilt ebenfalls:

/2'/ $$p(S_1 \cap S_2/S_3) = p(S_2/S_1 \cap S_3)p(S_1/S_3)$$.

Verallgemeinern wir /2̄7, so entsteht:

/2̄*7 $$p\left(\bigcap_{j=1}^{n-1} S_j / S_n\right) = p\left(S_1 / \bigcap_{k=2}^{n} S_k\right) p\left(S_2 / \bigcap_{k=3}^{n} S_k\right) \cdots$$

$$\cdot p(S_{n-2}/S_{n-1} \cap S_n)\, p(S_{n-1}/S_n) \quad .$$

3) Schließlich können Durchschnitte und Vereinigungen gemischt auftreten. Betrachten wir als Beisp.:

$$p((S_1 \cap S_2) \cup (S_3 \cap S_4)/S_5).$$

Dies läßt sich mit den Methoden zu 1) und 2) ohne weiteres angeben.

zu(b):1) $p\left(S_1 / \bigcap_{j=2}^{n} S_j\right)$

Wenden wir hierauf die Def. der bedingten Wahrscheinlichkeit an, so entsteht:

/3̄7 $$p\left(S_1 / \bigcap_{j=2}^{n} S_j\right) = \frac{p\left(\bigcap_{i=1}^{n} S_i\right)}{p\left(\bigcap_{k=2}^{n} S_k\right)}$$

Beisp.: 10 Abiturientinnen und 5 Abiturienten bewerben sich um einen Studienplatz. Nur 1/3 der Bewerber kann jedoch zugelassen werden. Diese 5 werden durch das Los bestimmt, indem Lose gezogen und nicht zurückgelegt werden. Wie groß ist die Wahrscheinlichkeit, daß beim 3. Los eine Abiturientin zum Studium zugelassen wird, wenn zuvor nur auf Abiturienten das Los gefallen ist?

Es handelt sich hier um die Elementarereignisse:

x_n^m:= Abiturient wird zugelassen bei Los n,

x_n^w:= Abiturientin " " " " n .

Nach /3̄7 gilt:

$$p(x_3^w / x_2^m \wedge x_1^m) = \frac{p(x_3^w \wedge x_2^m \wedge x_1^m)}{p(x_2^m \wedge x_1^m)}$$

Nach dem allg. Multiplikationssatz gilt:

$$p(x_3^w \wedge x_2^m \wedge x_1^m) = p(x_1^m)p(x_2^m/x_1^m)p(x_3^w/x_2^m \wedge x_1^m) = \frac{1\cdot 4\cdot 10}{3\cdot 14\cdot 13} .$$

$$p(x_2^m \wedge x_1^m) = p(x_1^m)p(x_2^m/x_1^m) = \frac{1\cdot 4}{3\cdot 14} .$$

Somit:

$$p(x_3^w/x_2^m \wedge x_1^m) = 10/13 .$$

Dieses relativ umständliche Vorgehen sollte lediglich /3/ erläutern. Unmittelbar läßt sich das Ergebnis gewinnen durch die Überlegung, daß der Beobachtungsraum nach zwei Entnahmen von Abiturienten auf 10 Abiturientinnen und 3 Abiturienten geschrumpft ist. Aus der Def. von Wahrscheinlichkeit folgt dann das Ergebnis unmittelbar.

2) $p(S_1/\bigcup_{j=2}^{n} S_j)$

Betrachten wir den Fall $n = 3$; $S_2 \cup S_3$ sei zu S^* zusammengefaßt:

$$p(S_1/S_2 \cup S_3) = \frac{p(S_1 \cap S^*)}{p(S^*)} = \frac{p((S_1 \cap S_2) \cup (S_1 \cap S_3))}{p(S_1 \cup S_2)} =$$

/4/ $$= \frac{p(S_1 \cap S_2) + p(S_1 \cap S_3) - p(S_1 \cap S_2 \cap S_3)}{p(S_1) + p(S_2) - p(S_1 \cap S_2)}$$

Hierin treten nun ausschließlich bereits erörterte Ausdrücke auf. Alle weiteren Fälle mit $n>3$ lassen sich analog darstellen.

Bayessches Theorem:

Betrachten wir folgendes Venn-Diagramm:

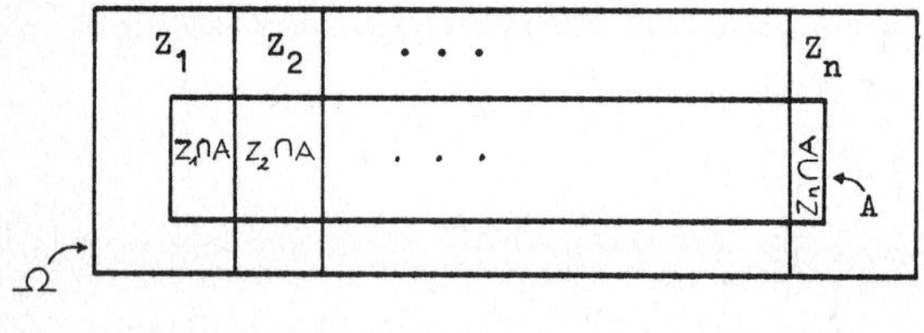

Gegeben sei also ein Ereignisraum Ω. Auf ihm sei eine

Zerlegung $\mathfrak{Z} := \{Z_i / i = 1,2,\ldots,n\}$ von Ereignissen definiert. Betrachtet man nun eine weiteres Ereignis $A \in \mathfrak{p}(\Omega)$, das bzgl. $\mathfrak{Z}$ spezifizierende Informationen liefert, sofern die bedingten Wahrscheinlichkeiten $p(A/Z_i)$ $(i = 1,2,\ldots,n)$ bekannt sind, so lassen sich Aussagen über $p(Z_i/A)$ machen. Dazu sind folgende Überlegungen notwendig:

(1) Da $\mathfrak{Z}$ Zerlegung, gilt: $(Z_i \cap A) \cap (Z_j \cap A) = \emptyset$ für alle $i \neq j$.

(2) $A = \bigcup_{i=1}^{n} (Z_i \cap A)$.

Mit $p(A)>0$ und $p(Z_i)>0$ für alle i folgt aus Satz 2 in Verbindung mit Satz 7:

$$p(A) = \sum_{i=1}^{n} p(Z_i)p(A/Z_i) \quad .$$

(3) Mit Def. der bedingten Wahrscheinlichkeit und Satz 7 folgt nun

/5/ $$p(Z_i/A) = \frac{p(Z_i \cap A)}{p(A)} = \frac{p(Z_i)p(A/Z_i)}{\sum_{i=1}^{n} p(Z_i)p(A/Z_i)}$$ (Bayessches Theorem)

<u>Beisp.</u>: Gegeben seien 2 Urnen U_1, U_2. U_1 enhalte 30% weiße und 70% schwarze, U_2 enthalte 10% weiße, 20% rote und 70% schwarze Kugeln.

<u>Bezeichnung</u>: x:= weiße Kugel,
y:= schwarze Kugel,
z:= rote Kugel.

$p(x/U_1) = 3/10$, $p(y/U_1)=7/10$, $p(x/U_2) = 1/10$, $p(y/U_2) = 7/10$, $p(z/U_2) = 2/10$.

Wie groß ist nun die Wahrscheinlichkeit, daß eine weiße Kugel aus U_2 stammt, wenn die Wahrscheinlichkeit, in U_1 zu greifen genau so hoch ist wie die, in U_2 zu greifen?

Gefragt ist also nach $p(U_2/x)$ mit $p(U_1) = p(U_2) = 1/2$.

Nach /5/ gilt:

$$p(U_2/x) = \frac{p(U_2)p(x/U_2)}{p(U_2)p(x/U_2) + p(U_1)p(x/U_1)} = \frac{\frac{1}{2}\cdot\frac{1}{10}}{\frac{1}{2}\cdot\frac{1}{10}+\frac{1}{2}\cdot\frac{3}{10}}$$

$$= 1/4 \quad .$$

Hiervon zu unterscheiden ist die <u>Bayessche Regel</u>, eine Wahrscheinlichkeitsregel für zusammengesetzte Ereignisse. Betrachten wir dazu $S_1, S_2, S_3 \in \wp(\Omega)$. Gegeben seien: $p(S_1/S_3)$, $p(S_2/S_3)$, $p(S_2/S_1 \cap S_3)$. Läßt sich aus diesen Informationen etwas aussagen über $p(S_1/S_2 \cap S_3)$?

Gehen wir dazu von der Def. der bedingten Wahrscheinlichkeit aus:

$$p(S_1/S_2 \cap S_3) = \frac{p(S_1 \cap S_2 \cap S_3)}{p(S_2 \cap S_3)} \quad .$$

Die rechte Seite bleibt unverändert, wenn wir wie folgt erweitern:

$$\frac{p(S_1 \cap S_2 \cap S_3)p(S_1 \cap S_3)p(S_3)}{p(S_2 \cap S_3)p(S_3)p(S_1 \cap S_3)} = \frac{\dfrac{p(S_1 \cap S_2 \cap S_3)p(S_1 \cap S_3)}{p(S_1 \cap S_3)\ p(S_3)}}{\dfrac{p(S_2 \cap S_3)}{p(S_3)}}$$

Dies ist aber nichts anderes als

[6] $$p(S_1/S_2 \cap S_3) = \frac{p(S_1/S_3)p(S_2/S_1 \cap S_3)}{p(S_2/S_3)} \quad .$$

Diese Regel kann entscheidungstheoretische Relevanz erlangen, wenn man S_2 als ursprüngliche, S_3 als zusätzliche Information für ein gegebenes Entscheidungsproblem (bzgl. Hypothese S_1) interpretiert.

Beisp.: In einem Würfelspiel wird die Hypothese aufgestellt: Der nächste Wurf ist keine '1'. Also $S_1 = \{\{2\},\{3\},\{4\},\{5\},\{6\}\}$. Als ursprüngliche Information steht die Wahrscheinlichkeit der Elementarereignisse aus Ω zur Verfügung, d.h. die Wahrscheinlichkeit eines Elementarereignisses $x \in S_2 = \Omega$ ist $p(x) = \frac{1}{6}$. Somit gilt: $p(S_1/S_2) = 5/6$.

Nun erhalte man die zusätzliche Information: Eine ungerade Zahl wird gewürfelt, also: $S_3 = \{\{1\},\{3\},\{5\}\}$. Wie verändert sich auf Grund dieser Information die Wahrscheinlichkeit, daß die Hypothese zutreffend ist? Nach [6] gilt:

$$p(S_1/S_2 \cap S_3) = \left(\frac{5}{6} \cdot \frac{p(S_1 \cap S_2 \cap S_3)}{p(S_1 \cap S_2)}\right) : \frac{p(S_2 \cap S_3)}{p(S_2)} = 2/3$$

wegen $S_2 \cap S_3 = S_3 \cap S_2$ in [6] .

Wegen dieser Kommutativität kann nämlich /6/ auch in folgender Form geschrieben werden:

$$/8/ \qquad p(S_1/S_2 \cap S_3) = \frac{p(S_1/S_2)p(S_3/S_1 \cap S_2)}{p(S_3/S_2)} \quad .$$

Allerdings kann auch das Bayessche Theorem als Grundlage der 'Bayesschen Entscheidungstheorie' entscheidungstheoretische Relevanz erlangen. Daneben basiert ein bedeutender Bereich neuerer Ansätze der mathematischen Statistik auf diesem Theorem('Bayessche Statistik').

Ein einfaches Beispiel soll die hier zugrundeliegende Konzeption verdeutlichen:

Zu analysieren sei eine Grundgesamtheit von Personen hinsichtlich ihrer politischen Einstellung. Folgende Hypothesen seien dazu formuliert:

(1) H_0: 20% der Personen der Grundgesamtheit sind Befürworter autoritärer Maßnahmen gegenüber anarchistischen Gruppen.

(2) H_1(Gegenhypothese): 40% haben eine derartige politische Einstellung.

Somit: $p_0 = 0.2$, $p_1 = 0.4$, wobei der Index die Hypothese andeuten soll.

Nun werde eine Stichprobe von 8 Personen gezogen mit dem Ergebnis: 3 sprechen sich für autoritäre Maßnahmen gegenüber autoritären Gruppen aus.

Bezeichnen wir diesen Befund mit y.

Nun läßt sich fragen: Wie groß ist die Wahrscheinlichkeit dieses Befundes unter der Hypothese H_0, wie groß unter H_1 ?

Also: $p(y/H_0) = ?$, $p(y/H_1) = ?$

Nach der Binomialverteilung (siehe Aufg. p(9)) mit den Parametern p = 0.2 und 1 - p = 0.8 gilt:

$$p(y/H_0) = \binom{8}{3}0.2^3 0.8^{8-3} = 0.15$$

Analog für $p(y/H_1)$:

$$p(y/H_1) = \binom{8}{3}0.4^3 0.6^{8-3} = 0.28 \quad .$$

Nach /5/ läßt sich nun die Wahrscheinlichkeit von H_0 bzw. H_1 unter der Bedingung des Befundes y angeben:

$$p(H_0/y) = \frac{p_0 p(y/H_0)}{p_0 p(y/H_0) + p_1 p(y/H_1)} = \frac{0.2 \cdot 0.15}{0.2 \cdot 0.15 + 0.4 \cdot 0.28} = 0.21 \ .$$

$$p(H_1/y) = \frac{p_1 p(y/H_1)}{p_1 p(y/H_1) + p_0 p(y/H_0)} = 1 - p(H_0/y) = 0.79 \ .$$

Der Befund läßt zwar H_1 wahrscheinlicher erscheinen als H_0, aber die Differenz $p(H_1/y) - p(H_0/y) = 0.58$ ist offensichtlich zu gering, um eine endgültige Entscheidung treffen zu können. Daher wird man zusätzliche Informationen sammeln, d.h. den Stichprobenumfang vergrößern müssen.

Aufgaben:

w(1) Wir bezeichneten $\bar{S} := \Omega/S$. Wie groß ist die Wahrscheinlichkeit von S unter der Bedingung von $\bar{S}$?

w(2) $S_1, S_2 \in \wp(\Omega)$, läßt sich $p((S_1 \cap \bar{S}_2) \cup (\bar{S}_1 \cap S_2))$ ohne zusätzliche Informationen in die Form einer Addition von Wahrscheinlichkeiten bringen? Wenn nein, weshalb nicht; wenn ja, schreiben Sie dies auf!

w(3) Die Wahrscheinlichkeit, an einer bestimmten Schule die Abschlußprüfung zu bestehen, sei 75 % .
Wie groß ist dann die Wahrscheinlichkeit, daß von zwei Schülern
(a) beide bestehen,
(b) mindestens einer besteht,
(c) keiner besteht;
(d) zu (b) lassen sich zwei Lösungswege einschlagen. Wie lauten sie?

w(4) $S_1, S \in \wp(\Omega)$, wie groß ist $p(S_1/S) + p(\bar{S}_1/S)$?

p(5) Eine Urne enthalte 5 rote und 5 schwarze Kugeln.
(a) Wie groß ist die Wahrscheinlichkeit, beim zweiten Zug eine rote Kugel zu erhalten, wenn keine weiteren Informationen (insbesondere über die Form des Ziehungsvorgangs) gegeben sind?
(b) Wie groß ist die Wahrscheinlichkeit, beim zweiten

Zug eine schwarze Kugel gezogen wird, wenn beim ersten eine rote Kugel gezogen wurde und nicht in in die Urne zurückgelegt wurde?

(c) Wie groß ist die Wahrscheinlichkeit, beim ersten Zug eine rote Kugel zu erhalten, wenn beim zweiten eine schwarze gezogen wird ohne Zurücklegen? (Hinweis: Denken Sie darüber nach, ob Bedingtheit etwas mit zeitlicher Reihenfolge zu tun hat!)

w(6) Wie groß ist die Wahrscheinlichkeit, mit einem Würfel eine gerade Zahl unter '3' oder eine ungerade Zahl über '4' zu würfeln, wenn man weiß, daß das Würfelergebnis

(a) eine gerade oder ungerade Zahl ist,

(b) die Zahl'3'oder'4'ist,

(c) Zwischen'1'und'4' incl. oder zwischen '3' und '6' incl. liegt?

p(7) In einer Organisation gebe es drei Abteilungen. Die Zuverlässigkeit der Problemlösung, d.h. Fehlerfreiheit, in diesen Abteilungen sei durch die relative Häufigkeit

$$\frac{\text{Anzahl der fehlerfreien Problemlösungen in einem Jahr}}{\text{Anzahl aller Problemlösungen in einem Jahr}}$$

quantifiziert.Sie beträgt für Abt.I 0.8,für II und III 0.9.

(a) Probleme werden parallel von allen drei Abteilungen zugleich angegangen.
Wie groß ist die Zuverlässigkeit der Gesamtorganisation, d.h. die Wahrscheinlichkeit, daß ein Problem überhaupt fehlerfrei gelöst wird(also mindestens von einer Abt.)? Welche Annahme muß bzgl. der Abhängigkeit der Problemlösungen in der Abteilungen hier gemacht werden?

(b) Probleme werden dadurch gelöst, daß sie nacheinander in den Abteilungen behandelt werden. Sie gelten erst dann als gelöst, wenn sie alle drei Abteilungen fehlerfrei durchlaufen haben. Was ist hier die Wahrscheinlichkeit der Gesamtorganisation?(Abhängigkeitsannahme?)

(c) Welches Organisationsprinzip ist bzgl. der Zuverlässigkeit günstiger?

Erinnern Sie sich an (2.6.)!

(d) Versuchen Sie, ein Zuverlässigkeitskonzept mit Hilfe des Bayesschen Theorems zu erstellen!

p(8) Eine Diplomprüfungsordnung möge folgendes Verfahren der Prüferbestellung enthalten:

i) Aus einem Kollegium von 9 Personen werden 2 als Prüfer zufällig(per Los) bestellt.

ii)Der bei der ersten zufälligen Auswahl bestellte Prüfer wird im 2. Auswahlgang nicht berücksichtigt.

Ein Prüfling wisse nun: Von den 9 möglichen Prüfern sind ihm 3 wohlgesonnen, 3 nicht wohlgesonnen und 3 neutral.

(a) Wie groß ist die Wahrscheinlichkeit, daß beim 2. Wahlvorgang ein wohlgesonnener Prüfer bestellt wird?

(b) Wie groß ist die Wahrscheinlichkeit in (a), wenn man weiß, daß der erste Prüfer kein wohlgesonnener war?

(c) Um welchen Faktor verändert sich die Wahrscheinlichkeit aus (a) durch die zusätzliche Information aus (b)?

p(9)(Binomialverteilung)

Eine Gesamtheit von Beobachtungsmöglichkeiten möge so beschaffen sein, daß

(a) nur zwei verschiedene Ereignisse X,Y auftreten können,

(b) die Ereignisse stochastisch unabhängig sind(z.B. bei einer Stichprobe: Ziehen mit Zurücklegen).

Bezeichnungen: $p(X):= p$, $p(Y):= 1 - p$.

Wie groß ist die Wahrscheinlichkeit, daß unter n Ereignisrealisationen ($n \in \mathbb{N}$) genau m X-Ereignisse sind?

Hinweis:

Wegen (b) lassen sich die Ereigniswahrscheinlichkeiten unmittelbar multiplizieren, so daß die Wahrscheinlichkeit, daß unter n Realisationen genau m mal das Ereignis X vorkommt, also

$$\underbrace{x,x,\ldots,x}_{m \text{ mal}}\ \underbrace{y,y,\ldots,y}_{n-m \text{ mal}} \quad ,$$

gleich dem Produkt der Einzelwahrscheinlichkeiten ist. Nun ist lediglich noch zu klären, in wievielen verschiedenen Auflistungen diese n

Realisationen auftreten können. Dies ist aber mit (9.   ) leicht zu finden.

p(10)(Hypergeometrische Verteilung)

Eine Gruppe von 20 Personen besteht zu 40% aus Männern, der Rest aus Frauen. Wie groß ist die Wahrscheinlichkeit, wenn man zufällig 10 Personen aus der Gruppe auswählt, ohne sie in die Gruppe jeweils zurückzuschicken, ebensoviele Männer wie Frauen in der 10-er Gruppe zu erhalten?

Hinweise:

1) Wieviele Möglichkeiten gibt es insgesamt, 10 Personen auszuwählen?
2) Wieviele Möglichkeiten gibt es, unter den Männern 50% von 10 Personen auszuwählen, so daß diese 50% männlichen Geschlechtes sind?
3) Analog zu 2), allerdings auf Frauen bezogen.

p(11)(Fischer-Exakt-Test)

Bei 14 Personen sei die Beziehung zwischen den Merkmalen Slumbewohner und Bildungsniveau zu untersuchen. Man habe folgende 4-Felder-Tabelle gefunden(es seien 7 Slum- und 7 Nichtslum-Bewohner ausgewählt worden, und zwar gemäß einem zulässigen Stichprobenverfahren):

	Volksschulabschluß oder darunter	mehr als Volksschulabschluß	Σ
Slum-Bewohner	5	2	7
Nichtslum-Bewohner	4	3	7
Σ	9	5	

(a) Wie groß ist die Wahrscheinlichkeit, daß gerade diese Tabelle(Matrix) $\begin{pmatrix} a_{11} & a_{12} \\ a_{21} & a_{22} \end{pmatrix} = \begin{pmatrix} 5 & 2 \\ 4 & 3 \end{pmatrix}$ auftritt, wenn die Randverteilungen konstant sind?

(b) Wie groß ist die Wahrscheinlichkeit, daß a_{12} nicht größer als 2 ist? Prüfen Sie, ob diese Wahrscheinlichkeit geringer als 0.05 ist und interpretieren Sie dieses Prüfungsergebnis !

Hinweise:

1) Wieviele Möglichkeiten gibt es, bei Spalten-

summen 9 und 5 gerade 5 Fälle auf a_{11} und 2 Fälle auf a_{12} zu erhalten?(Man beachte: Mit $a._1 = 9$, $a._2 = 5$, $a_{11} = 5$ und $a_{12} = 2$ ist die Tabelle vollkommen festgelegt, d.h. in diesen Werten steckt die gesamte Wahrscheinlichkeitsinformation.) Evtl. erinnern Sie sich an die Verteilung aus Aufg. p(10) ?!

2) Bei gegebener Randverteilung und einem gegebenen a_{ij}-Wert ist in einer 4-Feldertabelle die gesamte Tabelle festgelegt. Daher gilt: Die Wahrscheinlichkeit, daß a_{12} den Wert 2 annimmt, ist gleich der Wahrscheinlichkeit, daß die Matrix die Form $\begin{pmatrix} 5 & 2 \\ 4 & 3 \end{pmatrix}$ annimmt.

Weiterführende Literatur:

Theodore R. Anderson, Morris Zelditch: A Basic Course in Statistics with Sociological Applications 2nd.ed.
New York: Holt, Rinehart & Winston 1968

G.A. Barnard: The Bayesian Controversy in Statistical Inference
in: J. Institute Actuaries 93,1967,S.229 - 269

C.D. Broad: Induction, Probability, and Causation Selected Papers
Dordrecht, Holl.: Reidel 1968

Rudolph Carnap, Richard C. Jeffrey (eds.): Studies in Inductive Logic and Probability, Vol. I
Berkeley, Cal.: 1971

W.J. Conover: Practical Nonparametric Statistics
New York: Wiley 1971

W. Feller: An Introduction to Probability Theory and Its Applications, Vol. 1,2, 3rd. ed., 2nd. ed.
New York: Wiley 1968, 1970

Hans Freudenthal: Wahrscheinlichkeit und Statistik,2. Aufl.
München-Wien: R. Oldenbourg 1968

J. Gurland: Some Applications of the Negative Binomial and Other Contagions Distributions
in: Amer. J. Public Health 49,1959,S. 1388 - 1399

Jaroslav Hajek: Nonparametric Statistics
San Francisco: Holden Day 1969

Darrell Huff: How to Lie with Statistics
New York: Norton 1954

Saul H. Hymans: Probability Theory with Applications to Econometrics and Decision Making
Englewood Cliffs, N.J.: Prentice-Hall 1967

G. Claus, H. Ebner: Grundlagen der Statistik für Psychologen, Pädagogen und Soziologen
Zürich: 1970

Günter Menges: Stichproben aus endlichen Gesamtheiten
Frankfurt: V. Klostermann 1959

Ders.: On Subjective Probability and Related Problems
in: Theory and Decision 1,1970,S.40 - 60

Sidney Siegel: Nonparametric Statistics for the Behavioral Sciences
New York: McGraw-Hill 1956

(14.) Ein stochastisches Lernmodell

Unter den verschiedenen lerntheoretischen Modellen werden in dem zur 'Stimulus-Sampling-Theory' gehörenden Modell explizit mengen- und abbildungstheoretische Grundlagen verwendet. Daher sei dieses Modell hier kurz vorgestellt. Es geht von folgenden Annahmen aus:

S sei die Menge von (nicht empirisch beobachtbaren) 'Stimulus-Elementen', die das Lernverhalten von Individuen, d.h. die Wahl einer Responsemöglichkeit $R_i \in R$ mit $R := \{R_1, R_2, \ldots, R_n\}$, in Lernexperimenten $t = 1,2,\ldots$ beeinflussen.

Bei jedem Experiment wird eine Teilmenge X aus S aktiviert.

Wird eine Reaktion R_i beobachtet, so sagt man:

Reaktion R_i ist bedingt durch die aktivierten Stimuluselemente("conditioned to response R_i"), wobei die Zuordnung der Stimuli zu den Responsemöglichkeiten eine Zerlegung von S bilden.

<u>Annahme 1</u>: Die Wahrscheinlichkeit von R_i wird definiert als

$$p(R_i) := \frac{\text{Absoluter Anteil der Stimuluselemente in X, conditioned to } R_i}{\text{Anzahl aller Stimuluselemente in X}} .$$

<u>Annahme 2</u>: Wird R_i gewählt und belohnt, so wird <u>ganz</u> X conditioned to R_i .

<u>Annahme 2'</u>: Wird dagegen die Wahl von R_i nicht belohnt, so wird ganz X conditioned to $R \setminus R_i$.

<u>Annahme 3</u>: (<u>Homogenitätsannahme</u>)

$$\frac{\text{Anzahl der Stimuluselemente in X, conditioned to } R_i}{\text{Anzahl der Stimuluselemente in X}}$$

$$:= \frac{\text{Anzahl der Stimuluselemente in S, conditioned to } R_i}{\text{Anzahl der Stimuluselemente in S}}$$

Auf Grund dieser Annahmen existiert eine Mächtigkeitsabb.:

$$M: \mathcal{P}(S) \longrightarrow \mathbb{N}$$
$$s \in \mathcal{P}(S) \longmapsto |s| .$$

Betrachten wir nun den Fall zweier Responsemöglichkeiten $R, \bar{R}$:

Errata

S.65: Regel (5): $M\setminus(A\cap B) = (M\setminus A)\cup(M\setminus B)$

S.73: Beisp.: Für alle $x,y\in A$ gilt: $(x = y) \Rightarrow (x\leqslant y)$

S.111: w(7): Zusatz: Zur Def. von $|a|$ siehe S. 147

S.153: Letzte Zeile , Nenner: $\sigma_X\sigma_Y$

S.197: drittletzte Zeile: Streichen ab 'Setzt man'... bis Ende der Seite, statt dessen: Somit gilt:

$$\frac{x_{n+1}}{x_n} = \frac{1}{2} + q<1 \Rightarrow x_{n+1} < x_n \quad .$$

S.198: Bew. zu Krit. 2: Zähler des Bruches: $x_n - x_{n+k}$

S.203: Def.3 und Satz 2: $\sum_{n\in\mathbb{N}} |a_n|$

S.209: Schaubild unten: man vertausche die Bezeichnungen g und h

S.216: Zeile 19: $|f_n(x) - F(x)| \geqslant \varepsilon$

S.219: Zeile 28: $\mathbb{R}$ ist, sind die Polynome n-ten Grades mit $a_0 = a_1 = \dots = a_{n-1} = 0$ und $a_n = 1$ Morphismen bzgl. "." in $\mathbb{R}$.

S.232: Satz 7: $p(S_1\cap S_2) = p(S_1)p(S_2/S_1)$

S.280: Zeile 13: $\Leftrightarrow (xr_1y\wedge xr_2y) \Rightarrow (yr_1x\wedge yr_2x)$

S.287: oben: Man ergänze die fehlenden Summenzeichen .

Bezeichnungen:

(a) $C \subseteq S$ sei die Menge derjenigen Elemente aus S, die conditioned to R.

(b) Die Wahrscheinlichkeit von R sei mit p, die von $\bar{R}$ mit 1 - p bezeichnet.

(c) Die Mächtigkeit von s sei mit N(s) bezeichnet.

Nach Annahme 1 gilt:

[1] $$p = \frac{N(C \cap X)}{N(X)} \quad .$$

Nach Annahme 3 gilt :

[2] $$\frac{N(C \cap X)}{N(X)} = \frac{N(C)}{N(S)} = p \quad .$$

Bezeichnung:

Die bedingte Wahrscheinlichkeit von R unter der Bedingung der Belohnung sei mit p_1 bezeichnet.

Betrachten wir vor der nächsten Überlegung folgendes Venn-Diagramm:

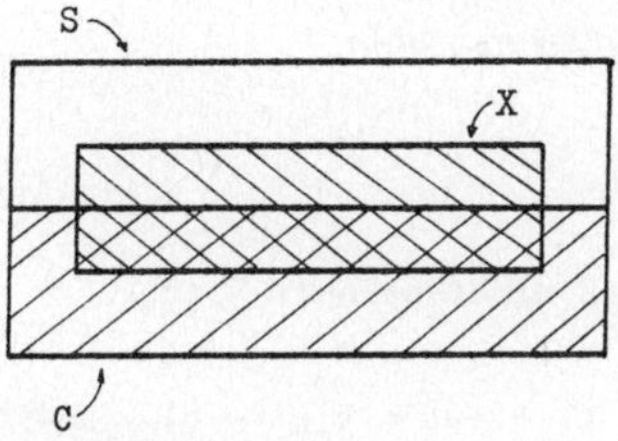

Nach Annahme 2 muß nun gelten:

[3] $$p_1 = \frac{N(X \cup C)}{N(S)} \quad .$$

Die Responsewahrscheinlichkeit ist also von p auf p_1 gestiegen. Bezeichnen wir $p_1 - p =: \Delta p$, so gilt also:

[4] $$p_1 = p + \Delta p \quad .$$

Wendet man hierauf [1] an, so ist zunächst $\Delta N(C)$ zu berechnen, da der Wahrscheinlichkeitszuwachs durch das Wachsen von C entsteht.

$\Delta N(C) = N(X) - N(X \cap C)$

Durch Ausklammern von N(X) entsteht:

$$\Delta N(C) = N(X)\left(1 - \frac{N(X \cap C)}{N(X)}\right) \quad .$$

Der Klammerausdruck ist aber gerade 1 - p; somit:

$$\Delta N(C) = N(X)(1 - p) \quad .$$

Da nun gilt:

$$\Delta p = \frac{\Delta N(C)}{N(S)} \quad , \text{ folgt:}$$

$$\Delta p = (1 - p)\,\frac{N(X)}{N(S)} \quad .$$

Verwendet man dies in [4], so gilt:

[5] $\qquad p_1 = p + (1 - p)a \qquad \text{mit} \quad a = \frac{N(X)}{N(S)} \quad .$

Interpretiert man nun [5'] derart, daß in der Experimentfolge in Experiment t p vorliegt, bezeichnet mit p_t, während in Experiment t+1 auf Grund einer belohnten Wahl von R p_1 gilt, bezeichnet mit p_{t+1}, so entsteht:

[5] $\qquad p_{t+1} = p_t + (1 - p_t)a \quad .$

Analog ergibt sich, falls R nicht belohnt wird:

[6] $\qquad p_{t+1} = p_t + \Delta p_t = p_t - bp_t = p_t(1 - b) \quad ,$

$\qquad$ wobei $b = \frac{N(Y)}{N(C)}$ mit $Y \subseteq S$.

Hierin ist Y diejenige Menge von Elementen aus S, die nach Annahme 2' conditioned to $\bar{R}$.

Zur Kombination von [5] und [6] betrachte man folgende Venn-Diagramme:

Vor Ereignis (z.B. Belohnung) $\qquad\qquad$ Nach Ereignis (z.B. Belohnung)

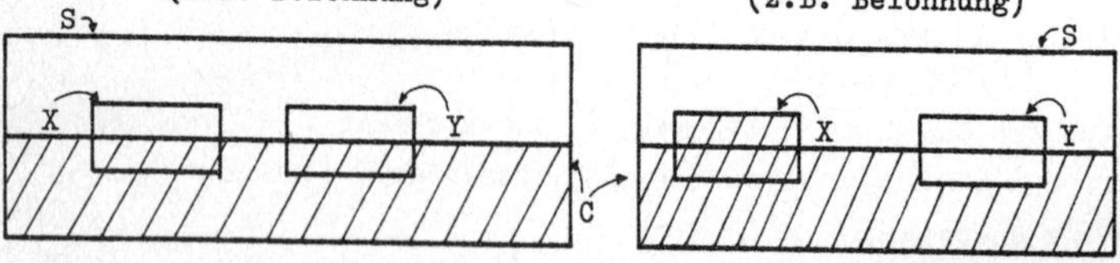

Der Prozeß der Stimulusänderung kommt also darin zum Ausdruck, daß

vor dem Ereignis gilt:		nach dem Ereignis gilt:
Ein Element $x_1 \in X \cap C$	ist nun	$x_1 \in X \cap C$
" " $x_2 \in X \setminus C$	" "	$x_2 \in X \cap C$
" " $y_1 \in Y \cap C$	" "	$y_1 \in Y \setminus C$
" " $y_2 \in Y \setminus C$	" "	$y_2 \in Y \setminus C$.

Somit gilt für die Veränderung von N(C):

$$\Delta N(C) = N(X) - N(X \cap C) - N(Y \cap C)$$

und damit:

$$\Delta p = \frac{\Delta N(C)}{N(S)} = \frac{N(X)}{N(S)} (1 - p) - \frac{N(Y)}{N(S)} p$$

$$= a(1 - p) - bp$$

oder in der Folgeninterpretation:

/7/ $$p_{t+1} = p_t + a(1 - p_t) - bp_t \quad .$$

/7/ wird 'gain-loss-form' des Lernmodells genannt und läßt sich wie folgt interpretieren:

p_t ist der 'augenblickliche' Lernzustand. Dann ist $1 - p_t$ der Abstand zum vollständigen Lernen,'maximal gain', p_t der Abstand zum totalen Mißerfolg, 'maximal loss'. Das vorliegende Modell geht also davon aus, daß eine Veränderung des Lernzustandes proportional (mit a) zum maximal gain(z.B.: Je höher der gegenwärtige Lernzustand bereits ist, desto geringer wirkt a ein) und proportional (mit b) zum maximal loss ist.

Literatur

Robert R. Bush, Frederick Mosteller: Stochastic Models for Learning
New York: Wiley 1955
insbesondere S. 50 - 53

Weiterführende Literatur:

R.C. Atkinson, G.H. Bower, E.J. Crothers: An Introduction to Mathematical Learning Theory
New York: Wiley 1965

Robert B. Bush: A Survey of Mathematical Learning Theory
in: R. Duncan Luce (ed.): Developments in Mathematical Psychology - Information, Learning, and Tracking - Glencoe: The Free Press 1960

Gustav Feichtinger: Lernprozesse in stochastischen Automaten
Berlin: Springer 1970

A.A. Kuehn: Consumer Brand Choice - A Learning Process ?
in: Journal of Advertising Research II, No.4. 1962, S. 10 - 17

J.H. Laubsch: Adaptive Kontrolle bei Lernprozessen
in: Angewandte Informatik 11,1971,S. 509 - 516

Anatol Rapoport, Albert M. Chammah: Prisoner's Dilemma
Ann Arbor, Mich.: Univ. of Mich. Press 1965

Patrick Suppes, Richard C. Atkinson: Markov Learning Models for Multiperson Interactions
Stanford, Calif.: Stanford Univ. Press 1960

J.S. Zypkin: Adaptives Lernen
München 1970

Ders.: Grundlagen und Theorie lernender Systeme
Berlin: Verlag Die Technik 1972

(15.) Dynamisches Programmieren

Die folgenden Ausführungen erhalten ihre Relevanz insbesondere aus zwei Gründen:

(1) An Hand eines einfachen, numerischen Beisp. des dynamischen Programmierens, das [1, S.8 - 16] entnommen wurde, läßt sich anschaulich der Einsatz des grundlegenden Instrumentariums der Analysis(Funktionen in mehreren Variablen, Ordnungsstruktur auf $\mathbb{R}$, Minima und Maxima von Funktionen) demonstrieren.

(2) Das dynamische Programmieren ist unter praxeologischem Aspekt eines der zentralen Konzepte sozialwissenschaftlicher Planungs- und Entscheidungsforschung. Denn in es geht der sequentielle und antizipatorische Charakter gesellschaftlicher Strategien explizit ein. Es kann daher als strategisches Kernmodell zur Darstellung 'vorausschauender' Politik angesehen werden.

Gegeben sei ein System, das sich an wechselnde vorhersehbare inputs aus der Umwelt durch angemessene outputs anpassen soll. Zur Bestimmung dieser Input-Output-Relation dient eine bestimmte Bewertungsfunktion. Die Aufgabe besteht nun darin, einen adaptiven Kontrollprozeß zu finden, der hinsichtlich einer bestimmten Zielfunktion und unter gegebenem strategischen Zeithorizont optimal sein soll. Betrachten wir zur Illustration ein Lagerhaltungsproblem. Das System wird hier im einfachsten Fall beschrieben durch folgendes Relationensystem:

Mengen:

$T:=\{1,2,\dots,6\}$ sei die Menge der Perioden, in denen jeweils strategische Eintscheidungen zu fällen sind, $t^* = 6$ ist der strategische Zeithorizont.

$D:=\{1,2,\dots,10\}$ sei die Menge der Nachfrage(input-)werte.

$d: T \longrightarrow D$

$n \longmapsto d_n$ (jeder Periode wird eine bestimmte Nachfrage zugeordnet.)

$P:=\{10,\dots,20\}$ sei die Menge der Preise(Bewertungsmenge).

$p: T \longrightarrow P$

$n \longmapsto p_n$ (Einkaufspreisfunktion(Bewertungsfunktion))

Folgende Matrix gibt die Funktionen d und p wieder:

$$\begin{array}{l} \text{Periode } n \\ \text{Nachfrage } d_n \\ \text{Einkaufspreis } p_n \end{array} \begin{pmatrix} 1 & 2 & 3 & 4 & 5 & 6 \\ 8 & 5 & 3 & 2 & 7 & 4 \\ 11 & 18 & 13 & 17 & 20 & 10 \end{pmatrix}$$

Dies sind also empirisch gegebene Daten.

$A := \{0, \ldots, S\}$ $S \in \mathbb{R}$, sei die Menge der Bestellquantitäten.

$a: T \longrightarrow A$

$n \longmapsto a_n$ (Bestellfunktion, a_n ist der output).

$L := \{0, \ldots, S\}$ $S \in \mathbb{R}$, sei die Menge Lagerbestände.

$x: T \longrightarrow L$

$n \longmapsto x_n$ (x_n ist der Lagerbestand am Ende der Periode n.)

$y: T \longrightarrow L$

$n \longmapsto y_n$ (y_n ist der Lagerbestand zu Beginn der Periode n nach dem Einkauf(output), vor dem Verkauf(input).)

Relationen:

Die Relationen sind zwar prinzipiell hier auf den Abbildungsmengen definiert, wegen des zu hohen Notationsaufwandes formulieren wir sie jedoch auf den Bildmengen(als Teilmengen von $\mathbb{R}$). Dabei ist jedoch zu beachten, daß alle Aussagen für alle Elemente der Bildmengen, d.h. jeweils für alle n = 1,2,3,4,5,6 gelten.

Das System läßt sich nun beschreiben durch folgende Relationen.

[1] $y_n - x_{n-1} = a_n$,

[2] $y_n - x_n = d_n$,

/3/ $0 \le x_n \le S$,

/4/ $0 \le y_n \le S$,

/5/ $x_{n-1} \le y_n$,

für n = 1,2,3,4,5,6.

Da in /2/ die d-Werte gegeben sind, läßt sich y_n eliminieren. Somit läßt sich die Systembeschreibung reduzieren auf:

/6/ $0 \le x_n \le S$,

/7/ $0 \le x_n + d_n \le S$,

/8/ $x_n \le x_{n+1} + d_{n+1}$.

Im Anschluß an diese Systembeschreibung(die natürlich bereits im Hinblick auf die zu lösende Kontrollaufgabe erfolgte) läßt sich nun ein Optimierungsproblem (optimaler Kontrolle) formulieren. Dabei soll die Funktion a optimiert werden unter der Zielfunktion, die Einkaufskosten über den gesamten strategischen Zeithorizont zu minimieren.
Also:

/9/ $z(a_n, p_n) = \sum_{n=1}^{6} a_n p_n = \min !$.

Da es sich hier um ein Kontrollproblem handelt, ist der strategische Endzustand des Systems, also x_6, vorzugeben. Dies führt auf folgende rekursive extremale Eingrenzungsrelation:

/10/ $\max\{x_6, x_{n-1} - d_n\} \le x_n \le \min\{S - d_n, x_{n+1} + d_{n+1}\}$.

Würde die Optimierung von der Gegenwart in die Zukunft gerichtet sein, so ließe sich die Optimalität von Zwischenentscheidungen(hier n = 0 bis n = 5) nicht beurteilen, da auf Grund später zu berücksichtigender entscheidungsrelevanter Informationen nur unter hohem Aufwand (bei einigen Kontrollproblemen, bei denen die Endlichkeit der Periodenanzahl(die prinzipiell ein kombinatorisches Vorgehen erlaubt) nicht mehr gegeben ist) festzustellen ist, ob diese Zwischenentscheidung auch Teil einer optimalen Gesamtstrategie über den gesamten strategischen Zeithorizont in Richtung auf den Endzustand des Systems ist.

Geht man jedoch von diesem Endzustand aus, optimiert also 'von der Zukunft in die Gegenwart', so ist rekursiv in jedem Entscheidungszeitpunkt die gesamtoptimale Entscheidung evaluierbar.

Hierzu sei das obige Beispiel durchgerechnet mit

$$x_6 = 0, \quad S = 9, \quad x_0 = 2 \quad .$$

Wegen $x_6 = 0$ entsteht aus [10]:

[11] $$\max\{0, x_{n-1} - d_n\} \leq x_n \leq \min\{S - d_n, x_{n+1} + d_{n+1}\} \quad .$$

Da die output-Funktion a zu bestimmen ist, verwenden wir [1] und [2] :

[12] $$a_n = x_n + d_n - x_{n-1} \quad . \quad (n = 1,2,3,4,5,6)$$

Gehen wir nun Periodenweise in der soeben spezifizierten Weise vor:('p' bezeichne die Periode)

$\underline{p = 6}$

Aus [11] wird mit $S = 9$ und $d_5 = 7$ und $d_6 = 4$:

[13] $$\max\{0, x_4 - 7\} \leq x_5 \leq \min\{9 - 7, 0 + 4\} \quad ,$$

somit

[14] $$\max\{0, x_4 - 7\} \leq x_5 \leq 2 \quad .$$

Um die Zielfunktion [9] in n = 6 zu berechnen, ist der Einkaufspreis $v_6(x_5, x_6)$ zu bestimmen:

[15] $$v_6(x_5, x_6) = p_6 a_6 = p_6(x_6 + d_6 - x_5) = 10(0 + 4 - x_5) = \\ = 40 - 10x_5 \quad .$$

$v_6(x_5,x_6)$ soll minimal werden, d.h. x_5 muß maximal werden, da $40 - 10x_5$ eine lineare, monoton fallende Funktion auf einem abgeschlossenen Intervall ist, die somit ihr Minimum in der oberen Intervallgrenze annimmt(siehe (5.4.) in Verbindung mit Satz 1 aus (12.3.)).

Berücksichtigt man dies in [14], so folgt:

$$\underline{x_{5opt} = 2} \; .$$

Wir sehen also:

Der Lagerbestand x_5 vor Beginn der letzten Periode muß so groß wie möglich, der Einkauf in der letzten Periode so gering wie möglich sein. Die genauen Werte lassen sich dem 'dynamischen'(hier exakter: rekursiven) Optimierungsprinzip zufolge erst angeben, wenn alle Perioden berücksichtigt worden sind.

$\underline{\underline{p = 6, p = 5}}$

Nach [10] gilt für x_4 :

[16] $$\max\{0, x_3 - d_4\} \leq x_4 \leq \min\{S - d_4, x_5 + d_5\} \; .$$

Durch Einsetzen der Matrixwerte:

[17] $$\max\{0, x_3 - 2\} \leq x_4 \leq \min\{7, x_5 + 7\} \quad \text{, somit}$$

[18] $$\max\{0, x_3 - 2\} \leq x_4 \leq 7 \; .$$

Die rechte Hälfte von [18] ist gleichbedeutend mit

$$x_4 - 7 \leq 0.$$

Verwenden wir dies in [14], so folgt:

[19] $$0 \leq x_5 \leq 2 \; .$$

Wir müssen nun die Zielfunktion über beide Perioden betrachten:

[20] $$v_{5,6}(x_4,x_6) = p_5 a_5 + v_6(x_5,x_6) = p_5 a_5 + p_6 a_6 =$$

$$= 20(x_5 + 7 - x_4) + 40 - 10x_5$$
$$= 180 - 20x_4 + 10x_5 \quad .$$

Dies soll nun minimiert werden. Eine Schwierigkeit besteht hierbei darin, daß lineare Funktionen mit gegensätzlicher Steigung vorkommen(-20 und +10), d.h. das Minimum von $v_{5,6}$, bezeichnet mit $f_{5,6}(x_4,x_6)$, hängt in unterschiedlicher Weise sowohl von x_4 als auch von x_5 ab.
Nun können wir aber davon ausgehen, daß in $p = 5$ alle Entscheidungen bis $p = 4$ bereits getroffen sind, insbesondere hat damit x_4 einen bestimmten (wenn auch in der rückwärts gerichteten Optimierung in $p = 5$ noch nicht berechenbaren) Wert $\hat{x}_4$. Damit kann x_4 als fester Parameter angesehen werden. $f_{5,6}$ hängt also lediglich von x_5 ab. Es gilt nach [19]:

$$0 \leq x_5 \leq 2 \quad .$$

Somit ist also das Minimum über dem Intervall [0,2] gesucht, die stetige,monoton steigende, lineare Funktion in [20] bei festem x_4 soll ja minimiert werden. Somit gilt also:

[21] $$f_{5,6}(x_4,0) = \min_{x_5 \in [0,2]} \{180 - 20x_4 + 10x_5\}$$

Nach (5.4.) und Satz 1 aus (12.3.) nimmt diese Funktion ihr Minimum in der unteren Intervallgrenze an. Das gesamtoptimale x_5, bezeichnet mit x_5^*, ist also

[22] $$\underline{\underline{x_5^* = 0}} \quad .$$

Damit ist

[23] $$f_{5,6}(x_4,0) = 180 - 20x_4 \quad .$$

Da x_5^* und x_6 nun bekannt sind, ist der optimale Einkauf a_6^* berechenbar. Nach [12] gilt:

[1*] $$\underline{\underline{a_6^* = x_6^* + d_6 - x_5^* = 4}}$$

p = 6, p = 5, p = 4

Nach /10/ gilt für $x_n = x_3$:

/24/ $\max\{0, x_2 - d_3\} \leq x_3 \leq \min\{S - d_3, x_4 + d_4\}$.

Also:

/25/ $\max\{0, x_2 - 3\} \leq x_3 \leq \min\{6, x_4 + 2\}$.

Da wir das Optimum des gesamten Entscheidungsprozesses suchen, ist hier nun die optimale Entscheidung aus p = 6, p = 5 zu berücksichtigen. Damit ist im Minimierungsansatz $f_{5,6}$ einzusetzen:

/26/
$$\begin{aligned} v_{4,6}(x_3, x_6) &= p_4 a_4 + f_{5,6}(x_4, 0) \\ &= 17(x_4 + 2 - x_3) + 180 - 20x_4 \\ &= 214 - 17x_3 - 3x_4 \quad . \end{aligned}$$

Nach /18/ bewegt sich x_4 im Intervall $[\max 0, x_3 - 2, 7]$. x_3 ist analog zur Überlegung bzgl. x_4 in $f_{5,6}$ als fester Parameter anzusehen, so daß gilt:

/27/ $$f_{4,6}(x_3, 0) = \min_{x_4 \in [\max\{0, x_3 - 2\}, 7]} \{214 - 17x_3 - 3x_4\} \; .$$

Diese Funktion nimmt ihr Minimum in der oberen Intervallgrenze an. Somit:

/28/ $\underline{\underline{x_4^* = 7}}$

Berücksichtigt man dies in /27/, so entsteht:

/29/ $f_{4,6}(x_3, 0) = 193 - 17x_3$.

Halten wir noch als Zwischenergebnis fest, daß wegen /28/ in /25/ gilt:

/30/ $x_3 \in [\max\{0, x_2 - 3\}, 6]$.

/2*/ $\underline{\underline{a_5^* = x_5^* + d_5 - x_4^* = 0}}$.

In $p = 6,\dots,p = 3$ treten keine neuartigen Probleme auf, so daß es genügt, die Ergebnisse aufzulisten:

[31] $\quad x_3^* = 6$,

[32] $\quad f_{3,6}(x_2,0) = 208 - 13x_2$,

[33] $\quad x_2\ [\max\{0,x_1 - 5\},4]$,

[3*] $\quad a_4^* = x_4^* + d_4 - x_3^* = 3$.

$p = 6,\dots,p = 2$

Nach [11]:

[34] $\quad \max\{0,x_0 - d_1\} \leq x_1 \leq \min\{S - d_1, x_2 + d_2\}$.

$x_0 = 2$, $d_1 = 8$, somit:

[35] $\quad x_1 \in [0,\min\{1,x_2 + 5\}]$.

Da $x_2 \geq 0$ und $5>1$, folgt:

[36] $\quad x_1 \in [0,1]$.

Mit [33] folgt:

[37] $\quad x_2 \in [0,4]$.

Damit stehen alle Angaben zur Berechnung der optimalen Entscheidung für x_2 zur Verfügung. Man erhält:

[38] $\quad x_2^* = 0$,

[39] $\quad f_{2,6}(x_1,0) = 298 - 18x_1$,

[4*] $\quad a_3^* = 9$.

$p = 6,\ldots,p = 1$

Die Ergebnisse lauten:

[40] $x_1^* = 1$,

[41] $f_{1,6}(2,0) = 357$,

[5*] $a_2^* = 4$.

Da $x_0 = 2$ vorgegeben ist, folgt sofort für a_1^*:

[6*] $a_1^* = 7$.

Damit lautet die optimale dynamische Strategie:

$$\alpha^* = (a_1^*, a_2^*, \ldots, a_6^*) = (7,4,9,3,0,4) \quad .$$

Der Entscheidungsprozeß sei an Hand des folgenden Schaubildes verdeutlicht:

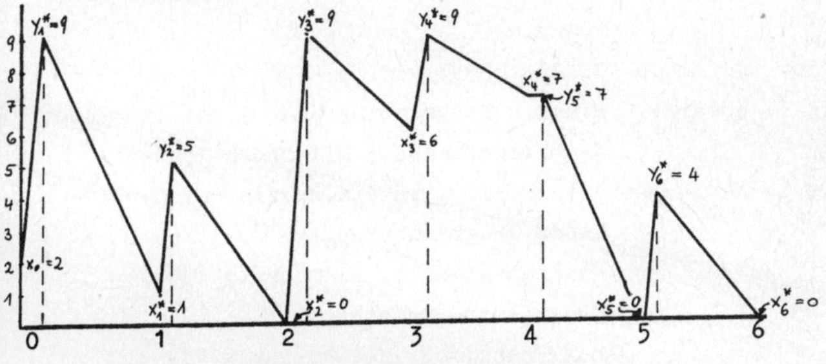

Der minimale Kostenaufwand beträgt 357 .

Man beachte, daß das vorliegende Modell stark vereinfacht ist, da es u.a. folgende, gerade bei gesellschaftlichen Strategieproblemen häufig auftretende, Aspekte vernachlässigt:

(1) Komplexität der Modellstruktur(d.h. weitaus mehr als zwei Variablen, erweiterter strategi-

scher Zeithorizont),

(2) Kompliziertheit der Modellstruktur(z.B. Nichtlinearität der Zielfunktion und/oder nichtlineare Relationen für die Systembeschreibung),

(3) stochastischer Charakter des Systems.

Literatur:

[1] A. Kaufmann, R. Cruon: Dynamic Programming - Sequential Scientific Management -
New York: Academic Press 1967

Weiterführende Literatur:

R. Aris: Discrete Dynamic Programming
New York: Blaisdell 1964

Richard Bellman: Dymamic Programming and Problem Solving
in: R.B. Banerji, M.D. Mesarović(eds.): Theoretical Approaches to Non-Numerical Problem Solving
Berlin: Springer 1970

Ders., S.E. Dreyfus: Applied Dynamic Programming
Princeton: Univ. Press 1962

D.K. Bose: Dynamic Programming for Decentralised Planning
in: Ind. Econ. J. 13, 1965/66, S.339-350

Ronald A. Howard: Dynamic Programming and Markov Processes
Cambridge, Mass.: MIT-Press 1963

George L. Nehmhauser: Einführung in die Praxis der dynamischen Programmierung
München-Wien: R. Oldenbourg 1969

D.J. White: Dynamic Programming
San Francisco: Holden Day 1969

(16.) Anhang: Lösung von Aufgaben

(2.1.)

w(1) (a) ist eine Aussage,
(b) ist eine Aussage, sofern es trotz ihrer normativen Tendenz sinnvoll ist zu fragen, ob sie wahr oder falsch ist,
(c) ist eine Aussage,
(d) ist keine Aussage,
(e) ist eine Aussage.
Tatsachenaussagen sind (a), (c); bei (b) und (e) ist dies zumindest fraglich.

w(2) (a) Man benutze Def. 2 und Lemma.
(b) Man benutze Def. 3 .

(2.2.)

p(1) WIK:= Wissenschaftlich-Industrieller-Komplex,
R:= Rüstung,
S:= Stabilität des kapitalistischen Systems.
(1) 'welche' sei interpretiert als:

WIK hat R in Gang gesetzt (kausaler Zusammenhang). Dann lautet die aussagenlogische Formalisierung:

$[(WIK \Longrightarrow R) \wedge (\neg WIK \Longrightarrow \neg S)] \Longrightarrow (R \Longrightarrow S)$.

Nach Taut. (19):

$(WIK \Longrightarrow R) \Longleftrightarrow (\neg R \Longrightarrow \neg WIK)$.

Mit Transitivität (Taut. (20)) folgt ein Widerspruch, es sei denn, man interpretiert 'beruhen auf' als 'notwendige Bedingung für'. Dann gilt nämlich mit Taut. (19)-zweimal angewandt-:

$[(\neg R \Longrightarrow \neg WIK) \wedge (\neg WIK \Longrightarrow \neg S)] \Longrightarrow (\neg R \Longrightarrow \neg S)$.

Dies ist eine wahre Implikation.

(2) Interpretiert man dagegen 'welche' als R hat WIK in Gang gesetzt, so läßt sich formalisieren:

$[(R \Longrightarrow WIK) \wedge (\neg WIK \Longrightarrow \neg S)] \Longrightarrow (R \Longrightarrow S)$.

Die Voraussetzung ist äquivalent mit:

$(S \Longrightarrow WIK) \wedge (R \Longrightarrow WIK)$.

Daraus läßt sich aber weder $R \Longrightarrow S$ noch $S \Longrightarrow R$ implizieren.

Somit hat das vorliegende Aussagensystem dann eine wahre Bedeutung, wenn man interpretiert, daß der wissenschaftlich-industrielle Komplex die Rüstung in Gang gesetzt hat, und 'beruhen auf' als 'notwendige Bedingung für' zu verstehen ist.

Es sei darauf hingewiesen, daß sich die logische Grundstruktur eines Aussagensystems nicht mit 'weichen' Begriffen wie 'in diesem spezifischen Sinne' oder 'relativ', 'beruhen' etc. 'retten' läßt.

p(2) Diese Aufgabe soll als Beispiel dafür dienen, daß
(1) Aussagenlogik allein oft zur Formalisierung nicht ausreicht,
(2) es theoretische Ansätze gibt, die sich einer aussagenlogischen Überprüfung ganz oder teilweise entziehen.

w(3) (a) $\neg(D \Longrightarrow B) \Longleftrightarrow (D \wedge \neg B)$,
(b) $\neg(D \Longrightarrow -B) \Longleftrightarrow (D \wedge B)$,
(c) $\neg(D \Longleftrightarrow B) \Longleftrightarrow (D \wedge \neg B) \vee (B \wedge \neg D)$,
(d) $\neg(\neg D \Longleftrightarrow \neg B) \Longleftrightarrow (\neg D \wedge B) \vee (\neg B \wedge D)$,
(e) $\neg(\neg D \Longrightarrow B) \Longleftrightarrow (\neg D \wedge \neg B)$,
(f) $\neg(\neg D \Longleftrightarrow \neg B)$ äquiv. zu (d) .

p(4) (a) 2), denn eine Theorie formuliert Zusammenhänge, insbesondere wenn...dann Beziehungen sind notwendige Bestandteile von Theorien.
(b) Nein, sie dienen daneben als Beweisinstrument.

w(5) ----

w(6) (a) 1,
(b) 1,
(c) 1,
(d) 1 .

(2.3.)

w(1) $\neg(A \wedge \bigwedge_x H(x)) \Longleftrightarrow (\neg A \vee \bigvee_x \neg H(x))$,

$\neg(\bigwedge_x (H(x) \wedge A)) \Longleftrightarrow (\bigvee_x (\neg H(x) \vee \neg A))$.

Da A nicht von x abhängt, spielt die Stellung relativ zum Quantor keine Rolle.

w(2) $\neg(\bigwedge_K L(K)) \Longleftrightarrow (\bigvee_K \neg L(K))$.

p(3) $\bigwedge_x H(x) \Longleftrightarrow \neg(\bigvee_x \neg H(x))$ mit falsifizierendem Basissatz:

$\bigvee_x \neg H(x)$.

(2.4.)

w H(x):= x ist Hund,
M(x):= x wird gern von Menschen gestreichelt,
T(x):= x ist Tier,
B(x):= x ist Brillenschlange.

$((H(x) \Longrightarrow M(x)) \wedge (H(x) \Longrightarrow T(x)) \wedge (B(x) \Longrightarrow T(x)) \overset{?}{\Longrightarrow} (B(x) \Longrightarrow M(x))$

Der 'Beweisgang' ist falsch, da
(1) aus B(x) nicht H(x) folgt,
(2) die Transitivitätsregel nicht angewendet werden kann,
(3) der Individuenbereich gewechselt wird.

(2.5.1)

p(1) Bezeichnungen: S:= Jemand ist Mitglied des Sozialausschusses,
E:= --- ist Mitglied des Exekutivrates,
F:= --- " " " Finanzaussch.,
P:= --- " " " Presseaussch. .

Die Aussagen 1 - 4 lassen sich wie folgt formalisieren:

zu 1. : $S \Longrightarrow E$,
zu 2. : $E \Longrightarrow (\neg(S \wedge F))$,
zu 3. : $(F \wedge E) \Longrightarrow S$,
zu 4. : $(P \wedge S) \Longrightarrow E$.

Dieses Aussagensystem läßt sich vereinfachen zu:

1.,4. : Nach Taut. 12 gilt: $(P \wedge S) \Longrightarrow S$ und nach 1. $S \Longrightarrow E$ und nach 4. $(P \wedge S) \Longrightarrow E$.
Daher ist 1. überflüssig.

2.,3. : $((F \wedge E) \wedge E) \Longrightarrow (S \wedge (\neg(S \wedge F)))$
$(F \wedge E) \Longrightarrow (S \wedge (\neg S \vee \neg F))$
$(F \wedge E) \Longrightarrow ((S \wedge \neg S) \vee (S \wedge \neg F))$
$(F \wedge E) \Longrightarrow (S \wedge \neg F) \Longrightarrow \neg F$

Dies aber ist ein Widerspruch, so daß 2. und 3. inkonsistent sind.

Damit können folgende Regeln aufgestellt werden:

1.' : Mitglieder des Sozialausschusses sind aus der Mitgliedschaft des Exekutivrates zu wählen.

2.' : Mitglieder des Exekutivrates dürfen nicht dem Finanzausschuß anghören, da ja $F \wedge E$ auf einen Widerspruch führt.

Abschließend sei betont, daß in einem Aussagensystem, in dem mehrere Aussagen formuliert sind, die alle Gültigkeit beanspruchen, diese Aussagen durch Konjunktion zu verknüpfen sind.

w(2) Da jede Implikation im Beweisgang in beiden Richtungen gilt, kann an Stelle jeder Implikation eine Äquivalenz gesetzt werden.

(2.5.2)

w(1) Zu zeigen: $a^* \Longrightarrow c$

Beweisgang: $\neg c \Longrightarrow b_1$ existiert eine rationale Zahl $z = p/q$ mit $z^2 = (p/q)^2 = 2$.

$b_1 \Longrightarrow b_2$ $p^2 = 2q^2$.

$b_2 \Longrightarrow b_3$ p^2 ist gerade.

$b_3 \Longrightarrow b_4$ $p = 2r$ ist gerade.

⋮

$b_8 \Longrightarrow b_9$ $z = 2r/2r'$.

$b_9 \Longrightarrow \neg a^*$

Also: $(a^* \wedge (\neg c \Longrightarrow b_1 \Longrightarrow \ldots \Longrightarrow b_9 \Longrightarrow \neg a^*)) \Longrightarrow c$.

w(2) (1) z ist eine gerade Zahl, wenn z durch 2 teilbar ist,

(2) Sei a:= b·c, dann gilt:
(b ist durch x teilbar) $\Longrightarrow$ (a ist durch x teilbar).
Wählt man nun b = 2, so ist der Bew. erbracht.

w(3) Der 'Beweis' geht von einer falschen Voraussetzung aus. Somit sind zwar alle Bew.schritte richtig, die Behauptung braucht jedoch nicht wahr zu sein(siehe Def. 3, S.-17-).
Da der indirekte Bew. auf das Auffinden eines Widerspruches zur Voraussetzung angelegt ist, diese hier aber bereits falsch ist, ist der indirekte Beweis unsinnig.

p(4) (a) Hier wird eine funktionale Beziehung zum Ausdruck gebracht. Sie ist dann eine Aussage, wenn sie in eine 'weil-Form' gebracht werden kann. Es ist jedoch fraglich, ob man sie empirisch überprüfen kann.
(b) Hier liegt eine Aussage vor. Ob die dahinterstehende Implikation empirisch richtig ist, läßt sich prüfen. Offensichtlich liegt hier folgende Implikation zugrunde: Wenn gestreikt wird, dann sind übersteigerte Forderungen gestellt worden. Also: Stellen die Gew. keine übersteigerten Forderungen, so brauchen sie auch nicht zu streiken. Hieran wird deutlich, daß unter Ideologieverdacht stehende Aussagen oft mit auf Tautologien beruhenden Immunisierungsstrategien verbunden sind.
(c) Hier liegt eine unmittelbar empirische Tatsachenaussage vor.

p(5) Harsanyi unterläßt es, die Angemessenheit des spieltheoretischen Modells für die Darstellung von Klassenkämpfen im Marxschen Sinne aufzuzeigen. Schon der statische Charakter des Spielmodells einerseits und der von Marx behauptete historische Prozeßcharakter von Klassenkämpfen andererseits lassen erhebliche Zweifel an der Angemessenheit des Modells aufkommen.
Allgemein sei davor gewarnt, aus konstruierten Modellen Beweise oder Widersprüche hinsichtlich realer Phänomena herzuleiten, ohne die Angemessenheit der in das Modell eingehenden Voraussetzungen aufzuzeigen.

p(6) (a) Nein, denn nach Def.3 (2.1.) müßte als notwendige Bedingung für eine Implikation eine Häufigkeit Null sein. Man beachte, daß dies noch nicht die hinreichende Bedingung (nämlich für die <u>Richtung</u> der Implikation) darstellt.
(b) zu $A \vee B$ gehören die Häufigkeiten $n(A,B)$, $n(A,\bar{B})$ und $n(\bar{A},B)$ (siehe Def. 3 (2.1.)), oder anders:
$((A \wedge B) \vee (A \wedge \bar{B}) \vee (\bar{A} \wedge B)) \Longleftrightarrow (A \vee B)$.
(c) $((A \wedge B) \vee (A \wedge \bar{B})) \Longrightarrow (A \wedge (B \vee \bar{B})) \Longrightarrow (A \wedge 1) \Longrightarrow A$.
$A \Longrightarrow (A \wedge (B \vee \bar{B})) \Longrightarrow ((A \wedge B) \vee (A \wedge \bar{B}))$

p(7) (1) Aus einem Widerspruch läßt sich jede beliebige Aussage wahr implizieren.
(2) Verzichtet man auf die Beseitigung logisch fehlerhafter Aussagen in Theorien, so läßt sich bei einer diese Theorie falsifizierenden empirischen Überprü-

fung nicht angeben, ob unangemessene Annahmen über die Realität oder Schlußfolgerungsfehler zu dieser Falsifikation führten, Damit erübrigt sich aber jede empirische Überprüfung von Theorien.

(2.6.6)

w(1) $(x + y)(z + x')$

p(2)

	x	y	z	F(X)
a)	0	0	1	1
b)	0	1	1	1
c)	0	1	0	1
d)	1	0	0	1

$F(X) = x'y'z + x'yz + x'yz' + xy'z'$

Diese Gleichung heißt die '<u>disjunktive Normalform'</u> des Systems.

$$\begin{aligned} F(X) &= x'y'z + x'y(z + z') + xy'z' \\ &= x'y'z + x'y + xy'z' \\ &= x'y'z + x'y + x'yz + xy'z' \\ &= x'(z + y) + xy'z' \qquad /z + y =: a \\ &= x'a + xa' \quad . \end{aligned}$$

Dies ist eine'Entweder-oder'-Schaltung, die nicht weiter zu vereinfachen ist.

w(3) a) $(x + y)(z + y')(z' + x + y) = F(X)$

b) $(x + y)(z + y')$

c) $F(X) = 1$ für $x = 0\ y = 1\ z = 1$
$x = 1\ y = 0\ z = 0$
$x = 1\ y = 0\ z = 1$
$x = 1\ y = 1\ z = 1$.

w(4) Nein, denn für $x = 0$, $y = 0$ gilt: $F(X) = 0$
$x = 1$, $y = 1$ " : $F(X) = 0$.

p(5) Da es darauf ankommt, daß $F(X) = 1$, betrachten wir zunächst alle Zeilen der Matrix mit $F(X) = 1$ und setzen die beliebigen output-Werte zu Null. Dann gilt:

$$\begin{aligned} F(X) &= x'yz' + xy'z' + xy'z + xyz' \\ &= x'yz' + xz'(y' + y) + xy'z \\ &= x'yz' + xz' + xy'(z' + z) \\ &= x'yz' + xz' + xy' \qquad / xz'(1 + y) \\ &= x'yz' + xz' + xyz' + xy' \\ &= (x + x')yz' + xz' + xy' \\ &= yz' + xz' + xy' \qquad / xz'(y + y') \\ &= yz' + xyz' + xy'z' + xy' \\ &= yz' + xy' \quad . \end{aligned}$$

Hier sind also vier Kontaktvariablen notwendig. Setzt man nun die beiden beliebigen output-Werte gleich 1, so entsteht:

$F(X) = yz' + xy' + x'y'z' + xyz \qquad /xy'(z + z')$
$= yz' + xy'z + xy'z' + x'y'z' + xyz$
$= yz' + xz + y'z'$
$= z' + xz \qquad /z'(1 + x)$
$= z' + x$.

Somit läßt sich durch geeignete Wahl der beliebigen output-Werte ein minimales Kontaktnetz erstellen.

w(6) a) Ja: a ⟶ b ⟶ e ⟶ d ⟶ c

b_1) nutzlose Redundanz, da b zweimal durchlaufen wird.

b_2) zweimalige Kontrolle an einer Stelle (hier bei b) vorausgesetzt: Dann ist die Redundanz nützlich.

c) durch Auslassen der Zwischenstellen e,d .

w(7) a) 0.471
b) 0.770
c) 1

w(8) Erklärungsgang:
(We∧(Wo ⟹ We)) ⟹ We .
Dies ist Taut. (17) und somit keine Erklärung des empirischen Phänomens.

w(9) Orientieren Sie sich an Beisp. S.-20-oben !

w(10) Benutzen Sie Taut. (19) und (20) !

p(11) a ist zu erklären.
Theorie: c ⟹ a
Erklärung: (c∧(c ⟹ a)) ⟹ a Taut. (17) .

Eine empirische Erklärung liegt jedoch erst dann vor, wenn c wirklich nachgewiesen ist (hier z.B. durch Obduktion).

p(12) Er testet die Hypothese: 3 ist der 'wahre' Wert in der Grundgesamtheit. Somit fragt er sich, ob 3.5 unter der Annahme, 3 sei wahr, nicht bereits als nahezu unwahrscheinlich gelten muß. Somit: $u_1 := 3$, $u_2 := 3.5$.

p(13) Hier liegt eine Tautologie vor, und zwar Taut. (19). Man beachte, daß derartige Tautologien unabhängig vom (auch empirischen) Wahrheitswert stets wahr sind.

(3.4.)

w(1) A sei Bürger des Staates X, X sei Mitglied der UNO .

w(2) Russellsche Antinomie.

w(3) $X \subseteq Y$, $Y \subseteq X$.

w(4) (b) und (c) .

w(5) (a) $\{2\}$
(b) $L = \emptyset$.

w(6) (a) $M_1 = \{z / z$ ist ganze positive Zahl und z teilt $24\}$
(b) $M_2 = \{z^2 / z$ ist Primzahl zwischen 2 und 11 incl.$\}$
(c) $M_3 = \{z^3 / z$ ist ganze positive Zahl kleiner als $5\}$.

w(7) $\mathcal{P}(M) = \{\emptyset, \{a\}, \{b\}, \{c\}, \{a,b\}, \{a,c\}, \{b,c\}, \{a,b,c\}\}$.

w(8) $\mathcal{P}(M) = \{\emptyset, \{1\}, \{2\}, \{\{1,2\}\}, \{1,2\}, \{1,\{1,2\}\}, \{2, \{1,2\}\}, \{1,2,\{1,2\}\}\}$

(3.5.)

w(1) Benutzen Sie bei Regel (1) und (3): Für Mengen X und Y gilt: $(X \subseteq Y) \Longleftrightarrow (X \cap Y = X)$ oder

$(X \subseteq Y) \Longleftrightarrow (X \cup Y = Y)$

w(2)

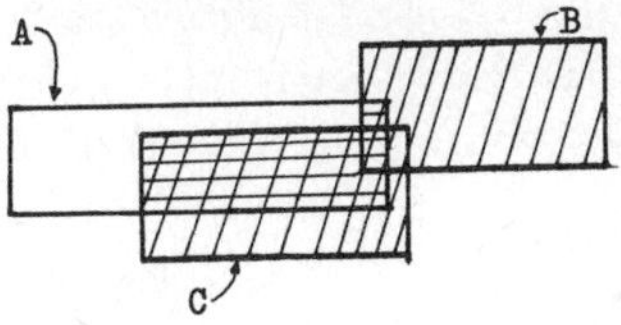

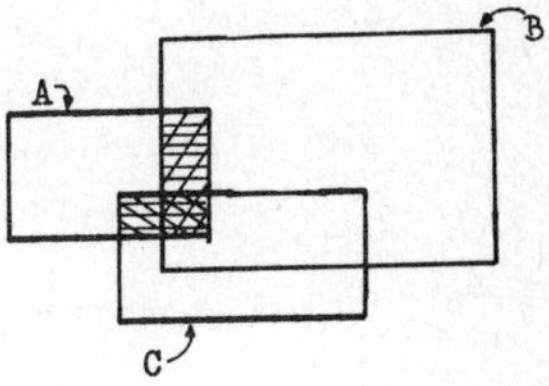

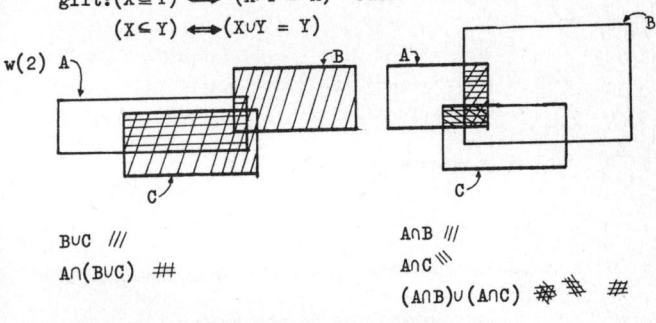

$B \cup C$ ///

$A \cap (B \cup C)$ #

$A \cap B$ ///

$A \cap C$ \\\

$(A \cap B) \cup (A \cap C)$ # # #

w(3) Bitte werfen Sie einen Blick in das Statistische Jahrbuch für die BRD !

p(4) Der Leser möge ein Venn-Diagramm zu dieser Aufgabe erstellen. Dann ist leicht ablesbar:

$\left.\begin{array}{l}(1)\\(2)\end{array}\right\}$ $((C \cap B = 4\%) \wedge (A \cap B \cap C = 2\%)) \Longrightarrow ((C \cap B) \setminus (C \cap B \cap A) = 2\%)$
$(C \setminus (((C \cap A) \setminus (A \cap B \cap C)) \cup (B \cap C)) = 5\%) \Longrightarrow$

$\Longrightarrow \quad ((C \cap A) \setminus (A \cap B \cap C)) = 5\% - 2\% - 2\% = 1\%)$

(3) $A \setminus (A \cap C) = 80\% - 3\% = 77\%$

(4) $B \setminus (B \cap C) = 60\% - 4\% = 56\%$

(5) Summiert man die Ergebnisse aus (1) - (4), so wird in der dann entstehenden Summe nur X doppelt gezählt. Daher gilt:
$100\% + x\% = 2\% + 1\% + 2\% + 5\% + 56\% + 77\% = 143\%$

Also: $x = 43\ \%$, $X = (A \cap B) \setminus (A \cap B \cap C)$

Damit gilt: $A = 77\% - 43\% = 34\%$

$B = 56\% - 43\% = 13\%$.

w(5) 21% lesen eine einzige Zeitung: 3%B, 18%A und 0% C . 12% lesen zwei Zeitungen: 7% A und B, 5% B und C, 0% A und C.

p(6) Bezeichnungen:

C_1' := Mehrheitspartei ohne Abtrünnige

C_1'' := Abtrünnige der Mehrheitspartei

C_2' := Abtrünnige der Minderheitspartei

C_2'' := Minderheitspartei ohne Abtrünnige

Dann gilt: $(C_1' \cup C_1'') \cap (C_1' \cup C_1'' \cup C_2') \cap (C_2' \cup C_2'' \cup C_1') = C_1'$.

w(7) Benutzen Sie die Sätze über BA .

p(8) (a) $\mathcal{P}(S) = \{\emptyset, \{1\}, \{2\}, \{3\}, \{4\}, \{1,2\}, \{1,3\}, \{1,4\}, \{2,3\}, \{2,4\}, \{3,4\}, \{1,2,3\}, \{1,2,4\}, \{1,3,4\}, \{2,3,4\}, \{1,2,3,4\}\}$.

$W = \{\{1,2,3\}, \{1,2,4\}, \{1,3,4\}, \{2,3,4\}, \{1,2,3,4\}\}$.

$L = \{\{1\}, \{2\}, \{3\}, \{4\}, \{1,2\}, \{1,3\}, \{1,4\}, \{2,3\}, \{2,4\}, \{3,4\}, \emptyset\}$.

Somit: $L = \bar{W}_{\mathcal{P}(S)} = \mathcal{P}(S) \setminus W$, denn in L sind gerade alle Minderheitskoalitionen.

(b) $L^* = \{\{2,3,4\}, \{1,3,4\}, \{1,2,4\}, \{1,2,3\}, \{3,4\}, \{2,4\}, \{2,3\}, \{1,4\}, \{1,3\}, \{1,2\}, \{1,2,3,4\}\}$

$L \cap L^* = \{\{1,2\}, \{1,3\}, \{1,4\}, \{2,3\}, \{2,4\}, \{3,4\}\}$.

D.h. alle Zweierkoalitionen sind blockierende Koalitionen.

(c) $|S|$ muß geradzahlig sein.

(4.1.)

w(1) In (5) wird die Gleichheit zweier Mengen behauptet, zu zeigen ist also:

$((A \setminus B) \times C) \subseteq ((A \times C) \setminus (B \times C))$ und $((A \setminus B) \times C) \supseteq ((A \times C) \setminus (B \times C))$.

w(2) (a) $A \times B = \{(1,a),(1,b),(1,c),(2,a),(2,b),(2,c)\}$,

(b) $B \times A = \{(a,1),(b,1),(c,1),(a,2),(b,2),(c,2)\}$,

(c) $A^2 = \{(1,1),(1,2),(2,1),(2,2)\}$,

(d) $B \times B = \{(a,a),(a,b),(a,c),(b,a),(b,b),(b,c),(c,a),(c,b),(c,c)\}$.

Zur Matrizendarstellung orientieren Sie sich bitte an den Beispielen S.-70- !

w(3) $\emptyset \times A = \emptyset$.

w(4) $A \times B \times C = \{(1,a,x),(1,b,x),(1,c,x),(2,a,x),(2,b,x),(2,c,x)\}$.

w(5) Benutzen Sie Def. 2 !

w(6) ----

w(7) $\{a,b\}^3 = \{a,b\} \times \{a,b\} \times \{a,b\} = \{(a,a,a),(a,a,b),(a,b,a),(a,b,b),(b,a,a),(b,a,b),(b,b,a),(b,b,b)\}$.

(4.2.)

w S.-74- $R \cap S$:= a ist Frau und Mutter von b (Ödipus),
$R \cup S$:= a ist Frau oder Mutter von b ,
$S \setminus R$:= a ist zwar Mutter, aber nicht Frau von b,
$\bar{R}$:= a ist nicht Frau von b .

w(1) r_{-1}:= '≤'. $r^{-1} = (A, A, R^{-1})$ mit $R^{-1} = \{(y,x)/(x,y) \in R\}$, r^{-1} ist dann die '≥'-Relation auf A.
Matriziell gesehen entsteht R^{-1} durch Spiegelung von R an der Hauptdiagonalen Δ(siehe S.-73-) .

Es gilt: $(A^2 \setminus R) \cap R = \emptyset$ und $(A^2 \setminus R) \cup R = A^2$. Beide Aussagen treffen für r^{-1} und r nur in Spezialfällen zu. In unserem Beisp. zu Def. 8 gilt zwar:
$R^{-1} \cup R = A^2$, nicht aber $R^{-1} \cap R = \emptyset$, sondern $R^{-1} \cap R = \Delta$.
Es ist also streng zwischen inverser und komplementärer Relation zu unterscheiden.

p(2) ----- $r = s^{-1}$ und $s = r^{-1}$, d.h.: $(a,b) \in R \iff (b,a) \in S$

w(3) $R = \{(2,1),(6,3),(10,5),(12,6)\}$,
$S = \{(1,1),(1,2),(1,3),(1,5),(1,6),(2,2),(2,6),(3,3),(3,6),(5,5),(6,6)\}$,
$T = \{(3,1),(6,2),(9,3)\}$,
$U = \{(1,2),(3,6)\}$,
$V = \{(1,2),(1,3),(1,5),(1,6),(2,3),(2,5),(2,6),(3,5),(3,6),(4,5),(4,6),(5,6)\}$.
Bzgl. der Inversion bestehen keine Beziehungen; bzgl. der Feinheit:
u ist feiner als s, u ist feiner als v.

p(4) Man betrachte die Orte als Elemente der Menge A. A^2 ist dann das kartesische Produkt(man vgl. mit den Beisp. auf S.-70-). Die Hauptdiagonale enthält die Relation: Migrationen verbleiben am selben Ort. Die Hauptdiagonale enthält also die örtliche Mobilität.

w(5) $R, S \subseteq M^n$:
$R \cup S := \{(x_1,\ldots,x_n) / x_1,\ldots,x_n \in M,\ (x_1,\ldots,x_n) \in R \vee (x_1,\ldots,x_n) \in S\}$,
$R \cap S := \{(x_1,\ldots,x_n) / x_1,\ldots,x_n \in M,\ (x_1,\ldots,x_n) \in R \wedge (x_1,\ldots,x_n) \in S\}$,
$S \setminus R := \{(x_1,\ldots,x_n) / x_1,\ldots,x_n \in M,\ (x_1,\ldots,x_n) \in S \wedge (x_1,\ldots,x_n) \notin S\}$,
$\bar{S}_{M^n} := \{(x_1,\ldots,x_n) / x_1,\ldots,x_n \in M,\ (x_1,\ldots,x_n) \notin S\}$.
Bei der Def. der Komposition wird explizit die Angabe eines Vor- und eines Nachbereiches erforderlich. In der Schreibweise $R \subseteq M^n$ werden aber Vor- und Nachbereich nicht mehr klar. Daher: Sei M^k mit $k<n$ Vorbereich von R, dann ist M^{n-k} Nachbereich von R. Sei dann M^{n-k} Vorbereich von S und M^k Nachbereich von S:

$$s \circ r = (M^k, M^k, \{(x_1,\ldots,x_k,x_{k+1},\ldots,x_{2k}) / (y_1,\ldots,y_{n-k}) \in M^{n-k}$$
$$\text{mit } (x_1,\ldots,x_k,y_1,\ldots,y_{n-k}) \in R \wedge (y_1,\ldots,y_{n-k},x_{k+1},\ldots,x_{2k}) \in S\}).$$

(4.3.)

w(1) kleiner als: asymmetrisch, transitiv ,
nicht größer als: reflexiv,antisymmetrisch,transitiv.

w(2) $A = \{1,2,3\}$, $A^2 \supseteq R = \{(1,1),(2,2),(1,3),(3,1)\}$.
Der Graph dieser Relation ist symmetrisch zur Hauptdiagonalen .

w(3) (a) Rechtseindeutigkeit, alle weiteren Eigenschaften sind aus dem Graphen R' ablesbar(vgl. S-78-oben).
(b) -----

w(4) Verbunden: (c),(d),(f) ,
streng verbunden: (d),(f) ,
nicht verbunden: (a),(b),(e) .

w(5) keine spezifizierten, man prüfe aber r' !

w(6) $A \times B^2 = A \times B \times B = \{(a,1,1),(a,1,2),(a,1,3),(a,2,1),(a,2,2),(a,2,3),(a,3,1),(a,3,2),(a,3,3),(b,1,1),(b,1,2),(b,1,3),(b,2,1),(b,2,2),(b,2,3),(b,3,1),(b,3,2),(b,3,3)\}$.

w(7) Gröbste Relation auf $M \times N$: $M \times N$ selbst,
Feinste " " " : $\emptyset$.

p(8) Die Indifferenzrelation ist nicht transitiv, denn n-maliges Hintereinanderausführen führt z.B. bei n = 1000 zu: Käufer ist indifferent zwischen gewünschten 500 g und erhaltenen 5 Pfund.

w(9) $'<' \cup '>'$ ist die $'\neq'$ - Relation,
$'<' \cap '>'$ " " $\emptyset$ - " .

p(10)(a) $R \subseteq M \times M$ sei symmetrisch, $R' := M \times M \setminus R$ symmetrisch?
Gegenbeispiel:

$$\begin{array}{c} d\\ c\\ b\\ a\\ \end{array}\begin{pmatrix} 0&0&1&1\\ 0&0&1&1\\ 1&1&0&0\\ 1&1&0&0 \end{pmatrix} = R \qquad \begin{array}{c} d\\ c\\ b\\ a\\ \end{array}\begin{pmatrix} 1&1&0&0\\ 1&1&0&0\\ 0&0&1&1\\ 0&0&1&1 \end{pmatrix} = R'$$
$$\quad a\ b\ c\ d \qquad\qquad\qquad a\ b\ c\ d$$

Die Komplementrelation R' ist ebenfalls symmetrisch.

(b) $R_1 \subseteq M \times M$ und $R_2 \subseteq M \times M$ seien transitiv, $R_3 := R_1 \cup R_2$ transitiv?
Gegenbeisp.:

$$\begin{array}{c} c\\ b\\ a \end{array}\begin{pmatrix} 0&0&0\\ 0&1&0\\ 0&1&0 \end{pmatrix} = R_1 \qquad \begin{array}{c} c\\ b\\ a \end{array}\begin{pmatrix} 0&0&1\\ 0&0&1\\ 0&0&0 \end{pmatrix} = R_2 \qquad \begin{array}{c} c\\ b\\ a \end{array}\begin{pmatrix} 0&0&1\\ 0&1&1\\ 0&1&0 \end{pmatrix} = R_3$$
$$\quad a\ b\ c \qquad\qquad a\ b\ c \qquad\qquad a\ b\ c$$

Für R_3 gilt: $(a,b) \in R_3 \wedge (b,c) \in R_3$, aber nicht $(a,c) \in R_3$, was nach Def. Transitivität ja gelten müßte.

(c) $R_1 \subseteq M \times M$ sei asymmetrisch und $R_2 \subseteq M \times M$ sei reflexiv.
Beh.: $R_3 := R_1 \cup R_2$ ist antisymmetrisch.

Gegenbeispiel:

$$\begin{array}{c} d\\ c\\ b\\ a \end{array}\begin{pmatrix} 1&0&x&1\\ 0&0&1&0\\ 0&1&0&0\\ 1&x&0&1 \end{pmatrix}$$
$$\quad a\ b\ c\ d$$

R_1 - x, R_2 - 1 , R_3 - x oder 1

In R_3 gilt: $ar_3d \wedge dr_3a$, aber nicht $d = a$!

Überlegen Sie aber, daß für eine asymmetrische Relation $R \subseteq M \times M$ gilt: $R \cup \Delta$ ist antisymmetrisch.

p(11) Hier ist zu unterscheiden zwischen Koalition i dom. Koalition j und Koalition i dom_{rs} Koalition j.
Nur die zweite Dominanzrelation ist stets transitiv, während dies bei der ersten nicht immer der Fall ist.
Beisp.:
$((ii\ \text{dom}_{23}\ i) \wedge (i\ \text{dom}_{12}\ iii)) \not\Longrightarrow ii\ \text{dom}_{rs}\ iii$.

Machtbeziehungen sind also nur bei genauer Spezifikation konsistent zu beschreiben(bzw. zu formalisieren).

p(12) Eine notwendige Bedingung für eine exakte Beschreibung ist ihre Eindeutigkeit. Somit ist eine Mindestanforderung die Rechtseindeutigkeit der verwendeten Relationen. (Genaueres siehe (6.))

(4.4.)

w S.-81- Exemplarisch: Antisymmetrie:

zu zeigen: $\left(\bigwedge_{a \in N} \bigwedge_{b \in N} a\tilde{r}b \wedge b\tilde{r}a\right) \Longrightarrow (a = b)$

Bew.: $\left(\bigwedge_{a \in N} \bigwedge_{b \in N} a\tilde{r}b \wedge b\tilde{r}a\right) \Longrightarrow \left(\bigwedge_{a \in N} \bigwedge_{b \in N} arb \wedge bra\right) \Longrightarrow (a=b)$

wegen Def. 2, da r antisymmetrisch auf M, insbesondere also auf $N \subseteq M$ sein sollte.

(5.1.)

w(1) r ist Abb., da jedem Sohn genau sein Vater zugeordnet wird, s ist keine Abb., da
(1) ein Vater mehrere Söhne haben kann,
(2) es Männer ohne Söhne gibt.

w(2) (a)

(5.1.1)

w(1) **bijektiv**: id, i , $\Longleftrightarrow$ A = D; c , $\Longleftrightarrow$ D und W einelementig sind; f aus (c)
injektiv: g aus (c), **surjektiv**: siehe Def.4 und das zu bijektiv Gesagte.

p(2) **Bijektivität und Umkehrbarkeit**:

Satz 1: Seien M,N Mengen, $f: M \longrightarrow N$ sei bijektive Abb.. Dann gilt: Die Relation $f^{-1} = (N, M, F^{-1})$ ist bijektive Abb. mit $f \circ f^{-1} = id_N$, $f^{-1} \circ f = id_M$.

Beweis:

(1) Zu zeigen: die Relation f^{-1} ist eine Abb., d.h.:

(a) $F^{-1} \subseteq N \times M$ ist linkstotal auf N,

(b) $F^{-1} \subseteq N \times M$ ist rechtseindeutig auf M.

zu(a) f ist bijektiv nach Voraussetzung, d.h. insbesondere f ist surjektiv. Somit gilt: $\bigwedge_{n \in N} \bigvee_{m \in M} f(m) = n$,

d.h. $\bigwedge_{n \in N} \bigvee_{m \in M} (m,n) \in F$. Daraus folgt:

$\bigwedge_{n \in N} \bigvee_{m \in M} (n,m) \in F^{-1}$, somit ist f^{-1} linkstotal auf N.

zu(b) f ist injektiv nach Voraussetzung, d.h.: Seien $m, m' \in M$, dann gilt: $((m,n) \in F$ und $(m',n') \in F$ und $n = n')$ $\Longrightarrow m = m'$.

f ist surjektiv nach Voraussetzung. Seien nun $n, n' \in N$ mit $n = n'$, so folgt $\bigvee_{m,m' \in M} (m,n) \in F, (m',n') \in F$ und $n = n' \Longrightarrow m = m'$, d.h. insgesamt:

$n = n'$ und $(n,m) \in F^{-1}$ und $(n',m') \in F^{-1} \Longrightarrow m = m'$.

Somit ist f^{-1} rechtseindeutig auf M.

(2) Somit können wir nun $f^{-1}: N \longrightarrow M$ als Abb. schreiben, f^{-1} ist def. durch $\bigwedge_{n \in N} f^{-1}(n) = m$ für $n = f(m)$.

(3) Zu zeigen: (a) $f^{-1} \circ f = id_M$, (b) $f \circ f^{-1} = id_N$.

zu(a) f^{-1} $f: M \longrightarrow M$, nach Def. unter (2) gilt:

$f^{-1} \circ f(m) = f^{-1}(f(m)) = m$.

zu(b) $f \circ f^{-1}(n) = f(f^{-1}(n)) = f(m)$ für $n = f(m)$, d.h.

$f \circ f^{-1}(n) = n$.

(4) Zu zeigen: f^{-1} ist bijektiv.

Dies gilt nach dem folgenden allg. Satz:

Satz 2: Seien M,N Mengen, $g: M \longrightarrow N$ sei Abb., dann gilt:

(1) g ist surjektiv $\Longrightarrow$ es existiert $h: N \longrightarrow M$ mit $g \circ h = id_N$,

(2) g ist injektiv $\Longrightarrow$ es existiert $h: N \longrightarrow M$ mit $h \circ g = id_M$,

(3) g ist bijektiv $\Longrightarrow$ es existiert $h: N \longrightarrow M$ mit $g \circ h = id_N$ und $h\ g = id_M$.

Bew.:

zu(1) Zu zeigen : g surjektiv $\Longrightarrow$ exist. $h: N \longrightarrow M$ mit $g \circ h = id_N$, d.h.

es gilt die Abb. h zu konstruieren, die $g \circ h = id_N$ erfüllt.

Da g surjektiv, gilt: $\bigwedge_{n\in N} \bigvee_{m\in M} g(m) = n$.
Man bilde für alle $n\in N$ $g^{-1}(n) \subseteq M$ und wähle aus jedem $g^{-1}(n)$ eine Element aus (man beachte: $g^{-1}(n)$ ist Teilmenge von M!). Dies Element sei m_n . Dann definiere man: $\bigwedge_{n\in N} h(n) = m_n$.
Dann gilt:
$g\circ h(n) = g(h(n)) = g(m_n)$ mit $m_n \in g^{-1}(n)$, d.h. $g(m_n) = n$, insgesamt also: $g\circ h(n) = n$, somit $g\circ h = id_N$.
Nun ist noch zu zeigen:
exist. $h: N \longrightarrow M$ mit $g\circ h = id_N \Longrightarrow g$ ist surjektiv.
Sei also $n\in N$, man bilde $h(n)$ und bezeichne $h(n)$ mit m_n. Dann gilt: $g(m_n) = g(h(n)) = n$, d.h. m_n ist Urbild von n unter g.

zu(2) Zu zeigen: g ist injektiv $\Longrightarrow$ es exist. $h: N \longrightarrow M$ mit $h\circ g = id_M$,
d.h. es gilt die Abb. h zu konstruieren, die $h\circ g = id_M$ erfüllt.
g ist injektiv nach Voraussetzung, d.h.
$g(m) = g(m') \Longrightarrow m = m'$. Man definiere:
$h: N \longrightarrow M$ durch $h(n)=\begin{cases} m \text{ für } n\in g[M] \text{ und } n = g(m) \\ m_1 \in M \text{ beliebig für } n \notin g[M] \end{cases}$.
h ist rechtseindeutig, da g injektiv ist.
Dann gilt: $h\circ g(m) = h(g(m))$ nach Def. von h, d.h. $h\circ g = id_M$.
Nun ist noch zu zeigen:
Es exist. $h: N \longrightarrow M$ mit $h\circ g = id_M \Longrightarrow g$ ist injektiv.
Seien also $m, m' \in M$ und $g(m) = g(m') \Longrightarrow h(g(m)) = h(g(m'))$ da h Abb. ist.
Dann folgt, da $h\circ g = id_M$: $m = m'$, das aber ist gleichbedeutend mit: g ist injektiv.

zu(3) Ergibt sich aus (1) und (2).

<u>Satz 3</u>: Seien M,N Mengen mit $f: M \longrightarrow N$ Abb. und $g, g': N \longrightarrow M$ Abb. mit $f\circ g = id_N$, $f\circ g' = id_N$, $g\circ f = id_M$, $g'\circ f = id_M$, dann gilt: $g = g'$.

<u>Bew.</u>: Es gilt $g = id_M\circ g = (g'\circ f)\circ g = g'\circ(f\circ g) = g'\circ id_N = g'$.

<u>Bemerkung</u>: Satz 3 zeigt, daß die zu einer bijektiven Abb. f existierende Abb. g mit $f\circ g = id_N$, $g\circ f = id_M$ ein-

deutig bestimmt ist, da jede weitere, die diese Bedingungen erfüllt, gleich g ist. Nach Satz 1 erfüllt f^{-1} ebenfalls diese Bedingungen, wir werden daher die zu einer bijektiven Abb. eindeutig existierende Umkehrabb. in Zukunft mit f^{-1} bezeichnen, ebenso wie die ebenfalls eindeutige Abb., die $f \circ f^{-1} = id_N$ und $f \circ f^{-1} = id_M$ erfüllt, da diese Bedingungen die Umkehrabbildung charakterisieren.

w(3) Bedenken Sie, daß Abb. i.A. nicht injektiv sind, also mehrere Urbilder zu einem Bild gehören können.

w S.-88- (a) $f[A_1] = \{0\}$,

(b) $f[A_2] = \{z / z \in \mathbb{N}$ und $\bigvee_{n \in \mathbb{N}}$ mit $2n = z$, $\mathbb{N} := \{0,1,2,\ldots\}\}$,

(c) $f[A_3] = \{x / x \in \mathbb{Z}$ und $\bigvee_{m \in \mathbb{N}\setminus\{0\}}$ mit $-2m = x$, $\mathbb{Z} := \{\ldots -2,-1,0,1,2,\ldots\}\}$,

(d) $f^{-1}[U_1] = \{0\}$,

(e) $f^{-1}[U_2] = \mathbb{Z}$,

(f) $f^{-1}[U_3] = \emptyset$.

(5.1.2)

w S.-91- $id: A \longrightarrow A$, $i: B \longrightarrow C$ mit $B \subseteq C$, $c: D \longrightarrow E$, $f: \mathbb{Z} \longrightarrow \mathbb{Z}$ (z.B.) mit $f(x) = 2x$.

Komponierbar sind Abb. g und h zu $g \circ h$, wenn der Bildbereich von h im Definitionsbereich von g enthalten ist.

z.B. $id \circ i$ ist dann erstellbar, wenn $C \subseteq A$, dann gilt: $id \circ i: B \longrightarrow A$ mit $(id \circ i)(b) = id(i(b)) = id(b) = b$ für alle $b \in B$.

oder:

$c \circ f$ ist dann erstellbar, wenn $\mathbb{Z} \subseteq D$, sei z.B. $D = \mathbb{Z}$; weiterhin sei $E = \mathbb{N}$ mit $c(d) = 15$ für alle $d \in \mathbb{Z}$. Dann gilt: $c \circ f(x) = c(f(x)) = c(2x) = 15$ für alle $x \in \mathbb{Z}$.

w(1) $|A| = |B|$.

w(2) $f: \mathbb{N} \longrightarrow A$ mit $f(0) = 2$, $f(n) = 2n + 2$ für $n \in \mathbb{N}\setminus\{0\}$.
f ist bijektiv.

w(3) (b) .

w(4) (a) $D = \mathbb{R}$, $f[D] = \mathbb{R}$,
(b) $D = \mathbb{R}$, $f[D] = \{0\}$,
(c) $D = \mathbb{R} \times \mathbb{R}$, $f[D] = \{0\}$,
(d) $D = \mathbb{R}$, $f[D] = \{x / x \in \mathbb{R} \wedge x^2 \geq 2\}$,
(e) $D = \mathbb{R}$, $f[D] = \{x / x \in \mathbb{R} \wedge x \geq -2\}$.

p(5) (a) Nein, denn g ist nicht rechtseindeutig.
(b) Ja, denn g^{-1} ist rechtseindeutig und linkstotal.
(c) ----
(d) (d_2) Die Umkehrabb. $\hat{f}^{-1}$ unterscheidet sich von $\hat{f}_*^{-1}$, da $\hat{f}^{-1}$ ebenfalls geschätzt wird, $\hat{f}_*^{-1}$ aber nicht.

p(6) $A = 200$, $p_1 = 1/5$.
$B = 100$, $p_2 = 1/5$.
$p_1 = p_2$, da die Spezifikation von C bzg. B gegenüber den in A enthaltenen Informationen keine Neuigkeit darstellt. Derartige Überlegungen sind für die Informationstheorie von Interesse.

p(7) $f: M \longrightarrow N$, $g: N \longrightarrow M$:
(1) $x \in M$, $y \in N$ mit $f(x) = y$ <u>und</u> $x = g(y)$,
(2) $h: A \rightarrow B$ mit $A \subseteq N$, $B \subseteq M$
$f(x) = y$, $x = h(z)$ mit $z \in A$, d.h. $y = f(h(z))$.
(3) $y = f(g(y))$ <u>und</u> $y = f(h(z))$.

p(8)(a) $h: \{0,1,2,3\}^2 \longrightarrow (m_{xy})$ mit $((x,y) \in \{0,1,2,3\}^2) \mapsto m_{xy}$
z.B. $(0,0) \mapsto m_{00} = 100$,
$(1,1) \mapsto m_{11} = 50$,
etc.

(b)

$$M^*_{[0,1]} = \begin{pmatrix} 1/5 & 3/10 & 1/10 & 1/50 & 62/100 \\ 3/20 & 1/10 & 1/20 & 1/100 & 31/100 \\ 1/50 & 3/100 & 1/100 & 0 & 6/100 \\ 1/100 & 0 & 0 & 0 & 1/100 \\ 38/100 & 43/100 & 16/100 & 3/100 & 1 \end{pmatrix}$$

p(9) Der i-ten Zeile (i m) und der j-ten Spalte (j n) wird ein Element aus A zugeordnet, nämlich a_{ij}. Dies kann als Abb. M geschrieben werden:

Sei $X := \{i / i \in \mathbb{N} \wedge 1 \leq i \leq m\}$, $Y := \{j / j \in \mathbb{N}\ 1 < j < n\}$,

Dann ist $M: X \times Y \longrightarrow A$
$(i,j) \longmapsto M(i,j) = a_{ij}$.

In diesem Sinne ist jede Matrix eine Abbildung.

p(10)(a) e und E bezeichnen die Aggregation,
(b) $x = G \circ e$, $x = E \circ g$, $g = y \circ e$, $G = E \circ y$,
(c) Hier nur einiges: Von <u>Erklärung</u> kann nur dann die Rede sein, wenn das Diagramm kommutativ ist. Heute existieren jedoch nur g und G, aber noch nicht x und y; bei Verknüpfung von Mikro- und Makroebene treten meist Aggregations-, Kontext- und Mehrebenenprobleme auf.
(d) x: Reduktionismus, y: Antireduktionismus.

(5.2.)

w(1) Weisen Sie nach, daß π_1 und π_2 reflexiv, symmetrisch und transitiv sind.

w(2) $(a,b) \in \pi_1 \cap \pi_2 : \Leftrightarrow$ a ist in derselben Branche tätig und in derselben Gewerkschaft organ. wie b.

p(3) (1) <u>Beh.</u>: Sind r_1, r_2 Äquiv.rel. auf M, dann ist auch $r := (M, M, R_1 \cap R_2)$ Äquiv.rel. auf M.

<u>Bew.</u>: (a) Reflexivität

zu zeigen: $\bigwedge_{x \in M} xrx$

$$(\bigwedge_{x \in M}(xr_1x) \wedge \bigwedge_{x \in M} xr_2x) \Longrightarrow (\bigwedge_{x \in M}(xr_1x \wedge xr_2x))$$

$$\Longrightarrow (\bigwedge_{x \in M}((x,x) \in R_1 \wedge (x,x) \in R_2)) \Longrightarrow (\bigwedge_{x \in M}((x,x) \in R_1 \cap R_2))$$

$$\Longrightarrow (\bigwedge_{x \in M} xrx) .$$

(b) Symmetrie

zu zeigen: $\bigwedge_{x,y \in M} xry \Longrightarrow yrx$

$$(\bigwedge_{x,y \in M}(xr_1y \Longrightarrow yr_1x) \wedge \bigwedge_{x,y \in M}(xr_2y \Longrightarrow yr_2x))$$

$$\Longrightarrow (\bigwedge_{x,y \in M}(xr_1y \Longrightarrow yr_1x) \wedge (xr_2y \Longrightarrow yr_2x)) .$$

Somit:

$$\bigwedge_{x,y \in M}(xry) \Longleftrightarrow (xr_1y \; xr_2y) \Longrightarrow (yr_1x \; yr_2x) \Longleftrightarrow$$

$$\Longleftrightarrow yrx)$$

(c) Transitivität

zu zeigen: $\bigwedge_{x,y,z \in M} ((xry \; yrz) \Longrightarrow xrz)$

$$(\bigwedge_{x,y,z \in M}((xr_1y \wedge yr_1z) \Longrightarrow xr_1z) \wedge$$

$$\wedge \bigwedge_{x,y,z \in M}((xr_2y \wedge yr_2z) \Longrightarrow xr_2z)) \Longrightarrow$$

$$\Longrightarrow (\bigwedge_{x,y,z \in M}(((xr_1y \wedge yr_1z) \Longrightarrow xr_1z) \wedge ((xr_2y \wedge yr_2z) \Longrightarrow$$

$$\Longrightarrow xr_2z)))$$

$$\Longrightarrow (\bigwedge_{x,y,z \in M}(xry \wedge yrz) \Longleftrightarrow ((xr_1y \wedge yr_1z) \wedge (xr_2y \wedge xr_2z))$$

$$\Longrightarrow (xr_1z \wedge xr_2z) \Longleftrightarrow xrz) .$$

(2) <u>Beh.</u>: Sind r_1, r_2 Äquiv.rel. auf M, dann ist $r := (M, M, R_1 \cup R_2)$ Äquiv.rel..

Dies ist <u>nicht immer</u> erfüllt.

Gegenbeisp.:

$$\begin{array}{c} d \\ c \\ b \\ a \end{array} \begin{pmatrix} 0 & 0 & x & x1 \\ 1 & 0 & x1 & x \\ 0 & x1 & 0 & 0 \\ x1 & 0 & 1 & 0 \end{pmatrix}$$

$M = \{a,b,c,d\}$,
$R_1 = \{(a,a),(b,b),(c,c),(d,d),(a,c),(c,a)\}$, im Bild 1 ,
$R_2 = \{(a,a),(b,b),(c,c),(d,d),(c,d),(d,c)\}$, im Bild x .
r_1 und r_2 sind Äquiv.relationen.

$r = (M, M, R_1 \cup R_2)$ ist aber keine Äquiv.rel., da die Transitivität verletzt ist:
$arc \wedge crd \not\Longrightarrow ard$.

S.-98-

w(1) Benutzen Sie die Def. von $\triangle$ und $M\times M$!

w(2) 950,1076,1202,1374,
1413,1502,1514,1550,1555,1577,
1633,1644,1714,1724,1748,1760,1775,1788,
1802,1812,1812,1816,1820,1824,1842,1844,1849,1850,1865,
1872,1898,1899,
1905,1911,1934,1947,1977,1990,2066,2090,
2150,2180,2186,2188,2213,2224,
2312,2398,2400,2448 .

Seien x und y erhobene Daten, M sei die Menge dieser Daten, wir def. eine Äquiv.rel. $R\subseteq M\times M$:

$$(x,y)\in R :\iff \begin{cases} 0\leq x,y<1400 & \text{oder} \\ 1400\leq x,y<1600 & \text{"} \\ 1600\leq x,y<1800 & \text{"} \\ 1800\leq x,y<1900 & \text{"} \\ 1900\leq x,y<2100 & \text{"} \\ 2100\leq x,y<2300 & \text{"} \\ 2300\leq x,y\leq 2500 \end{cases}$$

Die Äquival.klassen sind dann die Zeilen .

w(3) r ist Äquiv.rel., $Z/_r$ ist die Menge der Mantellinien des Zylinders.

w(4)a)r ist Äquiv.rel.,b) $[t] = \{t'/t'\in T\wedge y(t) = y(t')\}$, dies ist die Menge der Zeitpunkte mit gleichem Volkseinkommen. Hinweis zu (c): Genügt die Höhe des Volkseink. zur Charakterisierung des Konjunkturverlaufes in einem Zeitpunkt?

p(5) vgl. p(8) aus (4.3.): Empirisch ist die Indifferenzrelation höchstens auf sehr kleinen 'Gebieten' eine Äquiv.rel., denn allg. dürfte die Transitivität fehlen.

(5.3.)

w S.-104 - Die Relation $s = (N,N,S)$ mit
$(a,b)\in S :\iff$ a hat dieselbe Tonhöhe und Lautstärke wie b.

(5.4.)

w S.- 109 - (1) Auf der Menge der ganzen Zahlen $\mathbb{Z}$ wird die Teilerrelation definiert '/' definiert durch:

$/\subseteq \mathbb{Z}\times\mathbb{Z}$, $(a,b)\in / :\iff$ a teilt b(Bezeichnung a/b) , $a,b\in\mathbb{Z}$.

Es gilt: a/b $\iff$ es exist. ein $n\in\mathbb{N}$ mit an = b für alle $a,b\in\mathbb{Z}$. Mit dieser Äquivalenz dürfte der Beweis klar sein.

(2) Präferenzordnung dem Leser.

w(1) $[0,1)$ besitzt kein maximales, also auch kein größtes Element, 1 ist Supremum, 0 ist minimales und kleinstes Element und Infimum.

w(2) '$\subseteq$' auf $\mathcal{P}(M)$ ist nicht vollständige (unstrenge) Ordnung.

w(3) Exist. nicht, da jede Kongr.rel. eine spezielle Äqu.rel..

w(4) zu(2) $\hat{M}$ sei Repräs.system, z.B.:
$\hat{M} = \{1202, 1514, 1714, 1844, 1977, 2188, 2398\}$.

zu(3) Schneidet man Z mit einer Ebene, die nicht parallel zu einer Mantellinie verläuft, so ist das Schnittgebilde (Kreis, Ellipse) ein Repräs.system.

zu(4) Man bestimme die Werte des kleinsten(y_{min})und des größten(y_{max})Volkseinkommens auf T und die zugehörigen t-Werte. Ein Repräsentatensystem besteht dann z.B. aus der kleinsten Teilmenge T' aus T, für die gilt:

$\bigwedge_{y} \bigvee_{t' \in T'}$ mit y(t') ist Volkseinkommen zwischen y_{min} und y_{max}.

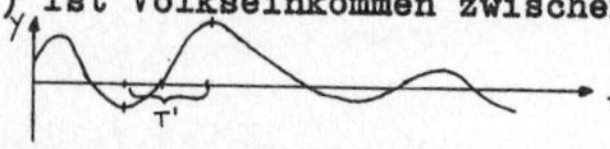

w(5) (1) Zu jeder vollständig geordneten Teilmenge von $\mathcal{P}(M)$, z.B. $\mathfrak{M} \subseteq \mathcal{P}(M)$, ist $\bigcup_{M \in \mathfrak{M}} M$ das Supremum bzgl. '$\subseteq$'.

(2) In der geordneten Menge $(\mathbb{R}, \leq)$ besitzt nicht jede vollst. geordnete Teilmenge ein Supremum, Beisp.: $\mathbb{R}$ selbst ist vollst. geordnet bzgl. '$\leq$', $\mathbb{R}$ besitzt aber in $\mathbb{R}$ kein Supremum.

w(6) Die Gleichheitsrelation.

w(7) Kongruenzklassen: $[a]_s = \{a, -a\}$ für alle $a \in \mathbb{R}$,

Repräsent.systeme: Die positiven reellen Zahlen(oder die negativen) mit Null.

p(8) Nach dem Mehrheitsprinzip ergibt sich:
2 mal d p s (1.,3. Person), also 2/3 - Mehrheit,
2 " s p k (1.,2. "), " " " .

Würde nun die Transitivitätseigenschaft auch auf der Gruppenebene gelten, so müßte folgen: d p k mit Mehrheit. d p k ist aber nur für die 1. Person (per Transitivität) erfüllt.
Somit gilt:

(a) Es exist. keine eindeutige Entscheidung für d oder s.

(b) Die Mehrheitsentscheidung ist intransitiv, es kann also geschehen, daß in einer Folge von Abstimmungen auf Grund wechselnder Mehrheiten Entscheidungsinkonsistenzen auftreten (Arrow hat bewiesen, daß unter bestimmten Annahmen(der <u>freien</u> Entscheidung und unbeeinflußtem individuellen Präferenzbildungsprozeß) eine kollektive konsistente Präferenzordnung nicht existieren kann.

(c_1)<u>Ein</u> Gemeinwohl als konsistente Orientierungshilfe kann es in idealtypischen pluralistischen Demokratien nicht geben.

(c_2)Eine gesamtgesellschaftliche Präferenzordnung, die für eine <u>rationale</u> Wirtschafts<u>politik</u> konsistent sein <u>muß</u>, kann es in idealtypischen liberalen Gesellschaftsordnungen nicht geben.

(c_3)<u>Ein</u> Konsensus aller Betroffenen, der in Planungen einbezogen werden kann, also konsistent ist, dürfte nur schwer feststellbar sein.

w(9)(a) Die Relation ist inkonsistent, im einzelnen:
(1) apb, bpc, aber cpa ,
(2) bpc, cpa, " apc ,
(3) bpc, cpd, " dpb ,
(4) cpa, apb, " bpc ,
(5) cpd, dpb, " bpc ,
(6) dpb, bpc, " cpd .
Hier liegen daher alle nur denkbaren 6 Inkonsistenzen vor.

(b) Der Graph einer konsistenten Präferenzrelation läßt sich durch geeignete Vertauschung von Zeilen und Spalten auf eine Dreiecksform bringen, d.h. 1 tritt nur oberhalb oder nur unterhalb der Hauptdiagonalen auf.

(6.1.)

w S.-115- Vgl. Sie mit Beisp. auf S.-101- unten !

(6.2.)

w S.-117- Exemplarisch zu (113):
zur 1. Forderung: $id:(M_1,\top)\longrightarrow(M_1,\top)$

Es gilt: $\bigwedge_{a,b\in M_1} id(a\top b) = a\top b = id(a)\top id(b)$.

zur 2. Ford.: $f_1:(M_1,\top)\longrightarrow(M_2,\perp)$, $f_2:(M_2,\perp)\longrightarrow(M_3,\top)$

Es gilt: $\bigwedge_{a,b\in M_1} f_2\circ f_1(a\top b) = f_2(f_1(a\top b)) = f_2(f_1(a)\perp f_1(b))$
$= f_2(f_1(a))\top f_2(f_1(b))$
$= f_2\circ f_1(a)\top f_2\circ f_1(b)$.

w S.-119 - Hinweis: Für je zwei Elemente aus M_1, die die Relation $\leqslant$ erfüllen, ist die Bedingung von Def. 3 nachzuweisen.
Beisp.:
$b,g\in M_1$, $(b,g)\in\leqslant$
$(b,g)\in\leqslant \Longrightarrow k(b) = B\approx C = k(g)$ und $k(b) = B\approx C = k(g)$
$\Longrightarrow (b,g)\in\leqslant$.
Beweisen Sie dies für die übrigen Elemente aus $\leqslant\subseteq M_1^2$.

S.-128- (1) Vgl. Seite 113 und die dort angegebene Literatur,
(2) vgl. Seite 125ff,
(3) vgl. Seite 124 ff .

(7.2.1)

w(1) Für jedes $x\in\mathbb{N}$ bezeichnet $f(x)$ den Nachfolger von x, $f_n(x) = (\underbrace{f\circ f\circ\ldots\circ f}_{n\text{-mal}})(x) = \underbrace{f(f(\ldots(f(x))\ldots)}_{n\text{-mal}}$ also den n-ten Nachfolger von x. Für n = 0 wird gesetzt: $f_0(x) = x$, also $f_0 = id_{\mathbb{N}}$.

w(2) Zu zeigen: $\bigwedge_{x,y \in \mathbb{N}} x \leq y$ oder $y \leq x$, d.h. zu zeigen:

$\bigwedge_{x,y \in \mathbb{N}} (\bigvee_{n \in \mathbb{N}}$ mit $f_n(x) = y$ oder $\bigvee_{m \in \mathbb{N}} f_m(y) = x)$.

Gehen Sie hierbei von der Injektivität von f aus!

(7.2.4)

w(1) $\mathbb{N} \subset \mathbb{Z} \subset \mathbb{Q} \subset \mathbb{R} \subset \mathbb{C}$.

w(2) Ja, weil + und · als Abbildungen def. wurden.

w(3) (a) $f: \mathbb{Z} \longrightarrow \mathbb{N}$ mit

$$z \longmapsto \begin{cases} 2z & \text{für } z \geq 0 \\ -2z-1 & \text{für } z < 0 \end{cases}$$

ist bijektiv.

(b) $|\mathbb{Z}| = |\mathbb{Q}|$ wegen Cantorschem Diagonalverfahren siehe:
Friedhelm Erwe: Differential- und Integralrechnung Band I
Mannheim: BI 30/30a 1964

(c) Bei unendlichen Mengen M gibt es offensichtlich echte Teilmengen M', deren Mächtigkeit |M'| dennoch gleich der von M ist.

(d) Das widerspräche unserer intuitiven Vorstellung bei endlichen Mengen.
vgl.: Mathematisches Vorsemester, 6. Aufl.
Berlin: Springer 1972

(8.1.)

w S.-137 - ------

w S.-138 - 9x

w S.-138- $\sum_{i=1}^{n} c = nc$

w S.-139- Benutzen Sie die Kommutativität der Addition (vgl. (7.2.4)!).

w S.-140- Hinweis: Addieren Sie die arithmet. Reihe zweimal!

p(1) Durch Ausklammern $A_t = (1 + p)A_{t-1}$, durch rekursives Einsetzen erhält man:
$A_1 = (1 + p)A_0$, $A_2 = (1 + p)A_1 = (1 + p)^2 A_0, \ldots,$
$A_n = (1 + p)^n A_0$. Da $1 + p \geq 1$, existiert kein geschlossener endlicher Ausdruck für S_g.

p(2) Für die Gleichverteilung, d.h. $\mathrm{Prob}(X = x_1) = \mathrm{Prob}(X=x_2) = \ldots = \mathrm{Prob}(X = x_n) = p = 1/n$ gilt:

$$\sum_{i=1}^{n} \mathrm{Prob}(X = x_i)x_i = \sum_{i=1}^{n} x_i p = p\sum_{i=1}^{n} x_i = E(X), \text{ da } p = 1/n .$$

w(3) Hier ist zu beachten, daß i = -1 nicht berücksichtigt werden kann, da dies zu Null im Nenner führt. Lösung: $\frac{17}{12}(1 + j)$.

p(4)(1) $p_{i+1} - p_i > 0$: $p_{i+1} = bp_i$, durch rekursives Einsetzen gelangt man zu $p_n = b^n p_0$, da b>1, steigt p_n über alle Grenzen, offensichtlich ein wenig angemessenes Modell, wenn man bedenkt, daß p_n eine Wahrscheinlichkeit darstellen soll.

(2) $p_{i+1} < p_i \Longrightarrow b<1$. Somit geht in $p_n = b^n p_0$ p_n gegen Null für wachsendes n. Dies ist zwar vom Aspekt des Wahrscheinlichkeitscharakters von p_n her prinzipiell möglich, aber wenig plausibel. Wie man erkennt, kann es sich bei diesem Modellansatz-sowohl für (1), als auch für (2)- lediglich um eine 'lokal' gültige Beschreibung von Lernverhalten handeln.

Lernmodelle, die Lernverhalten angemessener beschreiben und einen vergleichsweise einfachen Ansatz besitzen wollen, müssen bei $0<p_0<1$ anfangen und z.B. im Fall (1) gegen eine Lerngrenze q gehen mit $p_0<q<1$. Dies leisten z.B. Ansätze der 'logistischen Funktion', die in LuM II eine Rolle spielen werden.

(8.2.)

w S.-145- (a) Benutzen Sie /8.15/ und die Kommutativität von · in ℝ (vgl. (7.2.4))! (b) $c^s \prod_{i=1}^{s} x_i$.

w(1) $(t + 1)!^2$

w(2) $\frac{1}{2}(t+1)/t$

w(3) $$\frac{y_{n+1}}{y_1} \prod_{i=1}^{n} x_i \prod_{j=1}^{n} y_j = \frac{y_{n+1}}{y_1} \prod_{j=1}^{n} \frac{y_j^2}{2} = (\tfrac{1}{2})^n \frac{y_{n+1}}{y_1} \prod_{j=1}^{n} y_j \quad .$$

(8.3.)

w(1) 30

w(2) $3(n + 1)n^2a^5$

w(3) ------

(8.5.)

w(1) Vgl.Sie den Beweisgang zu (6) S.-148-. Allg.: Fallunterscheidung je nachdem ob x>0, x<0 oder x = 0.

w(2) (a) bei $(x_i \; E(X))^2$, bei allen Wahrscheinlichkeiten.
(b) (8.4.) Regeln (2) und (7),
[8.4] und [8.6] .

(8.6.)

w(1) Ind.anfang bei n = 2 (da 1 keine Primzahl):
F(2) = 5 ist Primzahl.

Bis incl. n = 6 ist F(n) erfüllt, jedoch für n = 7 nicht mehr: F(7) = 55 .

w(2) $(n + 1)! - 1$.

p(3) In (a) wird keine empirische Aussage getroffen, daher liefert diese Induktion völlig sichere Aussagen(die ja, wenn man es genau nimmt, deduktiv gefolgert werden).

In (b) dagegen liegt eine echte Induktion vor, die solange man sich bei Stichproben aufhält, stets mit einer gewissen Unsicherheit behaftet.

w(4) Erfüllt für $n = 0$, $n = 1$ und $n \geqslant 6$.

w(5) Führen Sie die Induktion über die Elementanzahl von X !

w(6) $$\frac{2^{n+1} - n - 2}{2^n}$$

w(7) Vollst. Induktion mit Ind.anfang bei n = 1 .

w(8) (a) Wenn überhaupt, so kann hiermit höchstens bewiesen werden,daß alle natürlichen Zahlen gleich sind.
(b) Der Ind.anfang ist nicht korrekt, da x = x Tautologie ist. Zu zeigen gewesen wäre:
$\bigwedge_{x_1,x_2} x_1 = x_2$ mit x_1 und x_2 Zahlen.
Damit geht der Beweis von einer unbrauchbaren Annahme aus und kann daher zu keinem brauchbaren Ergebnis führen.

p(9)a) $E(\hat{\mu}) = \frac{1}{n}\sum_{i=1}^{n}\bar{x} = n\bar{x}/n = \bar{x}$

b) $\hat{\sigma}_X^2 = \frac{1}{n}\sum_{i=1}^{n}(x_i - \bar{x})^2 = \frac{1}{n}\sum_{i=1}^{n}x_i^2 - \frac{1}{n}(\sum_{i=1}^{n}x_i)^2$

(i) $(\sum_{i=1}^{n}x_i)^2 = \sum_{i=1}^{n}\sum_{j=1}^{n}x_i x_j$

(ii) $E(\hat{\sigma}_X^2) = \frac{1}{n} E(\sum_{i=1}^{n}x_i^2 - (\sum_{i=1}^{n}x_i)^2)$

(iii) $E(\sum_{i=1}^{n}x_i^2) = \frac{1}{n}\sum_{i=1}^{n}(\sum_{i=1}^{n}x_i)^2 = nE(X^2)$

(iii) und (i) in (ii):

$$\text{(iv)}\quad E(\hat{\sigma}^2_X) = \frac{1}{n}\Big(nE(X^2) - \frac{1}{n}E\Big(\sum_{i=1}^{n}\sum_{j=1}^{n} x_i x_j\Big)\Big)$$

Für i = j läßt sich $\sum_{i=1}^{n} x_i^2$ aus der Doppelsumme herausziehen:

$$E(\hat{\sigma}^2_X) = \frac{1}{n}\Big(nE(X^2) - E(X^2) - \frac{1}{n}E\Big(\sum_{i \neq j} x_i x_j\Big)\Big)$$

$$\text{(iv')}\quad E(\hat{\ }^2_X) = \frac{1}{n}\Big((n - 1)E(X^2) - \frac{1}{n}\Big(\frac{1}{n}\sum_{i \neq j}\Big(\sum_{i \neq j} x_i x_j\Big)\Big)\Big)$$

Rücktransformation analog zu (i) liefert:

$$\text{(v)}\quad \frac{1}{n}\sum_{i \neq j}\Big(\frac{1}{n}\sum_{i \neq j} x_i x_j\Big) = \frac{1}{n}\, n(n - 1)(E(X))^2$$

(v) in (iv'):

$$\text{(vi)}\quad E(\hat{\sigma}^2_X) = \frac{1}{n}\Big((n - 1)E(X^2) - \frac{1}{n}\, n(n - 1)(E(X))^2\Big)$$

$$= \underline{\underline{\frac{n - 1}{n}\hat{\sigma}^2_X}} \quad .$$

Somit gilt: $E(\hat{\sigma}^2_X) \neq \hat{\sigma}^2_X$.

Setzt man jedoch $\hat{\sigma}^2_X = \frac{1}{n - 1}\sum_{i=1}^{n}(x_i - \bar{x})^2$, so ist $\hat{\sigma}^2_X$ unverzerrt.

p(10)(i) Für <u>große</u> n gilt: $\hat{\sigma}^2_X = \frac{1}{n}\sum_{i=1}^{n}(x_i - \bar{x})^2$.

Mit Z:= X - Y

$$\text{(ii)}\quad \hat{\sigma}^2_Z = \frac{1}{n}\sum_{i=1}^{n}(z_i - \bar{z})^2 = \frac{1}{n}\sum_{i=1}^{n}((x_i - y_i) - (\overline{x - y}))^2$$

$$\overline{x - y} = \frac{1}{n}\sum_{i=1}^{n}(x_i - y_i) = \bar{x} - \bar{y}$$

Dies in (ii):

$$\hat{\sigma}^2_Z = \hat{\sigma}^2_{X-Y} = \frac{1}{n}\sum_{i=1}^{n}((x_i - y_i) - (\bar{x} - \bar{y}))^2$$

$$= \frac{1}{n}\sum_{i=1}^{n}((x_i - \bar{x}) - (y_i - \bar{y}))^2$$

$$= \frac{1}{n}\sum_{i=1}^{n}((x_i - \bar{x})^2 - 2(x_i - \bar{x})(y_i - \bar{y}) + (y_i - \bar{y})^2)$$

(ii') $\hat{\sigma}^2_{X-Y} = \frac{1}{n}\sum_{i=1}^{n}(x_i - \bar{x})^2 - \frac{2}{n}\sum_{i=1}^{n}(x_i - \bar{x})(y_i - \bar{y}) + \frac{1}{n}\sum_{i=1}^{n}(y_i - \bar{y})^2$

Nun gilt:

(iii) $$\hat{r}_{XY} = \frac{\frac{1}{n}\sum_{i=1}^{n}(x_i - \bar{x})(y_i - \bar{y})}{\hat{\sigma}_X\,\hat{\sigma}_Y}$$

Verwendet man den mittleren Ausdruck von (ii') in (iii), also:

$$2\hat{\sigma}_X\,\hat{\sigma}_Y\hat{r}_{XY} = \frac{2}{n}\sum_{i=1}^{n}(x_i - \bar{x})(y_i - \bar{y})$$, so gilt:

$$\hat{\sigma}_{X-Y} = \hat{\sigma}^2_X + \hat{\sigma}^2_Y - 2\hat{\sigma}_X\,\hat{\sigma}_Y\,\hat{r}_{XY}$$

oder :

(iv) $$\hat{r}_{XY} = \frac{\hat{\sigma}_X + \hat{\sigma}_Y - \hat{\sigma}_{X-Y}}{2\hat{\sigma}_X\,\hat{\sigma}_Y}$$

Gemäß der Aufgabenstellung durchlaufen nun die X-Ausprägungen und die Y-Ausprägungen genau alle natürlichen Zahlen von 1 bis n. Somit gilt:

(v) $$\sum_{i=1}^{n} x_i = \sum_{i=1}^{n} y_i = \binom{n+1}{2}$$

(vi) $$\sum_{i=1}^{n} x_i^2 = \sum_{i=1}^{n} y_i^2 = \frac{1}{6}\,n(n+1)(2n+1)$$

Mit (v) und (vi) in (i):

$$\hat{\sigma}^2_X = \frac{1}{6}(n+1)(2n+1) - \frac{(n+1)^2}{4} = (n+1)\left(\frac{2n+1}{6} - \frac{n+1}{4}\right)$$

(vii) $$= \frac{1}{12}(n+1)(n-1) = \hat{\sigma}^2_Y$$

Da X und Y dieselben Werte durchlaufen, gilt:
$\bar{x} - \bar{y} = 0$.
Dies in (ii):

(viii) $$\hat{\sigma}^2_{X-Y} = \frac{1}{n}\sum_{i=1}^{n}(x_i - y_i) = \frac{1}{n}\sum_{i=1}^{n} d_i^2 \quad \text{mit } d_i := x_i - y_i$$

(vii) und (viii) in (iv):

$$\hat{r}_{XY} = \frac{2\hat{\sigma}^2_X - \frac{1}{n}\sum_{i=1}^{n} d_i}{2\hat{\sigma}^2_X} = 1 - \frac{\frac{1}{n}\sum_{i=1}^{n} d_i}{2\cdot\frac{1}{12}(n+1)(n-1)}$$

$$= 1 - \frac{1/n\sum_{i=1}^{n} d_i}{\frac{1}{6}(n^2-1)} = 1 - \frac{6\sum_{i=1}^{n} d_i}{n(n^2-1)}$$

(9.7.)

w(1) (a) V(3,2) = 6 ,
(b) V*(3,2) = 9 .

w(2) K(9,6) = 84 .

p(3) $M = \{1,2,3,4,5,6\}$, $|M| = 6$.
Alle 6 Elemente werden in den Auflistungen berücksichtigt. Da Wiederholungen ausgeschlossen sind, verschiedene Reihenfolgen gleicher Elemente als Auflistungen zählen, ist nach der Anzahl der Permutationen gefragt.

Nun permutiert eines der Elemente 1 und 2 jedoch nicht frei, während die übrigen Elemente frei permutieren. Da somit ein Element aus {1,2} stets gebunden ist, verbleiben 5 in freier Permutation. Nun gibt es zwei Möglichkeiten der Bindung von 1 und 2, nämlich:
12 und 21 .
Somit ist
2P(5) = 240
die Lösung des Problems.

w(4) $\frac{m - n}{n + 1}$

w(5) Zwei Lösungswege: (a) Durch Ausklammern:
$Q = (1 - x(1 - x))^3$
mit x(1 - x) = : y kann nun [9.7] angewandt werden.

(b) Nach [9.8]. Man vgl. mit dem Beisp. auf S.-167-.

$$Q = \frac{3!}{1\cdot 1\cdot 3!}(1 - 1 + (x^2)^3) + \ldots + \frac{3!}{2!1!1}(1^2 - x + 1),$$

insgesamt entstehen so 10 Summanden.

p(6) ------

p(7) a) 1:= 1935, bezeichnet mit t = 1,
2:= 1950, " " t = 2,
3:= 1965, " " t = 3.

$X_{t=1} = 2$, $X_{t=2} = 4$, $X_{t=3} = 8$. Somit $X_t = 2^t$.

$P(X_t) = X_t! = (2^t)!$ ist die Anzahl der zur Verfügung stehenden Waffensystemdesignmöglichkeiten.

b) 5:= 1995 mit $X_{t=5} = 2^5 = 32$.

$P(32) = 32! \approx 266\cdot 10^{37}$

c) $\frac{1}{100}$ P(32) .

(10.3.)

w S.-179- -----(Hinweis: In Frankreich gibt es eine Punkteskala von 1 bis 20.)

(10.5.)

w(1) -----

w(2) Differenzskala — Ratioskala → Intervallskala → Ordinalskala → Nominalskala

$f(x) = x + b$, $f(x) = ax$ → $f(x) = ax+b$ → injektiver Ordnungsmorph. → injekt. Abb.

p(3) Diese Skala ist gegenüber der Nominalskala insofern spezieller, als sie den Skalenvorrat auf dieselbe Anzahl beschränkt, wie Kongruenzklassen in der zu skalierenden Menge existieren. Vgl.(5.2.) Satz 4 .
Unter Umständen kann dieses Verfahren zur Kennzeichnung bekannter Mengen herangezogen werden.

w(4) -------

w(5) -------

w(6) (1) Nominalskala
(2) -
(3) Ordinalskala
(4) Nominalskala
(5) 'Ordinalskala' (Für strenge Ordnung)
(6) Ordinalskala (zieht man die Anzahl der Zwischenpersonen für den Kontakt zweier Personen heran und definiert dies als Maß der 'Kontaktnähe', so entstehen eventuell sogar Intervall- oder Ratioskalen.

p(7) (a) $V^*(2,4) = 2^4 = 16$.

(b) 1.Zeile: Individuum mit den Merkmalen: Oberschichtangehöriger, katholisch, weiblich und unter 40 Jahre alt.(Die übrigen dem Leser)

(c) ---

p(8) (a) Nein, da hier lediglich eine lineare Transformation vorliegt. Diese kann aber keine Intervallskala erzeugen, sondern setzt diese vielmehr voraus.

(b) (kk), da bei Ordinalskalen Mittelwerte nicht definiert sind. Selbst die Addition ist nicht definiert, richtet aber hier keinen 'Schaden' an.

(c) Nein, denn hier wird das Problem der Skalenvalidierung lediglich vorverlegt auf Expertenurteile.

(d) $\frac{1}{n}\sum_{i=1}^{n}(s_i - \bar{s})/\hat{\sigma}_S = \frac{1}{n\hat{\sigma}_S}(\sum_{i=1}^{n} s_i - \bar{s}) = \frac{1}{n\hat{\sigma}_S}(\bar{s} - \bar{s}) = 0.$

$$\frac{1}{n-1}\sum_{i=1}^{n}\left(\frac{s_i-\bar{s}}{\hat{\sigma}_S} - \frac{1}{n}\sum_{i=1}^{n}\frac{s_i-\bar{s}}{\hat{\sigma}_S}\right)^2 = \frac{1}{n-1}\sum_{i=1}^{n}\left(\frac{s_i-\bar{s}}{\hat{\sigma}_S} - 0\right)^2$$

$$= \frac{1}{n-1}\sum_{i=1}^{n}\left(\frac{s_i-\bar{s}}{\hat{\sigma}_S}\right)^2 = \frac{1}{\hat{\sigma}_S^2}\cdot\frac{1}{n-1}\sum_{i=1}^{n}(s_i - \bar{s})^2 = 1 \quad .$$

(e) Die Transformation ist linear, denn:

$$l_i = 50 + 10\,\frac{s_i-\bar{s}}{\hat{\sigma}_S} = 50 + \frac{10}{\hat{\sigma}_S} - (10\bar{s}/\hat{\sigma}_S)$$

$10\bar{s}/\hat{\sigma}_S$ und $10/\hat{\sigma}_S$ sind Konstanten. Bezeichnen wir erstere mit $50 - a$, die zweite mit b, so gilt:

$l_i = a + bs_i$.

$$(e_1)\ \frac{1}{n}\sum_{i=1}^{n} l_i = \frac{1}{n}\sum_{i=1}^{n} a + \frac{1}{n}\sum_{i=1}^{n} bs_i = \frac{n}{n}\, a + b\cdot \frac{1}{n}\sum_{i=1}^{n} s_i = a + b\bar{s} \ .$$

$$(e_2)\ \frac{1}{n}\sum_{i=1}^{n} l_i' = a' + b'\bar{s} + c\cdot \frac{1}{n}\sum_{i=1}^{n} s_i^2 = a' + b'\bar{s} + c\overline{s^2}$$

In (e_1) läßt sich $\bar{s}$ aus gegebenem $\bar{l}$ berechnen, dies ist jedoch in (e_2) nicht möglich, da aus $\overline{s^2}$ nicht $\bar{s}$ zu ermitteln ist.

p(9) In beiden Fällen liegen Ordinalskalen vor.

(11.7.)

w(1) Siehe z.B. (8.1.) !

w(2) -----

w(3) Quotientenkriterium

w(4) -----

w(5) -----

w(6) -----

w(7) '$\leq$' ist nicht vollst. Ordnung auf MKF($\mathbb{R}$) .

w(8) -----

w(9) (na^n) mit $|a|<1$ ist nach unten beschränkt und Nullfolge, somit ist der Grenzwert Null.

w(10) Es gilt allg.: $\lim(a_n)\leq b$, Beisp. für '=' $:(a_n):=(-1/n)$ für alle $n\in\mathbb{N}$.
In diesem Beisp. gilt: $\bigwedge_{n\in\mathbb{N}} a_n<0$, aber $\lim(a_n) = 0$.

w(11) Der Prozeß konvergiert gegen ein Mischungsverhältnis von 4/7 l Wein und 3/7 l Wasser (nach jedem 2. Schritt gerechnet).

w(12) Die Folge konvergiert nicht, sie hat 2 Häufungspunkte: +2 und -2 .

w(13) $\frac{1}{i(i+1)} = 1/i - 1(i+1)$

Somit: $a_n = \sum_{i=1}^{n} 1/i - \sum_{i=1}^{n} 1(i+1) = 1/1 + 1/2 + \ldots + 1/n$
$- 1/2 - \ldots - 1/n - 1/(n+1)$
$= 1 - 1/(n+1).$

Damit sofort $\lim(a_n) = 1$.

w(14) $a_n = \sum_{n \in \mathbb{N}} 1/n! - \sum_{n \in \mathbb{N}} 1/(n+1)!$ analog zum Vorgehen in w(13):

$a_n = 1! - 1/(n+1)!$, also $\lim(a_n) = 0$.

wp(15) Die Argumentation vernachlässigt, daß unendlich viele kleine Zeitspannen mit zugehörigen Rechnungseinheiten insgesamt durchaus auf endliche Zeitspannen bis zum Einholen führen können (vgl. geometrische Reihe!).

(12.5.)

w(1) (a) $D_{f_1} = \mathbb{R}$, stetig auf ganz $\mathbb{R}$

(b) $D_{f_2} = \mathbb{R}\setminus\{0\}$, stetig auf ganz $\mathbb{R}\setminus\{0\}$

(c) $D_{f_3} = \mathbb{R}\setminus\{7\}$, stetig auf ganz $\mathbb{R}\setminus\{7\}$.

w(2) Man betrachte ein beliebiges $x \in \mathbb{R}$ und führe damit den Beweis auf Konvergenz der Sinus- bzw. Cosinusreihe (Konvergenzkrit. für Reihen!), d.h. man führe den Bew. für das allg., aber feste $x \in \mathbb{R}$.

w(3) Für $x = 0 \Longrightarrow \lim(nx/(nx^2 + a)) = 0$
" $x \neq 0 \Longrightarrow \lim(nx/(nx^2 + a)) = 1/x$.

w(4) $|x - y| < \delta_\varepsilon$ mit $\delta_\varepsilon := 9\varepsilon \Longrightarrow |f(x) - f(y)| < \varepsilon$.

w(5) $\sum_{n \in \mathbb{N}} 1/n^2$ ist gleichmäßige Majorante von $\sum_{n \in \mathbb{N}} 1/(n^3 + n^4x^2)$ für alle $x \in \mathbb{R}$. Somit ist auch die betrachtete Reihe gleichmäßig konvergent.

w(6) Es gilt: $\sin(1) > 0$, $\sin(2) < 0$.

p(7) (a) Nein, denn wir betrachten nur offene Intervalle, x_i liegt werder im Intervall I_i noch in I_{i+1} .

(b) Nach oben halbstetig, wenn $t'(\dot{x}_i) = \max_{I_i \cup I_{i+1}} t^{i+1}$

(c) $\mathfrak{Z} = (0,1,2,3,4,5,6,7,8,9,10,11,12)$

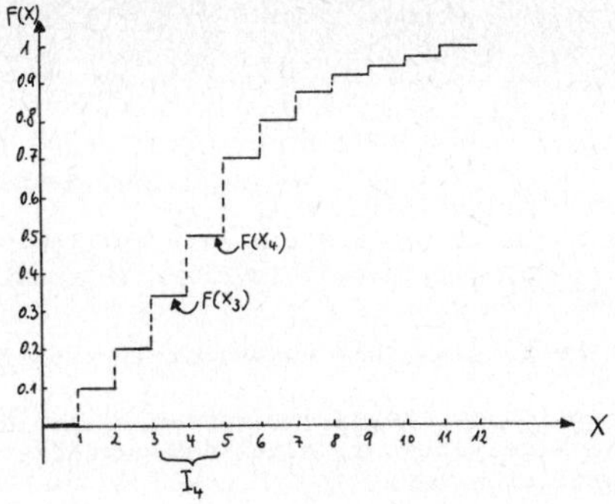

Beisp.: $I_4 = (x_3, x_4)$

$$F(x_4) = \max\{F(x_3), F(x_4)\} = \max\{0.35, 0.5\}$$
$$= 0.5 \quad .$$

w(8) $f(x) = |x|$ ist auf ganz $\mathbb{R}$ stetig.
Es gilt:

$f_{/\mathbb{R}^+} : R^+ \longrightarrow \mathbb{R}$ ist monoton steigend,

$f_{/\mathbb{R}^-} : R^- \longrightarrow R$ " " fallend.

p(9) (a) Intuitiv: Wenn z^n 'schneller' gegen Null geht als $f_n(x)$ gegen unendlich.
Oder in anderen Worten:

Wenn die Reihe auf den betrachteten Intervallen in x gleichmäßig konvergiert. Betrachten wir z als konstant. Dann konvergiert die Reihe gleichmäßig in x auf einem Intervall I, wenn es eine Schranke $M \in \mathbb{R}^+$ gibt und ein $n_0 \in \mathbb{N}$, so daß für alle $n \geqslant n_0$ gilt:

$|f_n(x)| < M|z|^n$ mit $z = e^{-p}$, für alle $x \in I$.

Man beachte für x konstant den Zusammenhang zum Majorantenkriterium für unendliche Reihen.

(b) n! wächst schneller als z^n für jedes z konstant. Daher läßt sich dies nicht transformieren.

(13.7.)

w(1) 0

w(2) $p(S_1 \cap \bar{S}_2) + p(\bar{S}_1 \cap S_2)$ wegen Disjunktheit.

w(3) (a) $(3/4)^2$

(b) $p(S_1 \cup S_2) = 3/4 + 3/4 - (3/4)^2$

(c) $(1 - 3/4)(1 - 3/4)$

(d) $1 - (1 - 3/4)(1 - 3/4)$

w(4) 1

p(5) (a) Intuitiv: Da keine Informationen vorliegen und beim ersten Zug(wie auch bei jedem weiteren) es ebenso wahrscheinlich ist, eine rote bzw. eine schwarze Kugel zu ziehen, wie beim zweiten Zug, etc., muß die Wahrscheinlichkeit in allen Zügen die gleiche sein, also 1/2.

Durch Ausrechnen mittels Wahrscheinlichkeitsbaum:

In den Gabelungen stehen die Zugzahlen, an den Ästen die Kugelfarben r, s mit den zugehörigen Wahrscheinlichkeiten:

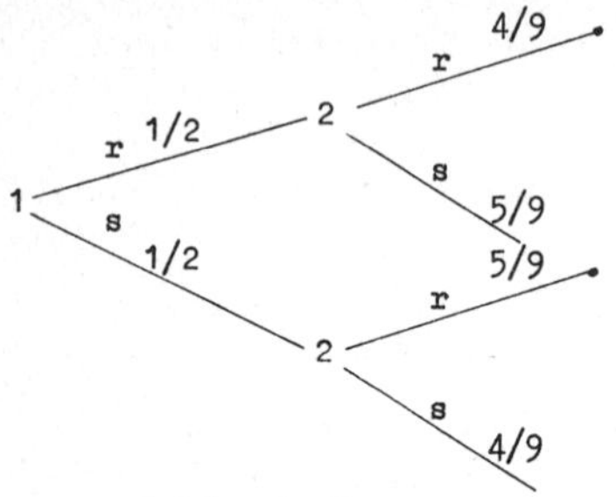

$$p(r) = \frac{1}{2}\cdot\frac{4}{9} + \frac{1}{2}\cdot\frac{5}{9} = (1/2)(4/9 + 5/9) = 1/2$$

(b) Bedingtheit hat nichts mit zeitlicher Reihenfolge oder der Reihenfolge des Ausführens von Experimenten oder Beobachtungen zu tun.
Daher gilt: p(r in 1/s in 2) = 5/9 .

w(6) (a) $p(S_1 \cup S_2)$ mit $S_1 = \{1,2\}$ und $S_2 = \{5,6\}$, also $S_1 \cap S_2 = \emptyset$,

somit: $p(S_1) + p(S_2) = 2/3$.

(b) $p(S_1 \cup S_2 / S_3 \cup S_4)$, da $(S_1 \cup S_2) \cap (S_3 \cup S_4) = \emptyset \Longrightarrow p(.) = 0$.

(c) $p(S_1 \cup S_2 / S_3 \cup S_4)$ mit $S_3 = \{1,2,3,4\}$, $S_4 = \{3,4,5,6\}$, somit $S_3 \cup S_4 = \Omega$.

$$p(.) = p(S_1/\Omega) + p(S_2/\Omega) - p(S_1 \cap S_2/\Omega)$$

Siehe Aufgabenteil (a)!

p(7) (a) p_I, p_{II}, p_{III} seien die Zuverlässigkeiten(Wahrscheinlichkeiten) der Abteilungen I,II,III.
Dann ist die Wahrscheinlichkeit, daß Fehler gemacht werden, gleich $(1 - p_I)(1 - p_{II})(1 - p_{III})$.

Dann ist die Zuverlässigkeit gleich der Wahrscheinlichkeit, daß es nicht geschieht, daß ein Fehler gemacht wird, also gleich
$1 - (1 - p_I)(1 - p_{II})(1 - p_{III}) = 1 - 0.2\cdot(0.1)^2$

$= 0.9980$.

Wie man erkennt, liegen hier keine Informationen über bedingte Wahrscheinlichkeiten vor. Daraus ist nun aber nicht der Schluß zu ziehen(insbesondere, da die vorliegende Rechnung so einfach ist), daß realiter keine stochastischen Abhängigkeiten vorliegen.
Für obige Rechnung muß die Annahme der stochastischen Unabhängigkeit der Abteilungen in ihren Fehlern gemacht werden. Diese Annahme ist bei konkreten Problemstellungen explizit empirisch nachzuweisen. Sie dürfte nur selten erfüllt sein.

(b) Hier ist ein Problem dann fehlerfrei gelöst, wenn alle Abteilungen zuverlässig arbeiten, also gilt hier: Die Zuverlässigkeit des Systems ist gleich $p_I p_{II} p_{III} = 0.6480$.

Hier wird die Annahme gemacht, daß stochastische Unabhängigkeit zwischen den Abteilungen hinsichtlich ihrer Zuverlässigkeit gelten muß. Auch diese Annahme dürfte in der Realität selten erfüllt sein.

(c) Betrachtet man für parallel- und'ketten'strukturierte Organisationen jeweils dieselben Zuverlässigkeiten der Abteilungen, so stellt sich heraus, daß das parallel-Organisationsprinzip zu einer höheren Systemzuverlässigkeit führt. Es ist allerdings weitaus aufwendiger. Daher wird man i.A. versuchen, zwischen Zuverlässigkeit und Aufwand ein 'Optimum' zu finden.

(d) Bezeichnen Sie die erfolgreiche Problemlösung mit E, die bedingte Wahrsch. von E in Abt. i mit p(E/i), i = 1,2,3 . Diese Wahrschscheinlichkeiten sind gegeben. Sind daneben die relativen Häufigkeiten der Betrauung von Abteilungen mit Problemen bekannt, bezeichnet mit p(i), so ist als 'bayessche Zuverlässigkeit' zu definieren:
p(i/E) nach /5/ .

p(8) I:= ursprüngliche Information über Ω und Auswahlverfahren, w_n:= Wohlgesonnener Prüfer beim n-ten Auswahlvorgang.
(a) $p(w_n/I) = 1/3$ für alle $n = 1,2,\ldots,9$.
(b) Bayessche Regel:
$$p(w_2/\bar{w}_1 \wedge I) = p(w_2/I)\,\frac{p(\bar{w}_1/w_2 \wedge I)}{p(\bar{w}_1/I)} = \frac{1}{3}\cdot\frac{6/8}{2/3}$$

(c) (6/8)/(2/3) Bei 6/8 wird übrigens von Neuem deutlich, daß bedingte Wahrscheinlichkeit nichts mit der Reihenfolge von Ereigniseintritten zu tun hat.

p(9) Es gibt $K(n,m) = \binom{n}{m}$ Realisationsmöglichkeiten von m Elementen aus einer Gesamtheit von n Elementen. Es ist nun nach der Wahrscheinlichkeit gefragt, daß unter n Elementen genau m X-Ereignisse sind <u>und</u> daß die restlichen n-m Ereignise vom Typ Y sind. Somit gilt:

$$p(m) = \binom{n}{m} p^m (1 - p)^{n-m} \quad .$$

Ist nach der Wahrscheinlichkeit gefragt, daß <u>bis zu</u> z X-Ereignisse auftreten, so gilt:

$$F(z) = \sum_{i=0}^{z} \binom{n}{i} p^i (1 - p)^{n-i} \quad .$$

p(10) M:= Anzahl der Männer (8),
N - M:= Anzahl der Frauen (12), N = 20 ,
n:= Stichprobenumfang (10)
m:= Anzahl der Männer in der Stichprobe(5),
n-m:= Anzahl der Frauen in der Stichprobe (5).

$$p(m) = \frac{\binom{M}{m}\binom{N - M}{n - m}}{\binom{N}{n}} = 0.24 \quad .$$

p(11) (a) Mit Hypergeometrischer Verteilung:

$$\text{Prob}\left[\begin{pmatrix} a_{11} & a_{12} \\ a_{21} & a_{22} \end{pmatrix} = \begin{pmatrix} 5 & 2 \\ 4 & 3 \end{pmatrix}\right] = \frac{\binom{n_{.1}}{a_{11}}\binom{N - n_{.1}}{n_{1.} - a_{11}}}{\binom{N}{n_{1.}}}$$

$$= \frac{\binom{9}{5}\binom{14 - 9}{7 - 5}}{\binom{14}{7}}$$

(b) $\text{Prob}(a_{12}\ 2) = \text{Prob}(a_{12} = 0) + \text{Prob}(a_{12} = 1) +$

$$+ \text{Prob}(a_{12} = 2)$$

Dies kann nun analog zu (a) leicht berechnet werden.

Stichwortverzeichnis

UTB

Uni-Taschenbücher GmbH
Stuttgart

81. & 82. Der Kriminalroman

Zur Theorie und Geschichte einer Gattung. Hrsg. von Jochen Vogt. Zwei Bde. mit zus. 594 S. je DM 12,80
81: ISBN 3-7705-0625-1 (Fink) 82: ISBN 3-7705-0629-4 (Fink)
„Jeder Krimi-Freund wird nach diesem Band lechzen. Vorher war da nämlich die berühmte Lücke, die Waschzettelschreiber überall wittern: hier war sie wirklich!" *Frankfurter Neue Presse*
„Es ist das Beste und Umfassendste, was bisher zum Thema ‚Kriminalroman' vorgelegt worden ist." *Luzerner Tagblatt*
„Sie entdecken entdeckenswerte Autoren und vermeiden die Bekanntschaft mit Krimis, die zu kennen sich nicht lohnt."
Saarländischer Rundfunk
„. . . ein wichtiger Beitrag zur angewandten Literatursoziologie."
Arbeiterzeitung Wien

132. Science Fiction

Theorie und Geschichte. Hrsg. von Eike Barmeyer. 383 S. DM 16,80
ISBN 3-7705-0642-1 (Fink)
Science Fiction und utopische Phantastik machen seit ein paar Jahren dem Kriminalroman die Lesergunst streitig. Ein Wegweiser für dieses inzwischen weitverzweigte Genre fehlte bisher ganz. Dabei ist für den Laien der Überblick über die Produktion besonders Sowjetrußlands, Polens, Englands und Amerikas unmöglich zu gewinnen.
Eike Barmeyer, selbst ein ausgezeichneter Kenner auf diesem Gebiet, hat für seinen Aufsatzband die besten Spezialisten aus aller Welt, überwiegend mit Originalbeiträgen, gewonnen. So wird für das allmählich auch in Deutschland unübersehbare Angebot eine zuverlässige und zugleich packend zu lesende Orientierung erbracht.
Darüber kommen aber die Zusammenhänge, in denen die SF steht, nicht zu kurz. Behandelt werden z. B. auch die Lektoratsdirektiven der Groschenheft-Verlage und ihre ideologischen (überwiegend erzreaktionären, faschistoiden) Grundlagen, die Parallelen von psychotischen Traumbildern und den Visionen der SF, die Verbindungen mit dem Jahrhunderte alten utopischen Staatsroman (Th. Morus u. a.) und der modernen Anti-Utopie (Samjatin, Huxley, Orwell), der Einfluß wissenschaftlicher Futurologie wie auch die Formen der SF im Comic Strip und im Film.
Die umfangreiche Bibliographie (die erste ihrer Art in deutscher Sprache) und das Register ermöglichen die erste schnelle Information.

UTB

Uni-Taschenbücher GmbH
Stuttgart

100. & 198. Franz von Kutschera: Wissenschaftstheorie
Grundzüge der allgemeinen Methodologie der empirischen Wissenschaften. Zwei Bände mit zus. 574 S. je DM 19.80
100: ISBN 3-7705-0630-8 (Fink); 198: ISBN 3-7705-0885-8 (Fink)

Geboten wird die Darstellung der philosophischen Grundlagen aller empirischen Wissenschaften und der anderen Wissenschaften, wie Soziologie, Politologie und Psychologie, sofern sie empirisch arbeiten. Es handelt sich somit um Aufbau, Interpretation und Abgrenzung empirischer Theorie, ihre Leistung, Begründung und Überprüfbarkeit, sowie die für empirische Wissenschaften typischen Begriffsformen, insbesondere metrische und Wahrscheinlichkeitsbegriffe.

Die Wissenschaftstheorie hat in der letzten Zeit von den Einzelwissenschaften her zunehmend an Interesse gewonnen. Sie unternimmt zwar keine einzelwissenschaftlichen Forschungen, ihr Beitrag zur einzelwissenschaftlichen Forschung besteht aber in der Klärung methodologischer Probleme und in der Präzisierung von Verfahren der Begriffsbildung, der Theorienkonstruktion und der Überprüfung von Theorien. Sie stellt also ein unentbehrliches Rüstzeug für jegliche wissenschaftliche Arbeit dar.

Die Wissenschaftstheorie ist in ihrer heutigen Form vor allem aus dem logischen Empirismus hervorgegangen, ohne daß die Grundthesen des Empirismus grundlegend für sie wären (sie hat diese vielmehr als unhaltbar erwiesen). Es waren neben Bertrand Russell vornehmlich Forscher des Wiener Kreises, dem u.a. Rudolf Carnap angehörte und dem auch Karl Popper nahestand, sowie Mitglieder der Gesellschaft für empirische Philosophie in Berlin, die die ersten grundlegenden Arbeiten auf diesem Gebiet leisteten.